シビリアンの戦争
Civilian's War

Civilian's War

The Origins of Aggressive Democracies

シビリアンの戦争

デモクラシーが
攻撃的になるとき

Lully Miura
三浦瑠麗

岩波書店

シビリアンの戦争

目次

略語表

略語	正式名称	通常の日本語表記(国)
AEI	American Enterprise Institute	アメリカン・エンタープライズ研究所
CBO	Congressional Budgetary Office	議会予算局(米)
CPA	Coalition Provisional Authority	米英軍・暫定占領当局
CRS	Congressional Research Services	議会調査局(米)
CSIS	Center for Strategic and International Studies	戦略国際研究センター(米)
DIA	Defense Intelligence Agency	国防総省情報局(米)
IDF	Israel Defense Forces	イスラエル国防軍
INC	Iraqi National Congress	イラク国民会議
JCS	Joint Chiefs of Staff	統合参謀本部(米)
MoD	Ministry of Defence	防衛省(英)
MORI	Market and Opinion Research International	マーケット＆オピニオン国際リサーチ(英)
NIE	National Intelligence Estimate	国家情報評価(米)
NSA	National Security Agency	国家安全保障局(米)
NSC	National Security Council	国家安全保障会議(米)
NYT	*The New York Times*	ニューヨーク・タイムズ(米)
OD	Defence and Oversea Policy Committee	内閣海外防衛委員会(英)
OMB	Office of Management and Budget	行政管理予算局(米)
ORHA	Office of Reconstruction and Humanitarian Assistance	復興人道支援室(米)
OSD	Office of the Secretary of Defense	国防長官室(米)
OSW	Operation Southern Watch	イラク南部監視作戦
PBS	Public Broadcasting Service	PBS(米)
ROE	Rules of Engagement	交戦規則
SNP	Scottish National Party	スコットランド国民党
UNMOVIC	United Nations Monitoring, Verification and Inspection Committee	国連監視検証査察委員会
UNSCOM	United Nations Special Commission on Iraq	国連イラク特別委員会
WMD	Weapon of Mass Destruction	大量破壊兵器
WP	*The Washington Post*	ワシントン・ポスト(米)
WSJ	*The Wall Street Journal*	ウォール・ストリート・ジャーナル(米)

序

シビリアン(文民)が軍を抑えなければ、軍は暴走し、ときには戦争へと国を引きずっていくだろう。デモクラシーにおいてシビリアンが軍をしっかりコントロールしてさえいれば、攻撃的な戦争を自ら進んで始めることはない——果たしてこの命題は正しいだろうか。

「軍の暴走」への懸念はデモクラシーの政軍関係*を貫いてきた。日本では戦前の軍による政治の圧迫と関東軍が独走した経緯が、戦後の自衛隊に対しての懸念や厳しい統制を生みだした。[1] またアメリカでは、常備軍が国民の弾圧に用いられるのではないかという懸念やクーデターの危険性に加え、軍産複合体*や軍が平和的な国民を戦争に引きずり込むのではないかという懸念がおおっぴらに表明されてきた。[2] イスラエルでは、軍事行動が失敗した後に国民が大規模な反戦運動を繰り広げて国防軍を批判することがたびたびあったし、第一次レバノン戦争(一九八二—八五)では文民首相よりも国防相と国防軍に大規模な戦争を始めた責任を負わせがちだった。[3] フランスでもアルジェリア戦争*(一九五四—六二)が膠着化する中で軍の一部がクーデターを企てたことから、軍が国民の望まない攻撃的な政策を好むという認識が醸成された。[4] 早くから軍に対する統制が進んだイギリスでは軍に対する現実の懸念はさほど強くなかったが、フォークランド戦争(一九八二)

の際には、軍がアルゼンチンの巡洋艦の撃沈を通じて政権を開戦に追い込んだという見方がBBCテレビの番組、『フォークランズ・プレイ』を通じて流布された。

だが、これらの懸念は必ずしも根拠が十分なものばかりではない。戦後日本の自衛隊においては、制服組は復権や対外膨張を図るどころか、しばしばPKO活動などの海外派遣に消極的なことも多かったし、[5]アメリカでも軍がシビリアンを戦争に追い込んだと結論付けることのできる事例は乏しい。[6]また後に見るように、第一次レバノン戦争やアルジェリア戦争を始めたのは文民指導者であり、フォークランド戦争では軍はむしろ開戦に反対する立場だった。

むしろ上記の命題に反して、イラク戦争(二〇〇三―一一)では、ジョージ・W・ブッシュ大統領やディック・チェイニー副大統領らシビリアンが攻撃的な政策を取り、戦争の態様や意義を含めて開戦に反対する軍に無理やり戦争を遂行させるという現象が観察された。アメリカ軍がイラク戦争に消極的であることは、政策実務担当者やジャーナリスト、研究者などが認識していただけでなく、開戦前から大手のメディアで取り上げられて一般に知られるところとなっていた。[7]軍の消極性が公然たる事実であったにも拘わらず、政治指導者の望むかたちで大規模な攻撃が実現したのである。アメリカだけではない。イスラエルでは二〇〇六年に、ヒズボラ*によるゲリラ攻撃を理由におよそ三〇日間の戦争をレバノンにしかけたが(第二次レバノン戦争)、その際は従来から軍と距離が遠く「シビリアン派」と称されてきた首相と国防相が指示した本格的な地上戦開始の命令に対し、国防軍幹部の多くが反対していたことが分かっている。国防軍の反対とは対照的に、開戦当時のイスラエル世論は圧倒的多数が開戦を支持し、従来平和主義の路線を崩さなかったほとんどの左派論客が開戦派に加わっていた。

こうしてみると、シビリアンの側が戦争に消極的な軍を攻撃的な戦争に追い込むという、いわば従来の認識とは逆の現象が存在することは確かなようである。このような現象を、ここでは「シビリアンの戦争」と呼ぶことにしよう。では、「シビリアンの戦争」をどのように捉えたらよいのだろうか。確かに、安定したデモクラシーにおいては、常に文民政治指導者が政策決定を下していることから、すべてのデモクラシーによる戦争はシビリアンの戦争なのだといえるのかもしれない。民主的正統性に基づいたシビリアン・コントロールが機能していることこそが大事なのであって、シビリアンが推進し軍が反対するような攻撃的な戦争が起こっても、それはむしろ望ましいあり方なのだという見方もあるだろう。(8) だが他方で、このようにデモクラシーの価値を重んじる論者は、しばしば十分な実証を経ることなしに、デモクラシーや文民指導者は戦争に対して抑制的な態度を取るだろうと仮定してきた。(9)

これまでの国際政治学において、「攻撃的戦争」(aggressive war)とは、軍の独走や独裁といった国内の不健全さ、つまり「病理」により不合理な開戦決定が下される現象として理解されがちだった。そもそも戦争と政治体制との関わりについての研究の蓄積は決して多いとはいえないが、その中でもこのテーマに挑んだ研究は専制政治(専政)の行う戦争に着目することが多く、全体主義体制やミリタリズムなどの国内の病理と攻撃的戦争という病理とを結び付けて論じてきたからである。(10) このような枠組みで考えるとき、攻撃的戦争とは権威的支配のもたらす病理であるとされ、デモクラシーの行う戦争は分析の範疇から抜け落ちてしまう。成熟したデモクラシーの行う攻撃的戦争が、敵意に満ちた周辺の権威主義体制諸国に対する自衛や先制攻撃として合理的なものであったと説明されがちなことは、こうした考え方から理解することができる。(11) 確かに、攻撃的戦争として典型的にイメージされる、ナチスドイツによるヨーロッパ各地への侵攻や、日本による真珠湾攻撃などは合理的な政策決定とは呼びにくい。しかし、合理的な戦争というものがあるという仮定を受け入れたとしても、不合理な戦争を引き起こしたアクターは権威主義体制や全体主義体制、軍などに限られないはずである。[12] ところが、デモクラシーにおいてシビリアンが主導した攻撃的戦争がこれまで研究の対象として取り上げられることは少なかった。近年の国際政治学で、政治体制と戦争の関わりに再び脚光を当てた民主的平和論*も、デモクラシー間の平和に着目はしても、デモクラシーの行う戦争を取り上げようとはしなかった。[13]

同様に、軍の潜在的な危険とシビリアンによる統制を重視してきた政軍関係理論からは、イラク戦争や第二次レバノン戦争のような戦争は説明できない。従来の政軍関係理論は、攻撃的な戦争を志向するシビリアンの存在の可能性や、戦争というテーマ自体に十分な関心と注意を払わなかったからである。政軍関係研究の源流に当たるミリタリズム(軍国主義)研究の第一人者であるアルフレッド・ヴァーツは、ナチスドイツの膨張主義をシビリアン・ミリタリズムと名付けつつも、シビリアンやデモクラシーの方が最終的には軍や非デモクラシーに比べて戦争に抑制的であるという仮定は捨てなかった。[14] そして第二次世界大戦後のアメリカを中心に発展した政軍関係理論では、軍の攻撃性とシビリアンの抑制的態度が前提とされ、どのように軍を統制するかにのみ議論が集中した。

こうした考え方は、成熟したデモクラシーにおいてシビリアン・コントロールが働いていることこそが、戦争に抑制的な態度を生むという仮定に立脚している。けれども、そうした考え方こそ、「シビリアンの戦争」という問題を見失ってしまったことの原因であり結果だとは考えられないだろうか。攻撃的戦争の開戦を主張する文民指導者がいた場合、シビリアン・コントロールが強められるほど彼らにより大きな力が与えられてしまうのではないか。独裁と攻撃的な戦争双方への懸念から始まったはずの政軍関係研究で、シビリアンの攻撃的戦争をむしろ容易にしかねないシビリアン・コントロールにばかり議論が向けられてきたという倒錯的な状況が生じている。

現実政治において、シビリアンによって攻撃的な戦争が引き起こされることがあるという指摘自体は、新しいものとはいえない。歴史家やジャーナリストは、個別の戦争にしばしば抑制的でないシビリアンの存在を認めてきたからである。しかしながら、シビリアンが引き起こした個別の攻撃的戦争の分析において、その原因は特定の政治指導者や政権の攻撃性や性格に帰着させられることが多かった[15]。けれども、そのような属人的な説明では構造的な要因を説明できない。ここで必要なのは、彼らが攻撃的な戦争をするにいたった動機や経緯の分析である。シビリアンが常に攻撃的だという仮定は事実と異なるし、軍の方がシビリアンより平和的な思考を持つと仮定するのも誤りである。だが、多くの戦争の分析を通じて構造的な原因を探ることで、シビリアンがどうして軍の反対にも拘わらず攻撃的戦争の開戦を主導したのか、軍はなぜそれに反対したのかという理由に迫ることはできるはずだ。

無論、シビリアンと一口にいっても市民、官僚、政治家などさまざまな形態があることはいうまでもない。シビリアンと軍が厳密な意味で分岐したのも一九世紀以降に過ぎないし、全体主義体制における文民指導者はデモクラシーにおけるそれとはかなり異なるものだろう。だが、文民指導者が持つ共通の性格を指摘することもできるし、軍と異なる権力や動機をシビリアンに認めることはできるだろう。

そこで本書はそのようなシビリアンの複雑性と連続性を反映しつつ、簡略化のために国民、政府、軍のあいだの力学に着目することによってシビリアンと軍の動機を構造的に解明することを試みる。複数の戦争を分析し、国民、政府、軍それぞれの利益や傾向に着目し、比較することで「シビリアンの戦争」とは何であり、なぜ起こるのかが浮かび上がると考えたからである。

現実の戦争に触発されて、本書の問題意識と軌を一にするような研究もしだいに現れている。大多数の国民が開戦に賛成したアメリカのイラク戦争を受け、「新たなミリタリズム」がアメリカに生じているのではないかという問題意識も提起された[16]。民主的平和論の提唱者たちさえも、アメリカが周縁地域に対し理念に基づく限定戦争を数多くしかけてきたことを指摘することを忘れてはいない[17]。だが、そのような戦争は「帝国」や専政の民主化という文脈でのみ語られ、デモクラシーと帝国的な武力行使が本来は相反するものであるかのような態度を取るものが多い。本書はアメリカだけを取り上げるのではなく、複数のデモクラシー共通に見られる現象としての「シビリアンの戦争」の存在を指摘する。

なお、中越戦争*(一九七九)やソ連のアフガニスタン侵攻*(一九七九―八九)に見られるように、戦争をめぐる政治と軍の相克はデモクラシーに限った事象ではないが、本書がデモクラシーに焦点を当てる理由は、軍に対する文民指導者優位の制度的な確立を経ており、国民の影響力が増大した政治体制に限定した分析を行う必要があるからである。これまでの研究の仮定に従えば、そうした国家においてはシビリアンの側に攻撃的戦争に抑制的な傾向が見られるはずだが、実際には必ずしもそうではない。これまでに起きた戦争を分析した結果、もっとも民主化され、統治が安定し、軍のプロフェッショナリズムやシビリアン・コントロールが発達した「安定型デモクラシー」の国家群に、軍がはっきりと反対した、シビリアンによる防衛的とはいえない戦争や、また軍事力行使が脅威や目的に見合わなかったような戦争の典型例がいくつか観察されることが明らかになった[18]。

いうなれば、他のどの政治体制と比較しても、先進工業国の安定したデモクラシーにおいてこそ、攻撃的戦争に積極的なシビリアンと消極的な軍とのはっきりした組み合わせが観察できるのである。これは一般的な常識に反するばかりでなく、これまで平和に資すると考えられてきた民主化やシビリアン・コントロールだけでは、「シビリアンの戦争」を防ぎ得ないのではないかという疑いにも繋がっている。

以下、本書のおおまかな構成を述べる。第I部では、まず既存の攻撃的戦争観における誤解を指摘し、なぜ軍が実際よりも攻撃的だと考えられたのか、ミリタリズムに対置されるシビリアニズムがなぜ平和主義的だと考えられたのかについて、歴史を辿りながらそれぞれの時代に即した思想を振り返る。続いて、政治体制や統治の安定、国民の政治的動員、軍のプロフェッショナリズムなどの国内構造の変化に伴って「シビリアンの戦争」が生じ、安定型デモクラシーにおいて典型的に表出するにいたった過程を解説する。そのうえで、決して異常な指導者とはいえない安定型デモクラシーにおける政治指導者が、いくつもの例でときに軍の反対を押し切って攻撃的戦争を主導したことを例証する。

第II部および第III部は事例研究に充て、三カ国にまたがる五つの「シビリアンの戦争」の開戦決定過程を詳しく追うと共に、戦争が失敗し、拡大する過程にまで議論の射程を広げてシビリアンと軍の態度を分析する[19]。まずは、最初の「シビリアンの戦争」事例といえるであろう、一九世紀中葉の自由主義イギリスのクリミア戦争を通じてその原初的形態を明らかにする。次に、小規模なデモクラシーであるイスラエルの第一次・第二次レバノン戦争を通じて、一国内の民主主義が深化する過程での変化を解き明かす。そして現代イギリスのフォークランド戦争を通じて、もはや帝国でもなく高い対外的脅威に晒されてもいない成熟したデモクラシーによる「正義の戦争」を取り上げる。最後に、「帝国」アメリカのイラク戦争を通じて、「シビリアンの戦争」という事象が極まった一つの形を示す。

終部では、事例研究の比較分析によって「シビリアンの戦争」の促進条件を論じたうえで、「シビリアンの戦争」の現代的な意味を述べ、現代デモクラシーの社会が抱えている本質的なディレンマを乗り越えるための「共和国による平和」を示唆する。

なお、本書が言及する歴史上の戦争は数多く、関連する研究領域も広いため、本文中のいくつかの用語や戦争について、初出に*を付したものに関しては、本文末尾に簡単な用語解説を載せた。事例研究に登場する人物については、巻末に名前の英文表記や肩書などの一覧を載せたので適宜参照されたい。

第Ⅰ部

軍、シビリアン、政治体制と戦争

「シビリアンの戦争」を取り上げるうえでは、独裁者や専政が攻撃的であるというイメージや、軍やミリタリズムが攻撃的だとされてきた前提をもう一度振り返ってみることが必要だろう。これらの前提を第一章で問いなおしたうえで、第二章では政府と国民、軍それぞれの性格や関係を軸にした国内政治構造の違いを整理し、安定したデモクラシーにおけるシビリアンと軍の性格を抽出することにしたい。また、第三章では、安定したデモクラシーによる性質の異なる様々な戦争を取り上げることで、「シビリアンの戦争」が例外的な出来事とはいえないことを明らかにする。

第一章　軍とシビリアニズムに対する誤解

軍事独裁体制が存続する限りデモクラシーは攻撃される危険を逃れられないし、その攻撃はいつか必ず、しかも相手からの攻撃に対して脆弱な折を狙って行われるのである。衝突は避けられず、世界中で起こるであろう。しかもその戦争は激しい白兵戦となるだろう。デモクラシーの安全のためには、敵を可能なときに可能な場所で殺さなければならない。世界は、その半分がデモクラシーで半分が専政であるような状態で存続することはできない。

――エリフ・ルート元米国務長官(当時共和党上院議員)による第一次世界大戦時の演説(1)から訳出。

1　「攻撃的戦争」観

攻撃的戦争の考え方は国際法の世界で発展し、国際政治上の事象に対して国内要因を重視した研究や、あるいは規範的な分析を行った論者にも受け入れられてきた。攻撃的な軍事行動と防御的な軍事行動を分ける用語法自体は古い歴史をもつが、規範性を含んだ今日の「攻撃的戦争」観が浮上したのは一九一四年以降のことであったといってよいだろう。[2] まず、第一次世界大戦におけるドイツの攻撃的戦争の開戦責任が検討され、より本格的には第二次世界大戦における日独伊の攻撃者としての国際法上の責任が問われた。第一次世界大戦終戦当時、ドイツの国際法学者であったカール・シュミットは、ドイツ皇帝(カイザー)の開戦責任を問おうとする「戦争を開始した者の責任に関する委員会」のアメリカの委員を中心とした動きに、攻撃的戦争をすべて禁じようという将来へ向けた試みとともに、ドイツやオーストリアにのみ攻撃的戦争の開始の責任を帰する考えがあったことを指摘している。[3] 攻撃的戦争という概念自体が固まったのは、第二次世界大戦後にドイツと日本の戦犯を裁いた国際法廷においてであった。[4] 攻撃的戦争の定義や、事例選択や可罰性についてては異論があったにせよ、それが何を意味しているのかについては、第二次世界大戦後の世界ではかなり明らかだったといえるだろう。[5] 踏み込んだ定義や事例ごとの判断が難しいことはいうまでもないが、国際的に共有されたミニマムな定義とは、国家が防衛的でない戦争をすることである。[6] また、攻撃的戦争の定義に含むべきか否かについては意見が分かれていたものの、自衛目的であっても外交で政策目的を達成しうる場合には軍事行動をすべきでない、加えられた攻撃に対し不均衡なほどの大規模な反撃をすべきでないという原則もこれまでに共有されてきた。[7] つまり、攻撃的戦争とは相手に攻撃されていないのに、または紛争の外交的解決を早くに放棄して、始められた戦争である。

これまでの外交史では、第一次世界大戦と第二次世界大戦がともに独裁やファシズムによってしかけられた戦争として理解されることが少なくなかった。[8] そして、国際政治学の中でも戦争の分析に規範性を求めた論者のあいだでは、ミリタリズム研究に倣い、攻撃者の不健全な政治体制や好戦的な文化に開戦の説明を求めようとする考え方が生まれた⑨。実証的な戦争研究が定着するとともに、政治体制と戦争とを直接結び付けた攻撃的戦争論は幾分後退したといえるかもしれない。けれども攻撃的戦争観の基礎に、戦争はミリタリズムなどの病弊や軍が引き起こすものであるという考え方が根強く残っていることは否定できない⑩。

近年では、攻撃的戦争の分析よりもむしろその不在、平和の説明に注力する民主的平和論が展開されてきた⑪。その多くの論者から、デモクラシーの行った攻撃的戦争は、実際には先進工業国にデモクラシーが確立する以前の過去のものとして、または非ヨーロッパ地域に対する文明化の試みとして、あるいは専政による侵略・膨張への恐怖によるものとして受け止められた⑫。第二次世界大戦以後にアメリカが行った数々の介入戦争も、デモクラシーの理念を広める目的に基づくものとして論じられることがある⑬。

デモクラシーが民主化の理念を重んじることから、専政に対する攻撃性はむしろ高まるのではないかとの指摘もあった。そのような視点から、デモクラシーの非デモクラシーに対する攻撃的な傾向を分析する研究も現れたが、その因果関係の説明は不十分であるし、どのような条件下でそうした戦争が引き起こされるのかについては教えてはくれない。また、戦争の目的としての民主化が過度に強調されたり、デモクラシーの対外的な脅威に対する脆弱性、デモクラシーに対する専政の敵意や、デモクラシーが専政に対して抱く不信などに説明を還元したりする傾向も見られた⑭。論者にとって異質な政治体制の側に開戦責任を求めたり、異なる政治体制間の相互作用で起こる戦争や民主化のための戦争にのみ着目するなら、攻撃的な開戦判断がどうして下されるかというメカニズムを明らかにすることなく、単に専政が攻撃的だから、または政治体制が異なるから互いに戦争をするのだという結論を下すことになりかねない。そもそも専政こそが攻撃的戦争の起こる原因であるという仮定を問い直すことが必要ではないか。

デモクラシーの抑制的性格が発揮されるためにはデモクラシーが十分に機能していることが重要であり、民主化が定着していない国々は戦争をするかもしれないと主張するものもいるだろう。しかし、国内政治の不安定さが攻撃的戦争を引き起こすという、たびたび提起されてきた考え方は十分に論証されたとはいえない[15]。政治の不安定さは政治指導者に戦争を始めるほどの余裕を残さないのではないか、というまったく逆のメカニズムが働く可能性の指摘もある[16]。ただし、その観点からは戦争をする余裕のあるはずの、安定したデモクラシーにおける攻撃的な開戦のメカニズムは十分に論じられてこなかった。

リアリズム学派の側は攻撃的戦争という概念を真っ向から否定したわけではないが、リアリストの多くは、攻撃的戦争という旧来のリベラリズムの概念設定は規範的に戦争を捉え過ぎていると批判してきた[17]。とはいえ、リアリズムの立場からも、抑止が効かない非合理的なアクターとして攻撃的国家(aggressive state)という概念を設定していたことは見逃してはならないだろう[18]。ハンス・モーゲンソーは、著書『国際政治』のなかでシビリアンに比して軍が攻撃的な政策志向を持つという仮定もおいていた[19]。その反面、異質な政治体制であるソ連や共産中国、イラクなどが不合理な攻撃的政策を取るのではないかということについて、現実の恐れはともかくとして、政治体制と戦争の関係についての理論化はほとんど試みられなかったのである。政治指導者個人ではなく国家の得る利得に基づいた考え方では、戦争の攻撃性やその理由に迫るのは難しかった。政治攻撃的戦争の個別事例について、それを具体的な政治指導者の動機や犯しがちな過ちから説明しようという試みがなかったわけではないが、モーゲンソーによるベトナム戦争*(一九六四―七五)の分析に見て取れるように、主に脅威見積もりの誤りについての分析であって、攻撃的戦争というテーマに正面から取り組むものではなかった[20]。

このように、攻撃的戦争の開戦について、政治指導者の国内的な動機に着目した、しかも規範的でない説明が行われることは少なかった[21]。これまで攻撃的戦争とされてきた典型事例は、第一次世界大戦のドイツによる宣戦布告であり、第二次世界大戦の日独伊の連合国に対する宣戦布告であったが、先ほどの定義から考えれば攻撃的戦争の例はそれらに止まらない。二つの世界大戦の経験に規定されて大戦争を防ぐことを目的としてきた国際政治学の性格からすれば見落とすこともやむを得なかったのかもしれないが、第二次世界大戦後、実際に起きた戦争の多くにデモクラシーによる攻撃的戦争があったことは否定し難い事実だろう。政治体制や指導者の「異常さ」を仮定せずとも、いやむしろ仮定しないでこそ、政治指導者の利害計算や戦争の正義などの根本的な動機への着目を通じ、デモクラシーによる攻撃的戦争を説明できるのだと考えられる。

さて、独裁的な政治体制だけでなく、軍が戦争を引き起こすのだという認識も一般に根強い。続いて、その前提を問い直してみよう。

2　戦争原因論と軍の政治介入との混同

軍が戦争を引き起こすという考え方の淵源を探ると、ミリタリズム研究とそれに端を発する政軍関係研究に行きつく。ミリタリズム研究は、プロイセンやナポレオン・ボナパルトのフランスのような専政が国内外に対して用いる近代的で強力な軍の脅威という問題意識から出発した。けれども、戦争と平和の問題と専制支配の問題とは、本来は異なる問題だったのではないだろうか。政軍関係研究は、ミリタリズム研究の提供した世界観を継承しつつ、より国内政治に焦点を絞って、軍の暴走を防止するためシビリアンの軍に対する優越をいかに確保するかという問題に精力を注いできた。むろん、政軍関係に関する問題意識は、軍のクーデターや、軍が政府による国民抑圧の道具となってしまう危険に主に集中していたため、軍そのものが戦争を引き起こす存在であるという意識が研究者のあいだで共有されていたとまではいえない。その理由は、軍主導といえる戦争の現実の例が限られていたからでもあった。しかしながら、政軍関係を扱った研究では、究極的にはデモクラシーで軍が抑えられていることこそが抑制的な政策へ繋がるという前提がしばしば現れてきたことも事実である。

ミリタリズムという言葉には独裁批判と帝国主義的な戦争批判とがともに込められており、戦争のコストを負う市民が自ら政治に参加して開戦を決定するならば、必要のない戦争は起こらないだろうとする前提があった。[22]ヴァーツは、ミリタリズムを「シビリアニズム」の対抗概念であって平和主義の対抗概念ではないと定義し直し、それによってこの混同を乗り越えようとした。[23]しかし彼自身、非軍的なるものとしての「シビリアニズム」と抑制的なるものの区別を曖昧にしたために、結果として「シビリアニズム」が軍に対して抑制的な役割を果たすという仮定は受け継いでしまった。しかもヴァーツは、シビリアン・コントロールの存在と、開戦判断が軍ではなく文民政府の決断に任されていることをミリタリズムでないことの条件としていた。

軍が戦争を引き起こし、国内で権力を簒奪するという考えが広まった背景には、敵対する国家の政治体制や強い軍隊を批判するイデオロギー的な立場があっただけでなく、戦争の遂行の段階で軍が権力を奪取する事例を多くの論者が同時代的に観察してきたことがあったろう。比較的自由な国においてさえ、戦争が始まると軍隊の発言権が高まり、社会に対する統制が強められることから、「兵営国家*」(garrison state)論に見られるように、自国が軍事独裁に変貌してしまうのではないかという恐怖を覚えたとしても無理はない[24]。だが、そのようなイメージをもたらした両大戦においてすら、軍の方が開戦に責任があったとは必ずしもいえない。

軍の権力拡大と開戦の判断とを曖昧なままに同一視して論じてきたことに、問題の本質があった。ダグラス・マッカーサー将軍が朝鮮戦争*(一九五〇—五三)で戦線の拡大を図ったことは事実だが、その戦争自体は軍人がシビリアンを押し切って始めたものだとはいえない。だが、このマッカーサーの独断こそアメリカにおいて軍人の特異性、攻撃性を問題視する議論の発展を促したものだった[25]。また、一九七〇年代にはアメリカの軍事予算の増大が問題視され、軍産複合体やエリート軍人が戦争を引き起こすという議論へ繋がった[26]。フランスにおいても、アルジェリア戦争が長引く中、元現地駐留軍の将校連が戦争継続派のOAS*メンバーとなり、またシャルル・ド・ゴール大統領に対するクーデター未遂まで起きたことは、軍が攻撃的な政策を政治家に強要するという危機感を喚起した[27]。だが、後に述べるようにアルジェリア戦争の開戦判断は文民首相のピエール・マンデス＝フランスが下したものであることは疑いようがないし、そこにおけるフランスの議会右翼や植民者のピエ・ノワールら、そして彼らを支持した市民の開戦へ向けた圧力を無視できるわけではない。帝政ドイツにおいても、軍が先頭に立って第一次世界大戦を開始したのではなかったし、軍の権力拡大はむしろ戦争中にこそ起きた現象というべきだろう[28]。

政治指導者の意思に反した軍の独走による開戦のモデル事例は、プロイセン宮廷の許可を得ずにルートヴィヒ・ヨルク・フォン・ヴァルテンブルク将軍がロシア軍との協定を締結したことで結果的に対ナポレオン戦争突入に繋がった一八一二年の事件のように、むしろ、はるか昔にこそ観察できる。だが、当時のプロイセンにおいてシビリアンと軍という対立図式があったかといえばいい過ぎになる。特異な現象としてミリタリズムが登場したと思われたときでさえ、それは一九世紀型の国王や貴族など支配階級による戦争の性格を引きずっていた。帝政ドイツでは、軍はプロフェッショナル化されていたが出身階級のあいだに溝があり、支配階層であるユンカー貴族の戦争を主導する態度、また彼らの労働者や社会主義者への嫌悪ひとつをとっても、支配階層が軍の将校と異なって抑制的であった、ないし軍に対置される国民の側に立っていた「シビリアン」であったということはできない[29]。これまで軍の独走の例とされてきた戦争が、軍が文民政府を戦争に引きずっていく存在だと主張するための根拠になるとは必ずしもいえないのである。

近年にいたっても、「ミリタリズムの病弊」という語を用いて攻撃的戦争を説明し、第一次世界大戦勃発時のドイツ、第二次世界大戦勃発時のドイツやイタリア、日本などの国々のみを、特殊な政治文化に侵された攻撃者として捉える見方は根強い[30]。「ミリタリズム」や、「兵営国家」という言葉の持つ意味合いやイメージ、軍の攻撃性のイメージは、ミリタリズムの研究領域を跳び越えて、前節で概観したように、国際政治学、デモクラシーの政治思想や、平和研究などの多くに十分に精査されることなく浸透していったからである[31]。国内におけるシビリアンと軍の関係に特化した政軍関係研究においても、軍は一般的に政治に介入し権力を奪取したがる傾向にあるという認識が形成され、シビリアンが軍を抑え、監視するシビリアン・コントロールに最大の関心が寄せられた[32]。

もちろん、すべての政軍関係研究者が軍の戦争に対する非抑制的な態度やシビリアンの抑制的な態度を前提としているとはいえない。プロフェッショナリズムの理論を展開し、安全保障上の軍の判断を重んじたサミュエル・ハンチントンは、文民政治指導者の冒険主義的な軍事政策が冷戦期のアメリカの国家安全保障にもたらす危険を察知していた[33]。ヴァーツ自身、ナチスドイツをシビリアン・ミリタリズムと呼ぶことで、直観的な表現ながらそうした問題の存在を指摘していた。それでも、ヴァーツやハンチントンはシビリアンが必ずしも抑制的ではないことを正面から取り上げようとはしなかった。ハンチントンへの反論は、軍人自身のプロフェッショナリズムによって軍の政治介入が阻止されるとする主張部分にのみ集中し、戦争と政軍関係という大きな問題は解決されないままひっそりと残されていた。

シビリアンによる冒険主義的な軍事行動への懸念は、のちの政軍関係理論においても発展させられることはなかった。冷戦時代の大戦争やそこでの敗北を防ぐことに主眼をおく立場にとっては、相互核抑止によってシビリアンの大戦争を始めるインセンティヴは十分に低められていたし、また勝つことが確実な小規模な軍事介入は主要な問題ではなかった。むしろ、冷戦期に米ソ間の偶発的な戦争を避けるために政治による軍のコントロールが重視されたことは、シビリアン・コントロールの戦争抑止効果を過大評価する結果をもたらしたといえるだろう。逆に、デモクラシーの制度や価値に焦点をおく立場にとっては、文民指導者が民主的手続きに則り、民意に支持されて攻撃的戦争を始める場合、彼らの枠組みに止まる限りにおいては、その意味を問いなおすことはできなかった。そして、先進工業国においてクーデターの可能性がほとんど無視できるほど後退したために、軍の政治介入の一般理論を研究する意義が希薄化し、政軍関係研究者、殊にデモクラシーの制度や価値を重視する人々はしだいに発展途上国の民主化研究に専念するようになった。

その代表的研究者であるサミュエル・ファイナーは、日本の関東軍による独断専行や、ドイツにおける第一次世界大戦中の軍の事実上のクーデターを一極におき、終局的にはそこにいたるものとして軍の政治介入の単線的な発展観を展開した[34]。ファイナーが考えた軍の政治介入のもたらす主な害悪は国内的な問題であって、必ずしも戦争を意味していたわけではない。だが、ここでは先進工業国における軍の政治的な活動、クーデター、軍主導の戦争があたかも同根の問題であるかのように重なってしまっている。発展途上国の政軍関係研究の泰斗であるモーリス・ジャノウィッツは、プロイセン軍部は「国内政治に介入し、膨張主義的対外政策を追求する積極的かつ計画的意図」[35]をもったミリタリズムの典型とし、新興国では軍部は内政への介入だけでなく軍事介入に備えているとした。このように、軍やミリタリズムの攻撃性の仮定は根強いものであった。[36]

先進工業国を対象とした研究でも、軍産複合体やエリート軍人が軍備増大を求め、攻撃的な戦略を取りがちである結果として戦争が引き起こされるという仮説が立てられた。しかし、こうした研究の多くは開戦判断そのものに着目したわけではなく、また軍が文民政治指導者の意に反して戦争を引き起こしたとする実例が示されたわけでもない。[37]

冷戦後の政軍関係研究は、冷戦期の安全保障政策の根本的転換を求めるいわゆる「平和の配当*」論争や、リベラルな価値観に基づく地域紛争介入の是非をめぐって政軍間の摩擦が目につくようになったことで、かえってシビリアンによる攻撃的戦争の可能性という問題意識から遠ざかってしまった。近年のピーター・フィーバーの研究は、先進工業国のデモクラシーにおける政軍関係研究はもはやクーデター阻止の研究ではなく、日々のシビリアン・コントロールの研究であると定義した。[38]この研究は政軍関係における政官関係との類似点を指摘した点で功績があるが、逆に政軍関係研究の領域を狭めることにもなった。軍はホワイトハウスの厳しい統制の下におかれるべきだと考えたために、実際には文民政治指導者にフリーハンドを提供する危険が残ってしまうからだ。[39]もしそうだとすれば、政軍関係理論の処方箋が本末転倒の結果を招きかねない。

問題はシビリアンが抑制的でありうるかにかかっている。

3　シビリアニズムは抑制的か?

そもそも、シビリアンが戦争に抑制的ではないとする指摘は過去にも行われていた。ヴァーツは第二次世界大戦中のデモクラシーにもシビリアン・ミリタリズムの兆候が見られたとし、またアンドリュー・バサヴィッチはアメリカのイラク戦争開戦を支持した政治／社会を「新たなミリタリズム」と呼んでいるが、(40) それは、成熟したデモクラシーにおいてシビリアンが攻撃的戦争を主導するという現象に他ならなかった。これらの観察にも拘わらず、またシビリアンという語の指し示す対象は本来多様であるにも拘わらず、(41) これまで軍と比較してシビリアンが究極的には抑制的であるという仮定が政治学の中で生き続け、また一般社会の認識においてもそれがあまり揺らぐことがなかったのはなぜだろうか。(42) その答えの一部は、市民社会の抑制性をめぐる思想家たちの考察に求めることができる。

市民と平和の関係を正面から扱った初期の主要な著作としては、理想共和国における市民こそが平和の担い手であると考えたイマニュエル・カントによる『永遠平和のために』に遡ることができる。(43) カントは、権力者の戦争への誘惑を断ち切るために、立法権力の担い手でもあり、戦争に必要な市民兵を構成する市民の役割に期待していた。

カントとは意見を異にする思想もあった。イギリスの思想家、デヴィッド・ヒュームは、『市民の国について』(原著は一七四二―七七年に刊行の論文および著書)で「元老院」を外交の専任者とし、国家の構成員は予算や非常時の介入を通じてのみ外交に影響力を発揮すべきだという考えを発表した。イギリスの政治家・思想家、エドマンド・バークは『フランス革命の省察』(一七九〇年)において、民主化革命に続く内戦勃発の危険を訴えた。同時に、名目だけの国王が対外戦争を国民議会に強いられる可能性がある一方で和戦の権限をもたぬことの危険を説き、暗に国民議会が決定する不合理な戦争の登場を予期するかのような指摘をしている。

このようにヒュームやバークは自由主義化や民主化が外交にもたらしうる害を意識していたが、近代のヨーロッパで恐れられたのはむしろ、国王の私益に基づいた戦争や、ナポレオンのような外国の皇帝(専政)がしかけてくる攻撃的戦争に巻き込まれることであった。王権を制限する意図をもった貴族を中心に自由主義勢力が発展していたイギリスで、国王の戦争を抑制し、戦争に関する決定を議会に委ねることが主張されたのもその懸念によるものだった。新たに国の導き手として期待を寄せられたのはブルジョワジーや中産階級である。イギリスの思想家ジェームズ・ミルは政府権力の乱用の危険を説いたが、『政府論』(一八二〇年)に見られるように、中産階級の知性や徳にはおそらく大き過ぎるほどの信頼を寄せた。ジェレミー・ベンサムも、「永遠平和の構想」(一八三二年)に見られるように、功利主義的な観点から、戦争のコストを負担する市民が戦争を好まないとした点でこの思想を共有している。後にE・H・カーが『ナショナリズムの発展』(一九四五年)で、一九世紀中葉までのイギリスを振り返って、ブルジョワジーや思想家ら自由貿易の推進勢力が国際的な経済秩序の樹立を求めたことは結果として平和に資する効果を生んだと結論付けたように、この時代、ブルジョワジーは商業勢力であるために平和的であると見なされ、また中産階級の市民の理性も多くの論者から信頼をおかれるようになっていった。

市民の理性は信頼に値するのか、その期待を覆す事件も起こっている。フランス革命が伴った略奪行為、独立後のアメリカ政治や、ヨーロッパ各地で起こった一八四八年革命などの観察を経て、デモクラシーを推進する立場の中からも、多数者による専制の危険や平和に対する危険を意識する論者が現れた。フランスの政治家・思想家、アレクシス・ド・トクヴィルは『アメリカの民主政治』(一八三五、四〇年)において、デモクラシーでは、多数者による専制、政治指導者への権力の集中、そして大衆が対外政策にマイナスの影響を与える可能性などの危険があると指摘した。トクヴィルは市民の戦争への態度に関し、引き裂かれた二つの解釈をもっていた。彼は一方で市民が一時の熱狂や理念に基づく外交政策を求める危険を意識しながら、他方で市民のもつ平和愛好的な傾向ゆえに、軍隊が国内の主流派足り得ず、安全保障上の危険を理解しない市民に苛立ちを覚えて危険な存在となることも懸念していたからである。彼の大衆政治への懸念は、『フランス二月革命の日々』(没後の一八九三年に刊行)から読み取れるように、革命時の大衆による暴力を目の当たりにしたことで強化された。ジェームズ・ミルの息子で功利主義学派の思想を批判的に継承したJ・S・ミルは多数者の専制に対する深い懸念を覚えていたが、同様に引き裂かれた市民理解をもっていた。彼は『代議制統治論』(一八六一年)で述べているように、デモクラシーに近付いたイギリス社会の平和的性向を仮定し民衆の意思を外交政策に反映することを是認する一方、大衆が支持したクリミア戦争や中国介入には批判的であった。

一九世紀、各国に先駆けて自由主義化が進んでいたイギリスでは、ホイッグ党のパーマストンに見られるように、自由主義的な政治家が国民を政治的に動員することで影響力を強めようとし始めていた。政治の流動化と自由主義化は野党政治勢力や新聞を、ナショナリズムを煽り、現政権の穏当な外交政策を批判する方向へと導いた。国家や国民の名の下に、王室や支配階層のナショナリズムを問う動きも生じていった。それが戦争と結び付いたおそらく最初の例が本書で取り上げるクリミア戦争であり、これこそが「シビリアンの戦争」の原初的形態である。

従って、「シビリアンの戦争」の問題意識がそれまでに生じなかったのは無理もない。また、ヨーロッパの協調とブルジョワジーの政治的実権の拡大が、全体として見ればヨーロッパの先進工業国のあいだに比較的平穏で自由主義的な経済的繁栄の時代をもたらしたことは事実だろう。時代は、シビルなるもの、民主的なるものの肯定へと向かっていった。しかし、一九世紀後半に差し掛かり国民国家形成の運動が数々の戦争を引き起こし、ナショナリズムが政治の表舞台に登場すると、ナショナリズムが孕む平和への危険がしだいに意識されるようになる。第一次世界大戦前夜のヨーロッパは列強のナショナリズムに満ちていたが、それでも新たに生じた問題は大衆が推進する戦争という問題ではなく、新興国の領土紛争や国際的な勢力均衡を崩しうる帝国瓦解の問題、ときに軍事的な指導者が主導する攻撃的戦争などの問題であった。

その後、大戦期を通じて進んだ民主化への期待と希望をすぐさま塗り替えるかのように、既存の秩序の崩壊と破壊的な損害をヨーロッパにもたらした第一次世界大戦の経験をもとにして、戦間期に大衆社会論*が花開いた。オルテガ・イ・ガセットは『大衆の反逆』(一九三〇年)において、ヨーロッパの各地でファシズムが活性化し、自由主義を規制する国家が増えていることを指摘し、大衆の政治的影響力によって不確実で動乱に満ちた世界が出現すると考えた。ハロルド・ニコルソンは『外交』(一九三九年)で、民主的手続きや国民の意思を反映した政策の重要性を強調しながらも、世論が野放しに外交に影響を与えることは危険だと考え、政策とその手段である外交とを区別し、手段は専門家にある程度までは任せることが重要だとした。ここへきて初めて、大衆が求める戦争の可能性が危機として意識されたといえるだろう。(44)

しかし大衆社会論の問題提起がその後広く受け継がれたとはいえない。大衆社会論の提起した懸念を上回る規模で、ファシズムや共産主義体制とその脅威への懸念が西側諸国の議論を支配したためである。そこでは本章のエピグラフに引用したように、かつてエリフ・ルートが述べたような、世界を民主的な世界と軍事的独裁の世界とに二分し、後者が攻撃的戦争を行うものだとする言説が展開された。しかし実際には、攻撃的戦争をしかけたのはファシズムばかりではない。また、攻撃的態度自体は第二次世界大戦時においても多くの国で見られ、アメリカでも移民排斥や人種差別的な言説が氾濫し、戦争の理由に正義や人種差別の論理が用いられた。ところが、第二次世界大戦が全体主義政権によって始められたという事実は、狂暴な指導者によって攻撃的戦争が始められるのであり、デモクラシーやシビリアンは抑制的であるというこれまでの言説を強化することに繋がった。だが、デモクラシーとシビリアン・コントロールが成熟した現代の先進工業国による武力行使は、シビリアン主導の開戦判断なしには語り得ないはずである。

戦争と平和の研究、民主主義思想の歴史を振り返ると、政治体制による戦争への態度の違いを指摘することがいかに困難で、またミリタリズム対平和主義、ないしミリタリズム対シビリアニズムという二分法で国家やその軍事政策を理解することがいかに危ういことであるかが明らかになる。では、一九世紀中葉のイギリスで起きた「シビリアンの戦争」の萌芽は、どのような国内の変化を通じて生じたのだろうか。その歴史的位置付けはどのようなものなのだろうか。それを続く第二章で解き明かすことにしたい。

第二章　シビリアンの戦争の歴史的位置付け

1　政治体制と政軍関係の発展

国民の意見がそもそも開戦に影響を与えているのか、開戦判断を下すに当たり政府と軍がどのような権力関係にあるのかを精査することなしに、攻撃的戦争の開戦メカニズムを突きとめることはできない。国民、政府、軍の性格、そして三者が織りなす関係には、時代や国によって様々なバリエーションがあることも考慮に入れねばならない。

例えば、現代のデモクラシーに生きる人々がイメージするところの軍とは、政治家や市民社会などシビリアンと分断された、軍事を専門職業とする団体である。ところが軍と一口にいっても、発展初期の段階では独自の勢力ではなく、貴族の子弟と傭兵の寄り集まりであるのが実状であった。軍は、職業軍人の養成や団体としての組織化、独自の文化や責任意識の形成、つまりはプロフェッショナリズムの発展によって、徐々に社会の他の勢力から独立した独自の存在となったのである。(1) そして、政府が自律した軍をどれだけ掌握し

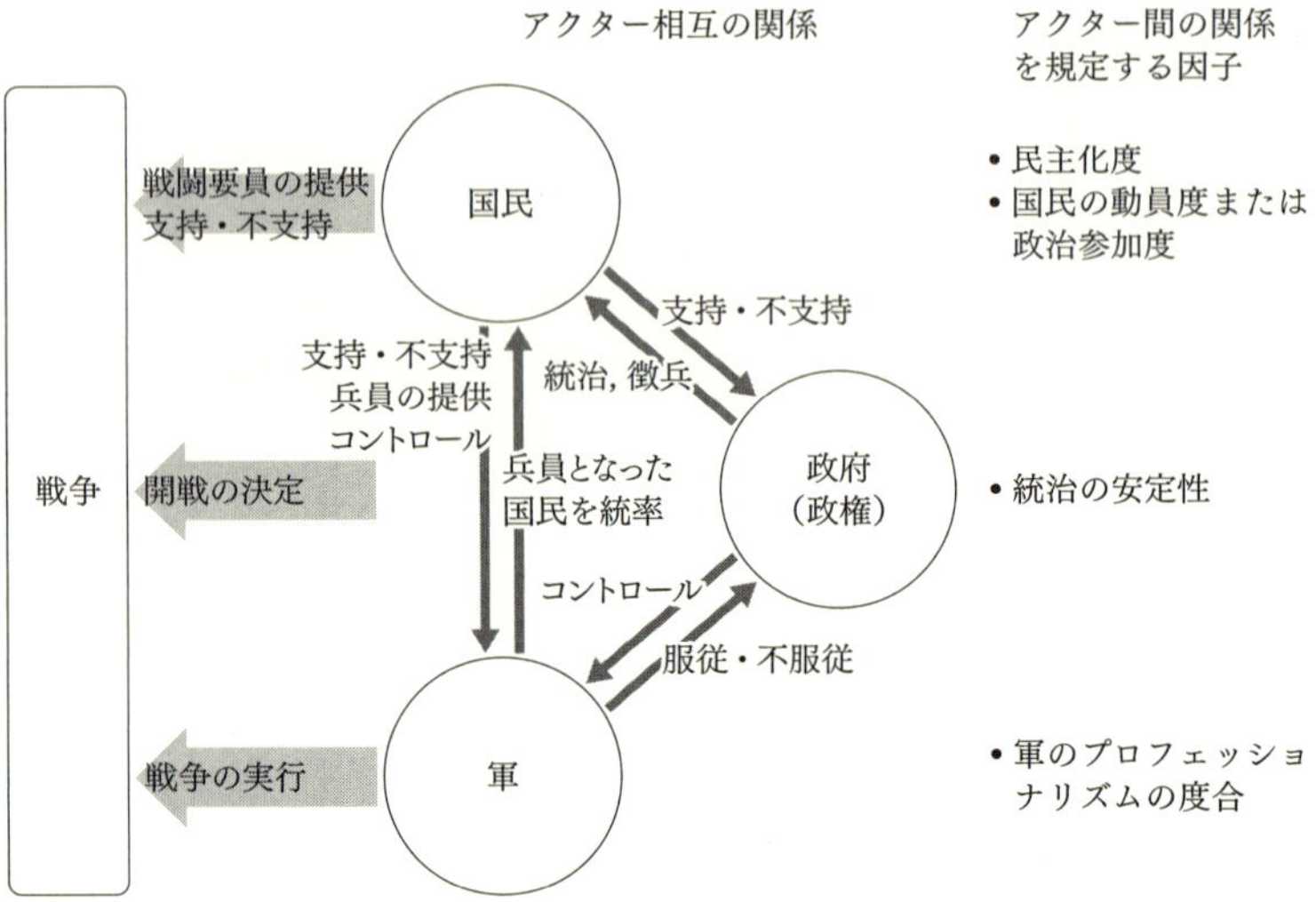

図1　国民，政府，軍の関係性と戦争への影響力

ているか、政府の存立基盤がどれだけ安定しているかによって政府と軍の関係性は異なる。

同様に、国民といっても、ほとんどの民衆が政府と関わりなく生きているような古典的な権威主義体制と、選挙によって指導者が国民に責任を負うデモクラシーとではその性質は大きく異なる。また全体主義体制下でも、国民の政治的動員が義務的なものであるからといって政策に対して国民が影響を及ぼさないとはいえない。デモクラシーではなくとも、政府が動員を通じて国民向けの人気取り政策へ向かう場合があるからだ。国民が政策に影響を与えるか否かは、民主化の度合と国民の政治的動員や政治参加の度合に大きく依存するといえる。

つまり簡略化して捉えれば、国民、政府、軍は戦争に際し、基本的には図1で示されているように、それぞれ戦闘要員の提供や、開戦・戦争継続への支持・不支持、開戦決定、戦争遂行などの役割を担い[2]、三者は相互に権力・影響関係をもつ。三者の関係性

政治体制（民主化）	統治の安定性	国民の政治的動員（参加）	軍のプロフェッショナリズム	国家群	そこで観察された戦争の特徴
非デモクラシー	低い	あまりない	低い	古典的権威主義：シャルル10世のアルジェリア戦争*，普仏戦争時のフランス第2帝政	軍は独自のアクターではなく，特権階級の行う戦争の域を出ない．
		あり	あり	動員型権威主義：WWII中のイタリア，フォークランド戦争時のアルゼンチン，エジプト	戦争を仕掛けた国は少ない．フォークランド戦争は数少ない軍政が仕掛けた戦争．
	比較的高い	あまりない	あり	ミリタリズム：普仏戦争時のプロイセン，WWI開戦時のドイツ，軍政下の日本	戦争開始後の軍の権力拡大の例が目立つが，軍の独走といえる事例はあまりない．
		あり	あり	全体主義：ナチスドイツ，ソ連（アフガン侵攻），中越戦争時の中国，初期ファシズムイタリア（第2次エチオピア戦争*，WWII）	軍と体制の間に相克．プロフェッショナルな軍が政府主導の開戦に抵抗する事例が観察される．
リベラリズム	低い	あり	発展過程	不安定型リベラリズム：イタリアファシズム台頭直前の自由主義体制（リビア戦争*）	政権や他の政治勢力の唱導する戦争．開戦した自由主義政府と軍の間に相克が見られた．
	高い	あまりない	低い	寡頭制リベラリズム：フランス革命介入戦争やナポレオン戦争時のイギリス	ナショナリズムに訴えても国民を巻き込んではおらず古典的権威主義の行う戦争の性格に近い．
		あり	発展過程	安定型リベラリズム：クリミア戦争時のイギリス，イタリア統一後の王政（第1次エチオピア戦争*）	国民や政府が主導する戦争．プロフェッショナル化しつつある軍が抑制的な態度をとる事例も観察される．
デモクラシー	低い	あり	あり	不安定型デモクラシー：第4共和制フランス（アルジェリア戦争），戦前の文民政権の日本，初期ワイマール	文民政権が決定した戦争が多い．日本は例外だが文民が抑制的だったともいい難い．
	高い	あり	あり	安定型デモクラシー：デモクラシーの先進工業国（米，英，イスラエル，オランダ，ベルギー等）	政権や国民が主導する戦争に時に軍が反対．軍が政権の意に反し戦争を主導した例はない．

図2　国家群の類型

を左右する主な因子は、民主化度、統治の安定性、国民の動員度または政治参加度、軍のプロフェッショナリズムの度合である。この四つの因子によって導き出される政治体制のバリエーションは全てのパターンが存在するわけではなく、歴史上現れてきた主なパターンは図2のように九つの国家群に集約される。[3]図の上から下に下るに従って民主化が成し遂げられており、時間軸はおおまかにいって下るにつれ現在に近付いている。ただし、日本、ドイツ、イタリアのような特定の国家は特定の時期に上の方のカテゴリーに戻ってしまった過去を持つ。[4]

2 民主化の進展と軍のプロフェッショナル化がもたらしたもの

それぞれの国家群で起きた戦争の性格を観察すると、専政や軍部の影響力の強い国に攻撃的戦争が集中しているわけではないことが分かるだろう。軍が独自のアイデンティティを確立していない古典的権威主義においては、将校は支配階級と一体であり、軍人の攻撃性を論じることにはあまり意味がない。その一方で、民主的な制約が介在しない体制では、大軍を擁する君主が思いのままに開戦を決めることができると想定するのも単純に過ぎる。専政における支配者はしばしば、戦闘を担う傭兵や貴族などが不満分子と化して自らに背く危険に、また常備軍が成立してからは組織的なクーデターを引き起こされる危険にも直面していたからである。むしろ、フランスのシャルル十世によるアルジェリア戦争(一八三〇)やナポレオン三世による普仏戦争(一八七〇―七一)を見れば、国内における貴族など支配階級の勢力が攻撃的政策を主張し、それが支配者の政策決定に影響を与えていた。[5]

では、組織化された軍が権力を握った場合はどうか。軍政が多い動員型権威主義を見ても、攻撃的戦争を行っている国は必ずしも多くない。もちろん、アルゼンチンのフォークランド（マルビナス）侵攻（一九八二、第六章参照）や、エジプトの六日間戦争*（一九六七）前夜のイスラエルに対する挑発行動、ヨム・キプール戦争*（一九七三）は攻撃的と形容するにふさわしい事例だろうが、これらの開戦に際しては、国民が指導者の背中を押していたことは見逃せない⑹。軍事中心主義を取るミリタリズムにおいても、軍が戦争を引き起こしたとするのは早計である。普仏戦争を主導したのはビスマルクであったし、帝政ドイツで保守層や国民の多くが第一次世界大戦開戦時に攻撃的な態度を取ったことは無視できないからである⑺。日本で軍部が台頭した後の日米開戦も、必ずしも軍人のみの考えに基づくものだったとはいえない⑻。ミリタリズム自体に特殊な攻撃性を見出す議論もまた、支持できない。ミリタリズムは、戦争に投入する資源の相対量、時代に先駆けた軍の組織化などの点では高い度合を示していたかもしれないが、国民の動員度でいえば全体主義や現在のデモクラシーよりもはるかに低く、戦争に投入する資源の絶対量や軍の組織化の点では両者とは比べ物にならないほど小さかったのである。つまり、市民社会的、民主的な価値観、「シビル」である価値を重視しない国や軍の方が対外的に攻撃的であるという言説は、事実から見れば誤っている。

全体主義体制が出現すると、近代化した職業軍を強力な政府が支配し、国民軍を動員する現象が生じた。ところが全体主義であっても、ヒトラーに対するクーデター計画が何度も持ち上がり、ムッソリーニが自由主義体制から引き継いだ軍の掌握に手こずったように⑼、体制がプロフェッショナルな軍によって脅かされた例は少なくない。戦争において、全体主義の政軍間の相克はより明確となる。鄧小平による中越戦争（一九七九）に際し軍は消極的で⑽、イタリアの第二次世界大戦参戦や第二次エチオピア戦争（一九三五―三六）についても参謀総長らの慎重な意見があった。[11] また、アフガニスタンに共産主義体制を定着させようとしてブレジネフ書記長と政治局の一部が決定したソ連のアフガニスタン侵攻では、軍の反対がより明確に観察できる。[12] プロフェッショナルな軍が文民指導層主導の開戦に抵抗する、という興味深い構図が生じたことが見て取れる。

自由主義化が進み、複数の政治勢力により国民の動員が行われている国を見てみよう。これまで自由主義的な国や不安定なデモクラシーが行う戦争に対し、統治の不安定さに開戦の原因を求める考え方があったが、それは十分な説明能力を持つとはいえない。[13] クリミア戦争(一八五三―五六)参戦時のイギリスや、第一次エチオピア戦争*(一八九五―九六)開戦時のイタリアは、統治が安定していたが、複数の政治家や国民が開戦を唱導した。そして、当時専門化に向けた改革が進んでいた軍の中では、国民と政治勢力が主張する攻撃的な政策に対し戸惑いが生じたのである。トルコ領の割譲を求めて侵攻したリビア戦争(一九一一―一二)の際のイタリアでは、統治は不安定化していたが、戦争は自由主義政府と保守派が推進したもので、当時左派色が濃かったファシズム勢力の影響力の所産ではないことは明らかである。そして、リビア戦争を戦わされた軍は自由主義政府に反発した。[14] 自由主義化した国において、軍は攻撃的であるどころかしばしば抑制的なアクターであった。ナチスドイツの拡張主義を目の前にして十分な開戦理由があった第二次世界大戦前夜でさえも、英仏軍が消極的であったことは知られている。[15]

関東軍が独走した戦前の日本は例外であり、満州事変はもとより、日中戦争に関しては軍の方が文民政府よりも攻撃的だったということができよう。だが日本の旧軍の攻撃性は否定できないにしても、日露戦争の講和条件に反対した日比谷焼打事件*に見られるように国民の側も必ずしも常に戦争に対し抑制的であったとはいえないし、近衛文麿による「帝国政府は爾後国民政府を対手とせず」という宣言*に見られるように、文民政治指導者の攻撃的態度も挙げられる。同様にクーデターへの道を辿ることになる脆弱なデモクラシーであったフランスのアルジェリア戦争では、マンデス＝フランス首相が、アルジェリアの独立に反対する議会内の保守勢力の圧力によって開戦を決定したことに疑いはない[16]。しかも、保守勢力の主張を後押ししていたのはアルジェリア植民者と広くフランス市民であった。フランス軍は初め慎重であったが、長いゲリラ戦に巻き込まれていく過程で残虐化し、政府に対しても反抗するにいたった。軍は、フランス本国がアルジェリアを放棄しないとする一方で、戦争への関心や軍に対する支援が低下していったことに反発したのである[17]。

こうして見ると、自由主義的な政府がしばしば攻撃的戦争を引き起こしていることは矛盾とはいえず、それはむしろ政治が国民を動員することによる自然な帰結といえるだろう。しかも、その戦争の多くは軍に開戦の責めを負わせることはできない。専政や軍部、統治の不安定性などが戦争を引き起こすという考え方で攻撃的戦争を説明できないことは、表1に列挙したデモクラシーによる戦争の観察によっても明らかになる。この中に挙げている攻撃主体で統治が不安定だったのは第三共和制と第四共和制のフランスのみであり、第二次世界大戦後の成熟したデモクラシーによる戦争だけを見ても、例えばベルギーのコンゴ介入*（一九六〇—六二）のように人道的介入ではない例が少なくない[18]。

アメリカは多くの軍事介入を行っているが、軍がシビリアンの意図に反して戦争を主導した事例は見あたらない。それどころか、政権が望む軍事介入に対し、軍はときに抑制的な意見を進言している。大統領やその側近が当初企図した軍事行動計画のなかには、一九六〇年代初頭のラオス介入案（後述）など未然に軍の反対、消極的態度にあって実現しなかったものもある[19]。とりわけ湾岸戦争*に始まりコソヴォ介入*までの一九九

表1　デモクラシーによる戦争や軍事介入の例

主体	戦争や軍事介入の主な例(PKO 等の人道的介入を含む)
イギリス	ロシア革命介入*(1918〜20), マラヤ共産主義運動抑圧*(1948〜60), ケニアのマウマウ団弾圧*(1952〜59), スエズ動乱*(1956), 北アイルランド問題への武力行使*, フォークランド戦争(1982), 湾岸戦争*(1991), ボスニア紛争介入*(1995), コソヴォ介入*(1999), アフガニスタン戦争*(2001〜), イラク戦争(2003〜11), リビア介入*(2011)
フランス	
第3共和政	アフリカ植民地化のための軍事侵攻*, インドシナ併合のための戦争*(1858〜67, 1882〜84), 清仏戦争*(1884〜85), ロシア革命介入(1918〜20), ルール占領*(1923〜25)
第4共和制	インドシナ戦争*(1946〜54), アルジェリア戦争(1954〜62), スエズ動乱(1956)
第5共和制	ソマリア介入*(1993〜95), ルワンダ介入*(1990〜94), 湾岸戦争(1991), ボスニア紛争介入(1995), アフガニスタン戦争(2001〜), コートジボワール介入*(2002〜04, 2011), リビア介入(2011)
オランダ	インドネシア独立戦争*(1945〜49), ボスニア紛争介入(1995), コソヴォ介入(1999), エチオピア・エリトリア紛争介入*(2000〜02)
ベルギー	ルール占領(1923〜25), コンゴ介入(1960〜61), ソマリア介入(1992〜95), ルワンダ介入(1993〜94)
イスラエル	スエズ動乱(1956〜57), 6日間戦争(1967), オシラク原子炉爆撃*(1981), 第1次レバノン戦争(1982〜85), 第2次レバノン戦争(2006)
アメリカ	米墨戦争*(1846〜48), 米西戦争*(1898), 米比戦争*(1899〜1913), ラテンアメリカへの数々の侵攻*, ロシア革命介入(1918〜20), 朝鮮戦争(1950〜53), ベトナム戦争(1964〜75), ラオス侵攻*(1964〜73), カンボジア侵攻*(1970), キューバ, ピッグス湾攻撃*(1961), イラン, イーグル・クロー作戦*(1980), グレナダ侵攻*(1983), ニカラグア作戦*(1983), パナマ侵攻*(1989〜90), 湾岸戦争(1991), ソマリア介入(1992〜94), ハイチ介入*(1994), ボスニア紛争介入(1995), コソヴォ介入(1999), アフガニスタン戦争(2001〜), イラク戦争(2003〜11), ソマリア介入*(2007), リビア介入(2011)

○年代、介入に消極的なアメリカ軍幹部に対し、リベラルな政治勢力や政軍関係の研究者、メディアなどは一斉に非難を浴びせた。そして、二〇〇三年からのイラク戦争においては、シビリアンが積極的に開戦を主張するのに対し、軍は過去に例を見ないほどの規模の反対を展開した。

中東において最も統治が安定したデモクラシーというべきイスラエルは、第二次、第三次中東戦争については先に攻撃をしかけており、また統治が不安定なレバノンに対しても積極的な軍事作戦を行うなど攻撃的戦争には事欠かない。[20] だが、イスラエルにおいて攻撃的戦争を主導しがちであったのは、建国以来一九七〇年代後半まで支配的な政党であった労働党よりも、国民代表という観点から見ればむしろ民主的な勢力と考えられるリクード党であった。[21] 逆に、官僚や軍、情報機関モサドなどの幹部そのものであった労働党勢力にとって、リクード党が行う軍事作戦は、意に染まない軍事行動を強制されるものとして映るようになった。そして、戦いを強いられる現場の軍人や予備役兵のなかからも戦争反対の運動が起きるようになっていった。だが、イスラエルのようにシビリアン・コントロールが貫徹しているデモクラシーでは、軍の反対は必ずしも軍事作戦を取りやめにするほどの効果をもたない。将校も兵卒も軍の規律に反した行動を取ることはほぼないといってよいために、政府の戦争決定は必ずしも思い止まられず、可能になってしまうのである。

このように、デモクラシーやリベラリズムの国々ではシビリアンが主導した数々の攻撃的戦争があり、その中で民主化の不足や統治の不安定性によって説明できる事例は、実は数少ない。民主化と安定の度合が高まった安定型デモクラシーに限ってみれば、米比戦争(一八九九—一九一三)やオランダのインドネシア独立戦争(一九四五—四九)など、後に国民の間で評価が下がった植民地戦争を含めたとしても軍が文民政府を戦争に追い込んだ例は見あたらず、シビリアンが軍の明確な反対を押し切って決定した攻撃的戦争さえいくつか指摘できる。

異なる政治体制を横断して観察すると、軍の戦争反対は文民指導者や国民が権力を得るほど、そして軍のプロフェッショナリズムが高まるほど、はっきりと浮上してきた。それは、軍のプロフェッショナリズムにあらかじめ武力行使に抑制的な要素が内包されていることを意味するのでもなければ、民主化や統治の安定性、国民の動員拡大が攻撃性を高める独立の要素として働くことを意味するのでもない。四つの指標が雁行して拡大する歴史的過程において、軍の反対するシビリアン主導の戦争が新たな問題として登場したということを意味するのである。

では、攻撃的戦争を主導したシビリアンの側の動機は特異なものなのだろうか。そこにおける軍の反対はどのように生じ、また扱われたのだろうか。デモクラシーにおける「シビリアンの戦争」についてのより詳しい観察は、次章に譲ることにしよう。

第三章　デモクラシーによる戦争の比較分析

戦争への怒りの激情が高まると、この破局を単に一握りの人たちの野望と傲慢とのせいにしてしまって、それ以上の解明を追求しなくなってしまうのが、このような受難に宿命的なことのようである。しかし、戦争の猛威が荒れ狂っているときこそ、この悲惨な事態の直接の個人的な原因をさぐるよりも、むしろ根底にひそみ深い意味をもつ原因の分析に努力を向けることが実際には重要である。　　——E・H・カー（一九九六年　一一—一二頁）

政治指導者が国内政治的な利益に基づいて行動するなかで、国家としてのプライドや個人的な正義感、現実の脅威とはかけ離れた恐怖や憎しみが、しばしば戦争の真の動機となることがある。だが、規範的なアプローチや、個人の性格などに原因を求める属人的な議論ではデモクラシーにおける多くのシビリアンの戦争を説明することは難しい。そこで第三章では、軍の反対を押し切ってまで開戦された戦争の性質を理解するために、第一章で述べた攻撃的戦争の定義に従い、①防衛的な意図を持つが軍事力行使が釣り合わない戦争、②攻撃的性格の強い戦争、の順に安定型デモクラシーの行った複数の攻撃的戦争を取り上げることにしょう。

1　防衛的な意図を持つが軍事力行使が釣り合わない戦争

防衛的意図に基づく場合でも、戦争以外の政策手段がないとはいえない。砲艦外交のような威嚇によって十分な成果の得られる場合もあるだろうし、紛争調停を受けることも可能だろう。事例研究で取り上げるイギリスのフォークランド戦争がこうした軍事力行使が釣り合わなかった典型例として挙げられるが、ここではイラクのクウェート侵攻に対するアメリカの湾岸戦争(一九九一)と、イスラエルの主にエジプトに対する先制攻撃である六日間戦争の二つを取り上げる。

a　侵攻に対する介入戦争の例

イラクのクウェート侵攻に際し、湾岸戦争前のアメリカでは当初、アメリカが戦略的な利益を持つ同盟国サウジアラビアの防衛にのみ政策目標が絞られていたが、後にジョージ・H・W・ブッシュ大統領主導で、軍の反対にも拘わらずクウェートの解放へと政策目的が拡大した[1]。アメリカは武力行使の脅しでイラクとの対立をエスカレートさせ、イラクを糾弾して国内を開戦賛成に駆り立てた結果、外交交渉の結実を待たずに軍事力行使に踏み切った。

湾岸戦争において、当時のノーマン・シュワルツコフ中央軍司令官やコリン・パウエル統合参謀本部議長らに比べ、ブッシュ大統領、ブレント・スコウクロフト国家安全保障担当大統領補佐官、ディック・チェイニー国防長官など、シビリアンの方が抑制的でなかったことは、各種の回顧録や取材で明らかになっている。② パウエルは軍事衝突回避の封じ込め策を模索し、シュワルツコフは安保理決議がまだ出ないうちに決定された海上封鎖令に対し、ホワイトハウスの意図に反してイラクのタンカーへの攻撃を自粛していた。ホワイトハウスのタカ派は、シュワルツコフがイラクに対して攻勢に出るのを躊躇しているとして圧力をかけた。③ 空爆後、本格的な地上戦に入る前にはソ連がかなり妥協的なイラクの撤退和平案を打診してきた。現地のシュワルツコフや将校連はそれを歓迎すべき和平案であると感じていたが、戦争を遂行すべきだとする世論が盛り上がっていたことを受けたホワイトハウスは、イラクの即時クウェート撤退・武装解除を求めて本格的な地上戦を始めようとしたのである。④

戦争の途中で勝利が見えると、当初の政策目標を跳び越えてさらに野心的な政策目標が追求されがちなことも忘れてはならない。⑤ 湾岸戦争に勝つと、メディアや議会で、なぜ余勢を駆ってバグダッドへ進軍してサダム・フセイン政権を倒さないのかという非難が飛び出した。この論争は、アメリカ国内でその後ブッシュ(父)政権期とビル・クリントン政権期、さらにブッシュ(子)政権にいたるまで繰り返し提起されて尾を引き、イラク戦争への道を開くことになった。

b　先制攻撃の例

イスラエルの六日間戦争は典型的な先制攻撃である。六日間戦争は、エジプト‐イスラエル間に生じた危機がエジプト主導で短期間のうちにエスカレートして始まった。紛争の発端はイスラエルと、ヨルダン、シリアとの間の水利用やゲリラ攻撃をめぐる小競り合いであったが、エジプトがヨルダンと和解し、シリア、ヨルダンと同盟を結んで反イスラエルの軍事包囲網を築き、イスラエルの安全保障の根幹を脅かしたことがイスラエルの先制攻撃を呼んだ。ナセル大統領は当時ソ連の協力に期待しており、またエジプト軍が自らの軍事力を過信していたこともあって、先制攻撃は否定しながらも対イスラエル全面戦争を予告していた。イスラエルの存立そのものがこのとき危うかったとさえいえるだろう。[6] アメリカはベトナム戦争に忙殺されており、中東の戦争が米ソ関係に直接影響することを恐れたリンドン・ジョンソン政権が、エジプトの対イスラエル海峡封鎖を解くために十分な外交努力を尽くせなかったことも、イスラエルのレヴィ・エシュコル首相の選択肢を狭めた。[7]

戦争前には国防軍幹部の大半が開戦を支持しており、イッハク・ラビン参謀総長(のちの首相)は早期開戦を首相に進言しているが、決して軍が当初慎重だった首相を押し切った事例として理解することはできない。[8] 六日間戦争が始まってからは、イスラエルの政策目標は拡大し、エルサレムに進軍したほか、シリア、ヨルダンにも電撃的な攻撃を加え、対エジプト戦線でも戦勝を駆って徹底的に進軍した。このことは、イスラエルのその後に大きな影響を及ぼし続けることになる、長期にわたる占領地支配へと政策を転換させる結果をもたらした。

c 「異常」ではなかった開戦の動機

これら二つの開戦決定からは、砲艦外交の過程で勝てそうな戦争に突入する誘惑や、大きな脅威に晒されて先制攻撃を行う誘惑、戦争を通じて国内の政治的求心力を高める誘惑、などの政治指導者の動機を観察することができる。これらの動機はデモクラシーにおいても異常な動機とはいえない。国内政治における利益とともに正義感に突き動かされていたブッシュ(父)大統領や、攻撃される恐怖を覚えていたエシュコル首相を、合理的な判断能力を失った異常な指導者と呼ぶことはできない[9]。

そして、戦争を推進した側として非難を浴びてきた軍も、防衛的な意図に基づくとはいえ、戦争に積極的であったといえるのはイスラエルの六日間戦争に限られる。アメリカでは軍全体に、自衛目的ではない野心的な政策のために戦うこと、そうした戦争で戦死者を出したり失敗したりすることで、ベトナム戦争の頃のように世間からの攻撃に晒されることへの懸念が渦巻いていた[10]。だからこそ、アメリカにとって湾岸戦争は用意周到過ぎるほどの戦争準備期間を要したのであり、湾岸戦争では軍はほぼ思い通りの戦争ができたといってよい[11]。軍の思い通りに戦争がコントロールでき、圧倒的な勝利が見込めたからこそ、しぶしぶながら同意したといった方が実状に近い。六日間戦争時のイスラエル国防軍の例では、湾岸戦争におけるアメリカと異なり、国家の存立が脅かされていたことが戦争を推進した理由として挙げられる。当時のイスラエルでは国防軍の地位が現在よりも高かったが、それでも国防軍が進言したよりもよほど開戦判断は遅れたのである。安全保障に不安を抱く国民は無論のこと、当初はアメリカの反対を懸念していた議会(クネセット)も途中から早期開戦に転じ、リーダーシップが弱いとして逆に首相を突き上げるまでにいたったから、この事例でも開戦を決定づけた国内主体がクネセットや国民であるとはいえても、軍のみに帰することはできない[12]。

2　攻撃的性格の強い戦争

a　古典的な国家間戦争の例

先に挙げたような防衛的な意図を持つ戦争に対し、ここで挙げるのは攻撃的性格が強い戦争である。まずは、国力のほぼ対等な国家間で行われた規模の大きな戦争、いわば古典的な国家間戦争について考えてみよう。戦争が国内における鬱屈した欲求不満の雰囲気を払拭すると思われたときや、相手国の積極的な国外進出または外交的勝利に対する忍耐が限界に達したときに、あるきっかけを捉えて戦争が望まれることがある。開戦を推進する勢力は文民政府でも国民の側でもありうる。政治指導者が何らかの動機に基づき相手国の脅威を誇張することもあろうし、もう弱腰の平和は十分だというようなメッセージや政府の愛国心を疑うような言葉が巷間のパンフレットや新聞に躍ることもあるだろう。こうした戦争の初期事例はイギリスによるクリミア戦争参戦であるが、デモクラシーの行った戦争に着目すればアメリカがスペインにしかけた米西戦争(一八九八)を挙げることもできる。

米西戦争においては、アメリカの戦艦メイン号の原因不明の爆発事故という、本来ならば開戦に値しないようなきっかけから開戦が決断された。スペインに対する戦争に消極的だったウィリアム・マッキンレー大統領に対して、議会や大衆向けの新聞(イエロー・ペーパー)や大企業など、そして国民の大部分が開戦賛成に走り、植民地獲得のための戦争に支持を与えた[13]。開戦前の段階では、スペインの艦隊をすぐさま滅ぼすべきだとする海軍大学校の将校が書いた論文などもあったが[14]、戦争を推進したのは軍人ではなく主にジョン・ロング海軍長官や、後に大統領となるセオドア・ルーズヴェルト海軍次官ら、シビリアンであった。開戦までに海軍幹部のあいだで練られた戦争計画は、キューバ周辺の海上封鎖でスペインに圧力をかけ、エスカレーションする場合はスペインの植民地フィリピンおよびスペイン沿岸部への限定的攻撃を組み合わせるというものだった。[15] それは、スペインを交渉のテーブルにつかせることを目的とし、全面対決を避けようとするものだった。海上封鎖を中心とした計画が海軍省に採用された背景には、軍幹部がロング長官に強く働きかけたことがあった。[16] 海軍省の軍幹部は、海軍省の文官トップ、議会や国民の多くに比べれば、開戦には抑制的であったといえる。

b　大国の小国内ゲリラに対する戦争の例

攻撃的戦争はもちろんほぼ対等の国力をもつ国家間でのみ行われてきたわけではない。アメリカのカンボジア侵攻(一九七〇)やラオス侵攻(一九六四―七三)、後に事例研究で取り上げるイスラエルの第一次レバノン戦争(一九八二―八五)や第二次レバノン戦争(二〇〇六)のように、大国が小国の中に潜む敵ゲリラを攻めるような限定戦争も挙げられる。国力に格段の差があるような場合では、必要とされるレベルを上回る軍事力が行使されることも多い。こうした戦争は、いずれも圧倒的な国力と軍事力を背景にした戦争または軍事介入として理解できる。

冷戦中のアメリカは、安全保障上の大きな脅威に晒され、他の大抵の国よりも圧倒的に強い軍事力を持つ国であった。そのため直観的には、軍もその能力に基づき勝利可能と判断した戦争に対しては抑制的でないはずである。ところが、弱小国に対する戦争でも軍は新たな軍事力行使に消極的になることがある。その典型例が、カンボジア、ラオス侵攻に見られるような、制約が大きく政策目標が達成しにくい、また犠牲の大きな介入であった。

ホーチミン・ルート分断やゲリラの本拠地撲滅を狙った数次にわたる長期のカンボジアおよびラオス侵攻は、今日では必要性の乏しい戦争であったと位置付けられている。[17] まずラオスについて振り返ろう。ドワイト・アイゼンハワー政権期からすでに軍事顧問団やCIAによる軍事支援は始まっていた。アメリカ軍の統合参謀本部は一九六一年四月のジョン・ケネディ政権による介入作戦検討命令に対し、一四万人を要する大規模介入案のみを提示することで介入を妨げ、中国が介入してきた場合には核兵器を使う必要があると主張し、介入の意思を挫いた。[18] 統合参謀本部は翌年のラオスへの部隊派遣決定に当たっても抵抗したが、このときには軍の意見が通らずに五〇〇〇人の海兵隊員をタイへ派遣することになった。[19] その後、一九六二年のジュネーヴ合意でラオスからいったん撤退したものの、北ベトナムが軍事介入を強めたことでアメリカはCIAの空輸作戦を再開する。空輸作戦が漸次拡大されるとともに、ベトナム戦争の一環として直接の軍事作戦も展開され、「秘密戦争」が始まった。

ラオス侵攻においては軍の反対により介入がたびたび思い止まられ、ときに規模が縮小されてきた。もっとも、軍が必ずしも常にラオスへの関与に反対してきたわけではない。[20] だが、軍が長いあいだ兵力投入に消極的であったことは確かで、文民政府の決定に従いしぶしぶ軍事行動に巻き込まれていったのが実状であった。[21] ジョンソン大統領がラオスに戦線を拡大することに消極的だったことは知られているが、軍上層部自体も失敗を恐れて特殊部隊の投入を遅らせてきた。自軍の犠牲を嫌う軍上層部や現地指揮官によって結果的に負荷を負わされた特殊部隊は多くの犠牲を出した。結局、一九七一年にリチャード・ニクソン大統領、ヘンリー・キッシンジャー主導でラオスで南ベトナム軍を中心に攻勢に出たが失敗し、ラオスでの特殊部隊作戦は一九七二年に中止された。

カンボジア侵攻も、軍の抵抗を押し切って展開された戦争である。一九七〇年四月末、ニクソン大統領は国防長官と国務長官の反対を押し切り、カンボジア国境周辺にアメリカ軍五万人強、南ベトナム軍と合わせて一〇万人強の本格的な軍事侵攻に打って出た。[22]現地の軍司令官らは急に降って湧いた作戦に消極的で、作戦を思い止まらせようとしたが果たせなかった。統合参謀本部はニクソンの作戦案に反対し、より大規模な侵攻作戦を進言した。[23]この助言は、大規模な作戦が必要だと訴えることで、ニクソンの希望的観測を否定しようとする意図を持っていたと考えられる。カンボジア侵攻が軍の推進した作戦でないことは、ブルース・パルマー陸軍参謀次長が、現地の部隊が侵攻決定を数日前まで知らず、また統合参謀本部や陸軍自体も十分な計画立案の時間を与えられなかった結果として、成功の見込みが不確実な作戦しか立てられなかったことをその回想録の中で明かしている通りである。[24]現地で戦った軍人にしても、戦争終結後に作戦の有効性や倫理性について疑いを吐露している。[25]作戦は実行に移され、南ベトナムに物資を運びこむためのベトナム人民軍(北ベトナム軍)の補給基地の一部は押さえたものの、問題はニクソン自身が演説で表明した作戦の主目的であった、北ベトナムと南ベトナム解放民族戦線(通称ベトコン)の本拠地発見が失敗に終わったことだった。この目標が達成できるか否かについては、軍は当初から懐疑的だった。

このようにカンボジア侵攻においては、ラオス侵攻よりもさらに軍の反対を顕著に見ることができる。決して、軍が開戦に反対したのに文民政府に無理強いされたとはいえないベトナム戦争の中でも、ラオス、カンボジア侵攻では、軍が文民政府の野心的な政策のために犠牲が大きく成果が見込めない戦争をすることに反対する構図が見出される。カンボジアやラオスの事例では、軍の反対が集中した点はシビリアンによる侵攻作戦案であって侵攻そのものではなく、戦争の正当性や必要性よりもその遂行方法に疑問が提出されていた。そのように限定された文脈においてであれ、軍の反対は明確である。

それでは、政治指導者はどのようにラオス、カンボジア介入を捉えていたのか。アイゼンハワー大統領やケネディ大統領のラオスへの介入意図はこれまで研究者の間で争点となってきたが、政権移行の際にアイゼンハワーがケネディに外交問題でもっとも強調した助言が、ラオスを押さえておくべきだということであったことは見逃せない[26]。ベトナム戦争を指揮したジョンソン大統領は、中ソを刺激すべきでないという外交上の理由と、これ以上戦線を広げたくないという理由からラオス介入をためらっていた。ニクソン大統領はカンボジア侵攻案を主導して開戦を決定した[27]。ニクソンはベトナム戦争を始めた民主党を批判して政権に就いたが、勝利して撤退するという超大国の指導者としてのプライドがカンボジア作戦の魅力を高めたといえるだろう。このように、攻撃的性格の強い戦争を始めたアメリカの政治指導者は、異常な指導者というわけでもなく、しかも民主、共和両党ともに、介入戦争を始める傾向が見られた。

c　大国の小国に対する攻撃的戦争の例

最後に、上で挙げた敵ゲリラ掃討のための軍事介入よりもさらに野心的な政策目標を持つ、大国の小国に対する戦争について考えてみよう。例としては、自国に脅威を与えていない相手国の政権の転覆や体制転換・占領を狙うもの、植民地戦争など、かなり多様な事例が挙げられる。すでに占領・併合している地域や植民地における独立運動の鎮圧も含まれるだろう。こうした戦争は、植民地を獲得することが列強にとって一般的であった帝国主義時代に限られるわけではない。第二次世界大戦後にもイギリス、フランス、オランダやベルギーなどが植民地独立運動を弾圧する戦争をしかけ、イスラエルは新たな入植地の維持のために武力行使を続け、米ソは自らの勢力圏を拡大するためにさまざまな地域に侵攻したからである。

政策の攻撃性が分かりやすいこうした戦争こそ、特定の異常な指導者が攻撃的戦争を始めると考える議論への一番分かりやすい反証である。ムッソリーニやヒトラー、日本の東条英機のような指導者の心理的な態度のみによってこうした戦争を説明できないことは明らかだろう。スエズ動乱(一九五六)に関していえば、アンソニー・イーデン英首相がエジプトの指導者ナセルをヒトラーに擬えたのは明らかな誤りであったばかりか、イーデンこそが攻撃的戦争をしかけた側である。

戦争中のアメリカ軍による残虐な行為が目立った米比戦争はどうだろうか。開戦の決定をしたのはマッキンレー大統領であるが、米西戦争を回避しようとした彼も、フィリピンはスペインから割譲された戦利品と考え、戦争を避けようとはしなかった(28)。米西戦争時にフィリピン攻撃の決定を推し進めたのはジョージ・デューイ太平洋艦隊司令官ではなく、当時の海軍省を取り仕切っていた海軍強化主義者のロング長官、そして海軍省次官を辞めて米西戦争に志願したセオドア・ルーズヴェルト(のち大統領)などの高官であった(29)。アメリカ国内はデューイの戦勝に沸き立ち、マッキンレー大統領も独立運動家のエミリオ・アギナルドとの盟約を裏切って、一八九九年にフィリピン領有とアギナルド収監を決めた。対照的に、デューイら現地の軍上層部はむしろアギナルドに有利な観察や進言を本国へ伝えようとした(30)。米比戦争中の残虐行為は人種差別と密接に関わっており、手を下した軍人や命令した将校の多くは調査委員会の聴聞でゲリラの非文明性や非正規戦の性格を理由に行為を正当化した(31)。とりわけ攻撃的であった軍人には、モロの火口虐殺*(一九〇六)を指揮し、後にアメリカ国内からも批判を浴びたレナード・ウッド陸軍准将がいた。だが、文明が劣る相手に対し侵略や残虐行為が許されるという認識は米比戦争の調査委員会に関わった上院議員のほとんどに共有されていたことを忘れてはならない(32)。

冷戦期のアメリカでは、これまで挙げてきたように数々の攻撃的戦争や介入が行われた。その中でも、アメリカ社会に対して暗く悲惨な影響を及ぼしたのがベトナム戦争である。ベトナム戦争では、トンキン湾事件*などいくつかの重要な局面において軍の一部が攻撃性の強い政策志向を持ち、また空軍は戦争が始まる前に攻撃的な計画を推していたとはいえ、開戦決定そのものをホワイトハウスが掌握していなかったとは決していえない(33)。フランスのインドシナ戦争に一九五四年時点で加勢するべきか否かという問いが持ち上がったとき、陸・海軍、海兵隊の軍上層部が介入を拒否したことも事実である(34)。

他の相対的に小規模なアメリカの軍事介入を見ても、一九八三年のグレナダ侵攻とニカラグア作戦では軍が介入そのものに否定的であった(35)。グレナダに関して、統合参謀本部は軍事行動に消極的だったが、レーガン大統領の意見が貫かれて部隊を派遣させられた代わりに、自軍の犠牲を抑えようとする軍の主張により軍事作戦全体の規模が拡大してしまった(36)。ニカラグア作戦では、レーガン大統領がCIA等によるコントラ支援*に加えて直接の軍事行動を検討しようとするのに対して、統合参謀本部議長や陸軍、戦域司令官が反対し、結果的に軍の関わりはプレゼンス拡大とホンジュラスへの軍事支援に止めることとなり、目標としていたサンディニスタ政権の打倒にはいたらなかった(37)。レーガン政権期のこうした積極的な軍事介入は、ベトナム戦争症候群と呼ばれたトラウマを解消するため、限定戦争を活発に用いようとする考え方に基づいていたが、それが部分的にでも乗り越えられたのはパナマ侵攻(一九八九―九〇)と湾岸戦争の華々しい成功を待たねばならなかった。ブッシュ(父)大統領により決定されたパナマ侵攻では、パウエル統合参謀本部議長がこれまでの限定戦争の失敗を踏まえて大量介入の原則に則って派兵した。だが、このコストが比較的少なくすんだ軍事介入においてさえ、戦域司令官の消極性が問題となって軍事介入直前に司令官の人事異動が行われていることは見逃せない。(38) 二〇〇三年に始まったイラク戦争の全過程を通じて、ベトナム戦争症候群を乗り越えていたのはシビリアンの側であった。軍はトラウマを十分に乗り越えていなかったばかりか、二度目のトラウマを経験させられ、ベトナム戦争に加えてイラク戦争症候群を抱えることになったのである。

デモクラシーにおける攻撃的戦争の多くは、戦争の動機を持っていた必ずしも特異とはいえない政治指導者や、場合によっては開戦を求める国民に背中を押された指導者によって引き起こされたものであった。また、必ずしも国民に周知されてはいなかった秘密戦争のような場合でも、文民指導者の側に、大きな犠牲を予想して消極的になる軍を押し切って、軍事力による問題解決を望む傾向があったことが窺えた。

これらの戦争の動機は特定の政権に属するものではなく、一般的に生じうるものでもあった。たとえば防衛的な意図ではあっても、湾岸戦争のように軍事力による脅しを背景にした外交交渉による解決の見通しがあるにも拘わらず圧倒的な勝利を求めて戦争に踏み切ってしまう場合もあるし、六日間戦争のように、相手に攻撃される恐怖や先制攻撃によって得られる優位への誘惑、国内の圧力などに抗しきれず戦争を始めた例なども観察される。湾岸戦争のように、防衛的な性格を持つ戦争だからといって軍がそのすべてに賛成するわけではないことも窺えた。このことは、のちに取り上げるフォークランド戦争におけるイギリス軍の態度でさらに明らかとなる。

同時に、デモクラシーが行った戦争のうちには、攻撃的な性格の強いものも多数あることが観察できる。米西戦争のように戦争を求める国内の声が政権を開戦決定へと追い込むような国民主導の例さえ観察されたし、ラオス、カンボジア介入のように、政治指導者主導で大国が小国内のゲリラ掃討のために本格的な軍事介入に踏み切る事例もあった。米比戦争のように実在の脅威が乏しいか存在しないにも拘わらず発展途上国へ侵攻し植民地化する例、前章の表1に挙げたように植民地の独立運動や民主化・共産化運動を弾圧する例が多数見られるほか、ベトナム戦争やイラク戦争のように実際に植民地化しないまでも、自国に脅威を与えていない相手国の政権を倒し、自国にとって有利な政権を樹立するため、または自国の信じる理念や制度を広げるためにする戦争さえ観察することができるのである。

第Ⅱ部

シビリアンの戦争の四つの事例

第Ⅱ部では、これまで述べてきたシビリアンによる攻撃的戦争の具体例として、クリミア戦争（イギリス）、第一次レバノン戦争・第二次レバノン戦争（イスラエル）、フォークランド戦争（イギリス）の四つの事例について考察する。これらの事例に共通するのは、シビリアンが開戦を主導する一方で、軍は消極的だったことである。この点を別にすれば、ロシア－トルコ間の戦争へイギリスが介入したクリミア戦争、自国に対するテロ行為の拠点を抱える隣国へイスラエルが全面的に侵攻したレバノン戦争、海外領土の被占領に際しイギリスが外交的解決を半ば放棄して戦争に臨んだフォークランド戦争、というように、それぞれの戦争は異なる性格を持つ。さらに、ここで取り上げているケースは安定型リベラリズムの一九世紀イギリス、安定型デモクラシーの二〇世紀イギリス、イスラエルと、国も時代も異なっている。このように異なる国と時代においてシビリアンの戦争の特徴が生じた理由は何だろうか。以下では、近代化、民主化そのものの過程を踏まえ、そこで起きる戦争の性格の変化、軍とシビリアンの態度の変化について考えていきたい。そこでふたたび明らかになるのは、民主化や軍のコントロールは平和への十分な解ではないという、アイロニカルな現実である。

第四章　イギリスのクリミア戦争

俺たちゃ戦いたくはないけれど、ジンゴ！　もしも戦うのなら、俺たちゃ船も持ってる、男どもも、金もある。俺たちゃ「熊公」と戦った。俺たちがまことのイギリス人である限り、ロシア人はコンスタンティノープルを手に入れられないのさ。

——一八七〇年代にイギリスの巷間に流行したはやり歌(Pelling 1968)から訳出。

一八五四年、クリミア戦争参戦当時のイギリスはいまだ参政権が限られており、デモクラシーと呼ぶことはできないが、労働者らが政治集会に参加し、街頭で大量の政治パンフレットが配られるなど、自由主義勢力によって国民の政治的動員が試みられていた。イギリスでは軍に対する政治統制も早くから進展し、シビリアンと軍がある程度分断されていた。開戦に先立って、戦争を主導した政治家や新聞はこの戦争は専政のロシアに対する正義の戦いであると主張し、初め開戦に懐疑的だった首相を倫理性に欠けていると批判し、軍の抑制的な姿勢を攻撃した。本章は、政治家や国民の開戦に向けた圧力の下で、政治指導者が軍の反対を押し切って開戦するという初期事例を提示するものである。それはまた、「シビリアンの戦争」が一九世紀中葉のイギリスに生じた原因が、軍のプロフェッショナリズムの進展と政治の自由主義化との相互作用にあったことを示すことにもなろう。

1 「正義の、だが不必要な戦争」?

クリミア戦争(または Russian War)は、ロシアに対し、オスマントルコ、英仏連合軍、サルデーニャ、オーストリアなどがトルコ領内や黒海における利権と影響力をめぐって一八五三年から一八五六年にかけて戦った戦争である。(1) イギリスは、オスマントルコがロシアに宣戦布告した一八五三年の一年後に、ロシアとトルコの戦争に介入するかたちでクリミア戦争に参戦した。この数年前からロシアとトルコのあいだでは、聖地エルサレムの管理権やトルコ内の正教徒の取り扱い、ロシアのドナウ川流域の諸公国の占領をめぐって紛争が勃発しており、イギリス、フランス、オーストリア、プロイセンなどの仲介による外交交渉が行われていた。だがその外交交渉が決裂したのはトルコの責任によるところも大きかったし、必ずしもイギリスが参戦しなければいけない理由が明確だったわけではない。(2)

これまでの国際政治史研究では、クリミア戦争全体に関してはオスマントルコの衰退と分裂の危機がヨーロッパに戦争を呼び起こしたこと、フランスのナポレオン三世の対決的な姿勢や挑発がクリミア戦争勃発に果たした役割、ロシア皇帝ニコライ一世の誤算などに注目が集まってきたが、本書はそのような国際政治の相互作用ではなくて、イギリスの参戦判断に分析対象を限定し、イギリス国内の多くの政治家や国民が、少なからぬ数の高位の軍人が反対するなか、攻撃的な戦争の開戦に賛成したことに着目する。(3)

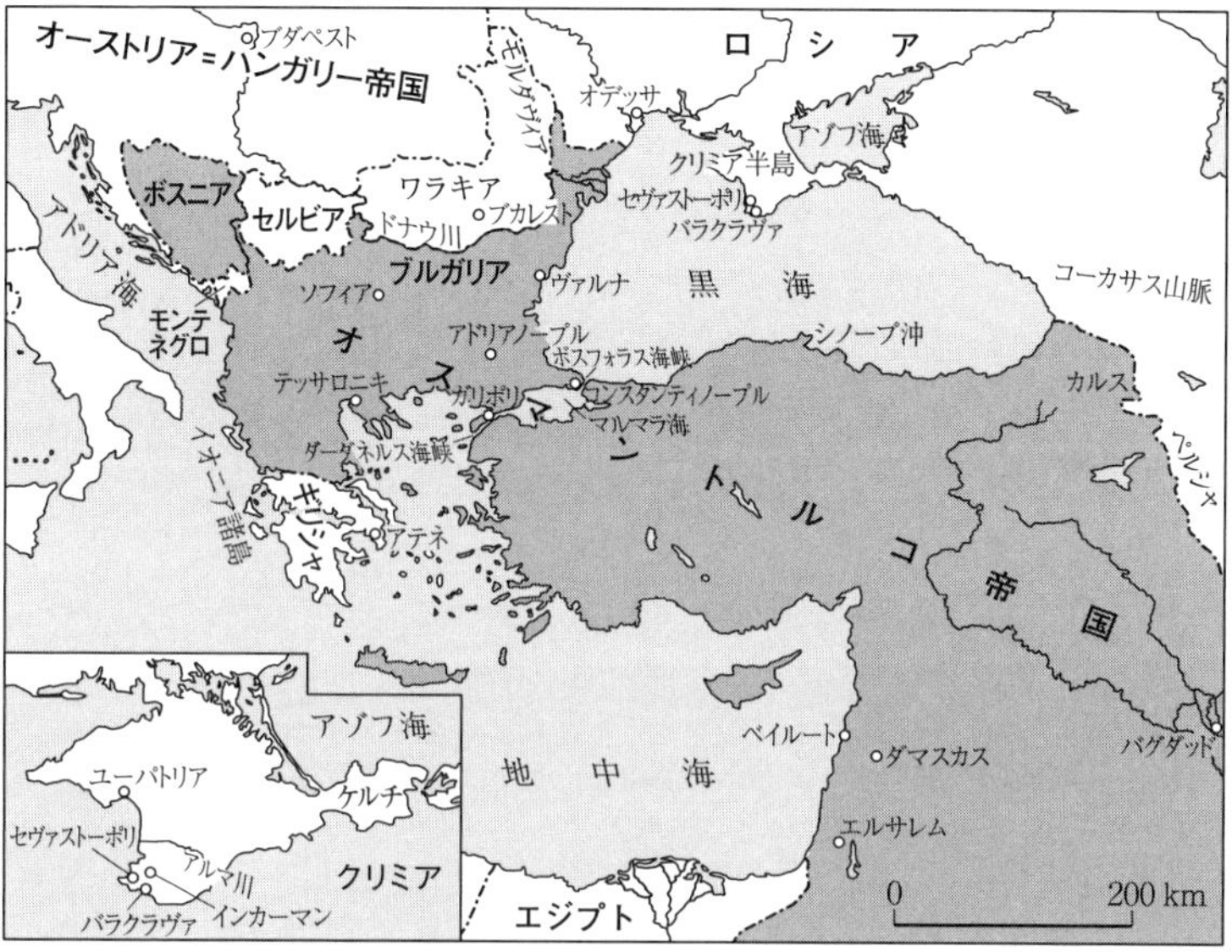

クリミア戦争地図(1856年)

イギリスの利益と当初の要求を見れば、クリミア戦争は必要な戦争だったとはいえない。単にロシアがイギリスを攻撃せず、また攻撃する見通しもなかったにも拘わらず介入したということばかりでなく、イギリスの当初の要求であったロシアのモルダヴィアとワラキア(主に現在のルーマニアをなす地域でオスマントルコの属国であった)からの撤退が実現した後にイギリスが戦争を本格化させ、継続したという事実がそれを表わしていよう。つまり、仮に自国の防衛を踏み越えた野心的な政策目的を達成するにしても砲艦外交で十分であり、そこまでの軍事力行使が必要であった事例とはいえない。イギリスにとってのクリミア戦争は、戦争を望んだ政治家と国民に政府が引きずられて開戦した戦争だったのである。

開戦決定過程で重要な点は、自ら始めた砲艦外交から引き返す国内政治リスクを負っていたアバディーン内閣が、ロシアがトルコ艦隊を壊滅させたシノープの海戦*のもたらした劇的な政治的圧力に耐えられなかったことである。ヴィクトリア女王夫妻とアバディーン首相が開戦に消極的であったことは過去の研究から明白であり、主戦派のパーマストンでさえ一八五三年初めには開戦しようと考えてはいなかったとされている。[4]一八五三年を通じて、イギリスはクリミア戦争を回避することも、開戦することもできるという状況が続いていた。ところが、一八五三年一一月のシノープの海戦におけるトルコの大敗を境に、世論や政治における参戦派の勢いが極端な盛り上がりを見せた。[5]この海戦は「シノープの虐殺」と呼ばれ、ロシアへの正義の鉄槌を求めた世論を背景に、議会が内閣に圧力をかけたのである。実際のところ、トルコ艦隊の大敗北は虐殺ではなく、トルコ艦隊の弱さと失態に原因があった。[6]ところが、開戦を望んでいた政治家らは「虐殺」という正義感に訴えるレトリックで国民感情を一気に高めることに成功したのであった。

戦争を推進したパーマストン内相を始めとする政治家は、クリミア戦争をそこまで困難な戦争だとは思っていなかった。まず彼らにはロシアの主力である陸軍と戦うという意識が低く、イギリスと比べて限られた能力しかもたないロシア海軍を基準にロシアの戦力を過小評価していた。[7]実際にはクリミア戦争の戦線はヨーロッパの広域に拡大し、イギリスは苦戦して二万人以上もの死者を出し、さらには莫大な戦費のために政府は戦後、ほぼ破産状態に追い込まれた。従って、当初戦争を推進した政治家や国民が抱いていたような圧勝の見込みとは程遠い結果となった。だが、結果として辛勝したことが、本来イギリスの政治家や市民が開戦を反省すべきであった機会を奪ってしまった。批判はむしろ十分な成果を上げられなかった軍に向けられた。[8]そうして、当初戦争に反対していたジェームズ・ダンダス地中海艦隊司令官やジェームズ・グラハム海軍大臣が苦戦の責任を負わされて交代させられることになった。[9]

議会や国内世論とは対照的に、イギリス軍は開戦に消極的だった。軍の上層部の多くは政治家たちの楽観的な見込みを共有しておらず、自らの能力の限界や外交的解決を重視して開戦に反対していた。戦争が始まった後は一般の兵卒や将校のあいだにも厭戦気分が高まった。この戦争においては、シビリアンの戦争の萌芽とともに、プロフェッショナル化が軍の戦争反対を生むという事象を見ることができる。

2　アバディーン政権の政策決定過程

a　露土間の緊張と艦隊派遣の検討

イギリスのクリミア戦争参戦の一年前の一八五三年三月の時点では、東方問題の懸案はトルコとロシアやフランスの間での聖地管理権問題、* および前年からのモンテネグロとトルコとの戦争だった。ロシアは当初、トルコのモンテネグロへの攻撃をやめさせようとするオーストリアとの共同歩調を取ったため、三月末にはトルコ－モンテネグロ間の和平条件が合意できていた。[10] ロシアのカール・ネッセルローデ外相は、聖地管理権問題等の交渉にあたる任務を帯びて二月末にトルコ宮廷へ赴任したばかりの反トルコ派の特使、アレキサンダー・メンシコフ海軍大臣に、フランスを刺激し過ぎずイギリスを警戒させない交渉方法をとるよう、あらかじめ釘を刺していた。その頃、イギリスからはトルコ通のストラットフォード・ド・レドクリフが駐コンスタンティノープル大使として赴任した。彼は、フランスが提起した聖地管理権問題の仲介に加えて、トルコ政府がロシアとフランスのいずれの影響下にも降らないように画策するという任務を帯びていた。[11] 他方、トルコは初めからロシアに対し攻撃的政策をとっていたフランスは聖地管理権問題で強引な主張を崩さず、イギリスを対ロシア同盟に取り込もうと画策しており、さらにトルコ宮廷はイギリスにトルコ防衛義務を引き受けさせようと工作していた。そのため、イギリス政府はロシアの野心に懸念を強める一方でフランスやトルコによって戦争に引きずり込まれることをも警戒していたし、アバディーン首相は聖地管理権問題に関してはロシアの方がフランスよりも主張に正当性があるとさえ考えていた。[12] ロシアの砲艦外交の成果もあり、五月五日にはロシア－トルコ間の聖地管理権問題は解決した。しかし、ロシアは次なる要求としてトルコ領内の一二〇〇万人のギリシャ正教徒に関してロシアがトルコに内政干渉しうるようなロシア－トルコ間の不平等協定締結の要求を持ち出したため、トルコは反発した。ロシア政府は、トルコが要請に従わなければ、その属領であるドナウ川沿いの諸公国を占領すると決めていた。ストラットフォード大使はこの時点にいたっても、戦争を避けるためにロシアがドナウ川周辺の諸公国を占領しても受け入れるようにとトルコに対し勧告した。[13]

このように、イギリス政府は当初から戦争に積極的であったわけではない。だが閣内では、ホイッグ党のパーマストン内相と、ホイッグ党の領袖で庶民院院内総務兼枢密院議長のラッセルがロシア牽制のための艦隊派遣を推進していた。[14] パーマストンは艦隊派遣にもっとも積極的で、一八五三年の三月および五月末には艦隊を黒海に派遣するよう強く主張し、ロシアに対抗した砲艦外交を行おうとした。他方、クラレンドン外相は三月の時点では艦隊の派遣に反対していたものの、五月ごろにはラッセルとパーマストンの説得が功を奏してか、しだいにロシアがトルコを属国化しようとしているのではないかと疑い始め、ストラットフォード大使に艦隊派遣の権限を与えようと動いた。

ストラットフォード大使に艦隊派遣権限を与えることは、海軍大臣の権能を侵食するばかりか内閣や首相の戦争開始判断すらも奪ってしまう可能性があり、ずるずると戦争に引きずり込まれる結果になりかねない危険性があった。しかも、肝心のダンダス地中海艦隊司令官が艦隊派遣に反対していたうえ、海軍本部ではトルコ海軍での指揮経験があるボールドウィン・ウォーカー勅任艦長が、ロシア陸軍がダーダネルス海峡を確保した場合にはイギリス海軍がロシアの手中に落ちてしまう危険性があると主張していたので、グラハム海軍大臣は艦隊派遣は危険だと訴えた[15]。ところが、ロシア海軍の能力の低さからイギリス海軍の優勢を信じていたパーマストンは、何か行動を起こさねば政府が国内外から非難され恥をかくだろうと主張したため、アバディーン首相はグラハム海軍大臣やダンダス司令官の反対にも拘わらず、結局パーマストンの主張を受け入れたのである[16]。そこで五月三一日の閣議では世論対策の折衷案として、パーマストンの当初要求したダーダネルス海峡付近に艦隊を送る案の代わりに、ストラットフォードに艦隊派遣の権限を与えることが決定された。こうしてイギリスはトルコ政府の側に名実ともに与し、露土間の紛争に引きずり込まれる布石を敷いてしまった。

七月初頭には、ロシアがモルダヴィアとワラキアへ進軍した。閣内ではパーマストンがこれに対し砲艦外交の脅しを強めるためボスフォラス海峡へ艦隊を進めるべきだと主張したが、アバディーンは多少譲歩して砲艦外交を順次強化する手順を定めるとともに、ウィーンにおける調停に持ち込んだ[17]。ところがウィーン議定書の内容はロシア寄りに過ぎ、八月二〇日にトルコが議定書を拒絶したことで失敗してしまった。アバディーン、ラッセル、クラレンドンらはここへきてようやく、トルコの行動如何で戦争に引きずり込まれる可能性を現実のものとして受け止め、トルコに議定書の要求を呑ませることができなかったストラットフォード大使を責めた[18]。だがいったん艦隊をダーダネルス海峡の入り口のベシカ湾に配備した以上、政権は政策の一貫性や道徳的な外交政策を求める国内の批判に対して弱い立場におかれていた。

b 「シノープの虐殺」

一〇月には、トルコ側の攻撃によって露土戦争が始まり、閣議はアバディーンやウィリアム・グラッドストン財相の意見に沿って、トルコに調停を受け入れさせるためにフランスとともに艦船を派遣することを決定した[19]。ところが、一一月末のシノープ港における海戦で、ロシア海軍がトルコ艦隊をほぼ全滅させてしまう。これは「シノープの虐殺」と呼ばれてイギリス国民の憤りを生み、イギリスによる軍事介入に決定的な正義の動機付けを提供した。それまで戦争に積極的ではなかった新聞各紙――『グローブ』、『クロニクル』、『マンチェスター・ガーディアン』、そしてパーマストンに反対していた『タイムズ』までも――が戦争に対する懐疑的な姿勢を捨て、イギリスには攻撃的な専政であるロシアを打ち砕く人道上の責務があるとした[20]。これをきっかけとして、閣内でもパーマストンやラッセルら主戦派の勢力が、辞任の脅しを武器にアバディーンを圧迫し、議会の政治家、新聞や大衆は戦争に消極的な王室や首相を攻撃し始めた[21]。シノープの海戦こそは、イギリスの参戦にとって大きな転機であったといえるだろう。パーマストンは一二月初旬に辞任劇を演じ、シノープの海戦と相まってアバディーンに政治的な打撃を与えた[22]。一八五三年の末には、パーマストンを中心とする反アバディーン勢力はもはや首相の勢いを上回っており、女王や夫君、アバディーンも新聞の非難に背中を押されて、少しずつ、確実に参戦へと態度を変えていった[23]。

このことからすれば、一二月にウィーンで開かれた墺・仏・英・普の四カ国の外交官によるロシア－トルコ間の停戦仲介交渉が実を結ぶ可能性は乏しかった。アバディーンは一二月二二日の閣議でロシアがドナウ川を越えれば戦争理由と見なすとし、同時に艦隊を黒海に派遣したが、ウィーンの外交交渉を担ったクラレンドンはすでに開戦推進の側にいた[24]。この一二月時点で、アバディーン政権はクリミア戦争への準備段階に入ったと見てよいだろう[25]。

c　勝利への楽観が広がる中での開戦

年が明けると議会の開戦を求める声はいや増した。二月六日の貴族院における討議では、政府がいったい事態を掌握しているのかという質問や、一刻も早く参戦すべきだという意見がホイッグ党、保守党の双方から噴出し、応酬は熱を帯びた[26]。この時期、アバディーン首相はまだ戦争は回避可能であると議会で演説していたが、戦争阻止を目指す少数派に、さらなる戦争回避努力としてはどのような政策がありうるのかについて答弁を求められたとき、いい逃れに徹した[27]。和平交渉はすでに決裂しており、内閣は開戦の決断に傾いていたからである。二月一四日の貴族院討議では、先年にフランスと協働してダーダネルス海峡へ艦隊を派遣しておかなかったことについても非難が浴びせられた。議論の応酬の中で、クラレンドンは「われわれは戦争へ向かって漂流しつつある(drifting)」という有名な文句を口にする[28]。二月二四日のクラレンドンによる貴族院演説は、前年中に開戦していないことの弁明でしかなく、戦争を回避するものではなかった[29]。庶民院では、二月二〇日に保守党のベンジャミン・ディズレーリが政府の外交交渉を批判するとともに戦争賛成の立場を明確にした[30]。ここでも、前年のヒュー・ローズ代理大使による艦隊派遣要求に対し、政府が派遣しなかったことに両党から批判が集中した[31]。それに対し、グラハム海軍大臣は前年には戦争の準備が整っていなかったこと、ヨーロッパの勢力と協調していくべきであることなどを強調し、ロシアとの戦争には多大な犠牲が伴うことをいまいちど議員たちに思い起こさせようと試みたが、当時の議員たちの反応はむしろ彼らが早い勝利を予期していたことを感じさせる。[32]

このように首相や外相周辺では、二月あたりから外交努力を継続する姿勢が窺われず、答弁でも戦争を否定せず、それへ向けた準備を行っていることを強調するようになった。最終的にアバディーン政権は一八五四年三月二八日に宣戦を布告し、ロシアとの長い戦争に突入した。

3　対ロシア戦争の拡大とイギリス軍の苦戦

クリミア戦争はクリミア半島に限定された戦争ではない。この戦争は多数の国が参戦し、戦争中も外交交渉が行われた長い複雑な戦争であるが、ここでは戦争の大まかな経過と結果的に生じたコストを検討するに止めたい。また、開戦後においても軍の消極性が見られたことも確認しよう。

宣戦が布告されるとイギリス海軍はヴァルナへ艦隊を進めて兵を上陸させたが、港湾施設がないところでの上陸にはひと月以上もかかったうえ、軍にはコレラが蔓延しており、とても士気は上がっているとはいえなかった。[33] ダンダス地中海艦隊司令官は、軍がヴァルナ沿岸にほぼ勢ぞろいした六月時点になってもオーストリアの介入による実戦突入回避を望み、ストラットフォード大使に外交交渉の情報を自分にも提供するよう要求した。[34] 陸軍の司令官はラグランで、彼も戦闘開始を避け、ウィーンの動向やトルコ宮廷・軍、フランス軍との調整の方に関心と時間を割いていた。[35] 他方、オーストリアが戦争回避のために介入したことによりロシアはすぐに態度を変え、六月中旬にはドナウ川の向こうへと退却した。アバディーン政権がこれまでドナウ川を実質的に軍事介入すべきか否かの境界線にしており、ロシアに退却を要求していたことを考えれば、これで正面衝突は避けられるはずであった。ところがアバディーン政権内では、すでに論点はどのようにトルコの独立を担保するかではなく、どうやってオーストリアを英仏側へ引き込むかに移行していた。[36]

六月二八日にニューキャッスル陸軍大臣からラグランへ向けて、セヴァストーポリへ進軍せよという命令が下った。ラグランはこの命令に独自の解釈を読みこみ、九月中旬まで侵攻を回避する。ラグランもダンダスも、ロシアが引いてしまったいま、戦争の必要はなく海上封鎖で十分だと感じており、またグラハム海軍大臣が立案したセヴァストーポリ攻略作戦は犠牲が多いばかりで軍事的にはあまり意味がないと考えていたからである。[37]ニューキャッスルは、ラグランに上陸作戦を遂行させるために『タイムズ』を引き込んで世論による圧力を利用した。[38]『タイムズ』のジョン・デレイン編集長は、一八五四年六月の紙面でクリミア半島へ侵攻せよと論じ、ラグランを始めとする侵攻に消極的な将軍らを「不平屋」(grumblers)と呼んだ。[39]こうした新聞の行動には、戦争への賛意と消極的な軍への不信感が明らかである。

戦争を回避させることに関心があったオーストリアは、英仏露と調整のうえ四項目の合意素案を作成した。[40]だが、この素案には戦争の成り行き如何で英仏がさらなる主張を追加できるという第五項目が盛り込まれており、パーマストンはこの四項目提案を、オーストリアと同盟したうえで戦勝を通じてロシアに対する要求をさらにエスカレートするための土台としてしか考えていなかった。[41]

九月のアルマの戦いでの戦勝、一〇月のバラクラヴァの激しい戦いは、イギリス本国の政治家や国民を熱狂させた。[42]バラクラヴァでは、カーディガン陸軍少将の命令により死傷率の高い向う見ずな突撃が展開され、六七三名の部隊のうち一一三名が戦死、二四七名が重傷を負った。[43]このような犠牲の多い戦いに対し、国内では逆に称賛する動きが高まり、カーディガン少将は勇猛な働きをしたとして女王や社会から栄誉を受けた。[44]

詩人のテニソンは、「軽騎兵の突撃」という詩で、兵士たちは「理由を問うのでもなく、ただ行動し死におもむくばかりであった。死の谷間へと 六百人は馬を乗り入れた」と賛美した。こうした、コレラ患者の存在も死体の腐臭も感じられない現実離れしたロマンティシズムは、戦争からほど遠いところにいたイギリス市民の言葉に他ならなかった[45]。反対に、戦地の軍人はこうした「栄光」を賛美するどころか無謀な突撃に対し同僚や上官たるカーディガンに批判を浴びせたのだった[46]。セヴァストーポリ包囲戦自体は一年近くかかり、一八五五年九月にようやく陥落した。

一八五四年の一二月にオーストリアが英仏側についたことで、ロシアは四項目を受け入れざるをえなくなった[47]。他方、イギリス国内では、アバディーンの戦争遂行能力を攻撃して追い落とすことに成功したパーマストンが、一八五五年二月に首相の座に就いた[48]。パーマストンは、ロシアが四項目の受諾の用意を表明したことを受けて、三月から四月にかけて行われたウィーン会議でも、停戦の最後の試みを挫折させた。この裏には、徹底的にロシアを叩きたいというパーマストンの意図があったし、ディズレーリが保守党の戦争継続支持を表明したこともあった[49]。

クリミア戦争の終結は、世論の批判よりも、セヴァストーポリの陥落による膠着戦の決着、またフランスが戦争に疲弊したこと、ニコライ一世の死亡とサルデーニャ王国の参戦がロシア国内で和平交渉を進める動機へと繋がったことによるものだった[50]。イギリス国内では政権批判もあり、和平を要求する声も現れたが、多くの批判はむしろ戦争遂行の方法に向けられていた[51]。国教会が途中から戦争支持の信念を強くしたように、戦争への突入や戦いにおける悲劇は疑念を持っていた人々の決意も固める方向へと働いたのである[52]。パーマストン首相を筆頭に、イギリス国内にはロシアを徹底的に打ち負かすまで戦争を継続する用意があった[53]。一八五六年三月末のパリ条約締結でようやくクリミア戦争が終結した時、それまでの総死者数は各国の軍を合わせて二〇万人以上に上り、イギリス軍は病死者も併せて二万人以上が死亡していた。

4　イギリス政府とクリミア戦争

a　政権上層部

ここで、イギリス政府におけるクリミア戦争に対する多様な対応を改めて検討しておこう。アバディーン政権は脆弱な連立の上に王権の影響に支えられて成り立っていた政権であり、アバディーン自身は戦争に抑制的でも、パーマストンやラッセルなど彼の意思に反して行動する大臣たちの動きを抑えられなかった。アバディーンやグラハム以外の閣僚や議会は、シノープの海戦以後はほとんどが戦争推進派であったといっても過言ではない。ラッセルは初め、ロシアとフランスが提携することの恐れに突き動かされていたが、同時に海軍力の誇示、力ずくの砲艦外交を好んでいたともいわれる[54]。そしてシノープの海戦以後は、首相の座を求めてアバディーンに辞任の脅しを突き付けた[55]。初めどちらかといえば閣内で中立的な立場をとっていたクラレンドンさえ、世論を気にするあまり開戦派へと立場を変えたことが見て取れる[56]。グラッドストン財相も、トルコがロシアに宣戦布告したときには和平調停推進の立場に立っていたものの、シノープの海戦の後に世論が戦争を強く求めたため立場を変更した[57]。

パーマストンはアバディーンに対する政治闘争に砲艦外交を利用し、アバディーンにとってもっとも致命的なタイミングで閣内を離脱すると宣言し、またクリミア戦争が始まり軍が苦戦するようになってからは、自らが開戦を主張した戦争における失敗さえもアバディーン攻撃に利用した。パーマストンはホイッグ党の中でもラッセルに次ぐ国民の人気を誇る政治家で、自らもそれを意識してタカ派的な政策の下に国民の政治的動員を図り、政治的求心力を得ようとした。彼は同盟を組んだフランスに対しても侵攻してくるのではないかという恐れを抱いており、親トルコや親フランスだからクリミア戦争を推進したわけではない[58]。また、パーマストン外交は、権益を追い求める帝国主義的な政策としてのみ理解できるわけでもない。なぜなら、パーマストンは、古い型の外交が非道徳的で、自分さえよければよいというような自己中心的な外交だと批判していたからである[59]。つまりクリミア戦争は、歴史家のA・J・P・テイラーがいうようにイギリスが決意のほどをロシアに十分示せず互いに恐れを解消できなかった結果として始まった、といいきれるほど単純な構図ではない[60]。パーマストンは力による外交を推し進めたため、彼の方針に従っていれば一八五三年中にロシアがもう少し要求を後退させた可能性は否定できないが、そうすればトルコはかえって勢いづいただろう。政権が一八五三年五月末に艦隊派遣を決定した後は、ドナウ川沿いの諸公国からロシアが軍隊を引き揚げる前に海軍を本国に戻したならば、トルコを守ると約束した道義上の責務にもとることになり、議会や世論に攻撃されてしまうという認識が閣内で共有されていた[61]。さらに、「シノープの虐殺」は政府のコントロールが不可能なほどの政治運動を引き起こし、もはや戦争なしに後には引けない効果を生み出した。現に、ロシアが要求を後退させても英仏による戦争は継続されたのである。クリミア戦争におけるイギリス国内の正義感に基づく動機を過小評価することはできない。

政治家の中でアバディーン以上に最後までロシアとの戦争は必要ないという考えを変えなかったのはグラハム海軍大臣で、開戦姿勢の高まる閣内でロシアとの戦争に反対し続けた。彼がローズ代理大使による艦隊派遣要請に反対した理由は、戦争のコストが高いことに加え、戦争によるトルコの崩壊を恐れたからだった[62]。グラハムの行動の裏には第二帝政のフランスに対する不信感があったことが指摘できるため、必ずしも抑制的な理由だけで戦争に反対したとはいえないことには注意しなければならない[63]。彼は、海軍に対しては決して宥和的とはいえない大臣だったが、それでも、こと戦争のコスト見積もりに関しては多くの政治家よりも海軍本部や艦隊司令官に味方しがちだった[64]。

b　議会

当時、議会は両院ともに開戦派が大多数を占めていたが、貴族院においては庶民院よりさらに攻撃的な主張が繰り広げられた。保守党党首のダービーやマームズベリー、エレンボローらは野党の主戦派として政府批判の急先鋒であり、政府の無能さを指摘し、一刻も早く戦争の準備に入るべきだとして英バルチック艦隊の威容をロシアに見せつけたがった[65]。さらに興味深いのは、筋金入りの自由主義者たちや与党の議員たちがこの戦争を推進したことである。ホイッグ党のクランリカードは強い反ロシアの立場を取り動議を提起して戦争を主導し、急進的な自由主義者のフィッツウィリアムは、外交の時期が長過ぎたと政府を批判して開戦を求める議論に拍車をかけた[66]。グレイのように平和を求めた政治家もいたが少数派に過ぎなかったし[67]、開戦前には戦争に反対していたマンチェスター派のリチャード・コブデンやジョン・ブライトらも、実際に戦争が始まると批判を抑えた[68]。庶民院の保守党の指導者、ディズレーリは戦争に対し慎重な評価も見せたことがあるが、一八五三年中の政府の無策を批判し、反ロシアの姿勢を取って戦争を唱導することも忘れなかった[69]。ディズレーリは後にクリミア戦争を「正義の、だが不必要な戦争」と呼んだ[70]。彼は孤立しながらも戦争反対を唱えたコブデンやブライトらと異なり、戦争が不必要だという自らの認識よりも、国内政治闘争の方を優先したといえるだろう。

c 国民

それでは、世論はどのようにこの戦争を見ていたのだろうか。シノープの海戦で盛り上がった一般世論は、それまでに高まっていた民衆の反ロシア感情を基礎にしていた[71]。戦争を望む勢力は、戦争を正当化する新聞記事や演説、パンフレットでロシアを独裁国家の野蛮な熊になぞらえて描きだし、実際にはロシアと同じように専政による支配の続くオスマントルコを熊に襲われるか弱い乙女として表象した[72]。そこに表されたメッセージは、熊(ロシア)を懲罰することで大英帝国の正義と栄光を誇示しようというものであった[73]。世論は、ロシアの勢力伸長に対する懲罰を待ち望んで一種のフラストレーションを抱いていた。通常は政権による軍事介入に反対する立場を取ってきた『パンチ』(*Punch*)は、ロシアを「死神」として描き出したり、ロシア皇帝を馬鹿にする一方で、アバディーンをトルコの運命をロシアに売り渡そうとする倫理感のない軟弱な政治家として描くなどして、正義の戦争を賛美した[74]。女王や夫君は特権階級や専政に味方しがちだとして愛国心を疑われ、『デイリー・ニュース』やパーマストンと昵懇の『モーニング・ポスト』、『モーニング・アドバータイザー』を始めとし、保守党系の『モーニング・ヘラルド』や『スタンダード』にいたるまで、各紙の攻撃の対象になった[75]。リベラル寄りの『モーニング・クロニクル』や『マンチェスター・ガーディアン』さえ、シノープの海戦によって戦争賛成派へと変貌した。アバディーンとの関係が良かった穏健派の『タイムズ』のデレイン編集長も、シノープの海戦以後はクリミア戦争推進派に加わり、セヴァストーポリへ艦船を派遣すべきだと主張するようになった[76]。当時、最も見識あるジャーナリストと目されていたデレインは、シノープの海戦を「ロシアが海上のパワー」へ変貌しようとしている証拠だと受け止めたが、この認識は必ずしも正しくないうえ、デレインの論調には正義感だけでなく、自国の海軍力を誇りたいという剝き出しのナショナリズムさえ感じられる[77]。

フランス革命介入戦争が革命の影響で特権階級の統治が揺らぐことを恐れた結果として始まったのに対し、クリミア戦争ではこのように、突如大衆に訴えかける正義の戦争のイメージが宣伝された。第一次世界大戦のとき、イギリスの労働者階級にジンゴイズム(攻撃的なナショナリズム)が観察されたことは指摘されているが[78]、その源流ともいうべきはクリミア戦争であって、イギリスではこの時代に初めて大衆が戦争の正当性を訴える対象になったといえよう。もちろん、帝国主義的な思想に基づく攻撃的政策の考え方が、最低限の本や新聞に触れる生活を送っているロウアーミドルクラス(下層中流階級)以上の人々にしか広まらなかったというのはその通りだろう。しかし、戦争に賛成するためには難しい政治思想ではなく、分かりやすい正義感さえ持てればよい。これまで振り返ってきたように、多くの犠牲が生じた戦争中も、国内世論には死傷者数に対するある程度の許容性が見られた。死傷者は多かったが、戦争で死んだ人々の多くは社会の最下層であり、将校の犠牲者は代々の軍人家族である下級貴族層から出たため、一般市民は自ら主張した大義を血で贖ったわけではなかった。そしてクリミア戦争の後に、本章エピグラフで挙げたように「熊」をやっつけろといった流行歌が広まったことは、大衆の戦争支持が根源的な正義感に基づいており、破壊的な戦争を経てもたいした変化を見せなかったことを示唆してはいないだろうか。

5　イギリス軍とクリミア戦争

文民政府や議会とは正反対に、陸海軍はともに深刻な兵員不足に直面していたこともあって、クリミア戦争に対して及び腰であった[79]。危機が蓄積していった一八四〇年代、海軍本部などで政策形成に携わっていたプロフェッショナルな将校は政治家ほどロシアの海軍力を馬鹿にしていなかったと同時に、イギリス海軍の地中海プレゼンスに対抗できるほどのものとしても受け止めておらず、差し迫った脅威があるとは考えていなかった[80]。クリミア戦争前夜、グラハム海軍大臣は地中海艦隊戦力を増強しようと試みたが、ダンダス司令官は予算が不十分なまま訓練の行き届かない能力の低い兵員を受け入れることに前向きではなかった[81]。海軍はそれまで議会に軍事予算を締め付けられてきたため、無理に組織拡大するのではなく能力の高い小規模な職業軍を維持することを望んでいた。クリミア戦争前夜に政治家や国民のあいだで抱かれた栄光ある海軍のイメージと、実際に海軍が認識している能力のあいだには格段の差があったのである。

これまで見たように、ダンダスはストラットフォードやローズの派遣要請に対し、ロシアを圧迫するための地中海艦隊の移動を拒否し、イギリスが独力でロシアに対し戦争を起こすのは無謀だと考えていた[82]。イギリス国内でしだいに開戦支持が高まりゆく雰囲気を感じ取った海軍本部が「戦争は避けられないだろう」とダンダスに書き送るようになっても彼は同意せず、外交上の観点からさえロシアとの戦争は必要ないとして反対した[83]。そもそも、イギリスのトルコにおける商業利権を守ることと戦争を避けることは矛盾しなかった。ダンダスは、戦争直前に艦船への指令の主導権や砲艦外交で待機することのリスクをめぐってストラットフォードと衝突したが、彼がストラットフォードに反抗した理由はその命令が道義や政治に基づく命令だったからであり、何より地中海艦隊全体が文民政治家による政治工作の犠牲になりかねなかったためだった[84]。そこには、戦争に反対しつつも、やむなく戦争する場合は、犠牲を抑えるため戦争開始のタイミングや攻撃方法について自分の意思を通したいと望む、プロフェッショナルな将校としての合理的な動機が潜んでいたといえるだろう。

海軍本部を見ても戦争に前向きだったとはいえない[85]。ダンダスがストラットフォードやローズら外交官と砲艦外交をめぐって対立したときも、海軍本部はダンダスの意見に同調していた[86]。クリミア戦争直前に、ダンダス以外で文民政府に対し政策を提言できる立場にあったのは、正海軍卿と同格の職階にあたる海軍艦艇監督官だった前述のウォーカー勅任艦長であった。ウォーカーは、ボスフォラス海峡にイギリス海軍を送るのはロシア陸軍がダーダネルスを占拠すれば袋のネズミとなるので危険だとし、イギリス海軍を脅かしうる軍事的脅威はむしろ蒸気船建艦競争の相手であるフランスだと考えていた[87]。

もっとも、軍が砲艦外交に対し完全に一致して反対したとまではいえない。地中海艦隊のジョン・ヘイ艦長は、トルコの大臣の要請に応じ一八五三年三月のロシアの動きに呼応してマルタから黒海へと地中海艦隊を動かすように海軍本部へ提言している。だが、彼の提言は戦争を始めたいがためとはいえず、開戦決定にはたいした役割を果たさなかった。戦争に積極的だった軍人は、むしろ開戦を決意した政府が戦争直前に任用した提督・司令官たちだった。海軍のキャリアを経た後しばらく文官職についていたが、戦争直前にクラレンドンの指名により地中海艦隊副司令官の職を射止めたエドマンド・ライオンズは、ロシアとの戦争を待ち望んでいた[88]。クリミア戦争間近に、開戦を見据えてパーマストンとグラハムが急編制した英バルチック艦隊を任すことに決めたチャールズ・ネイピア提督は、勅任艦長だった一八三八年当時、ロシア恐怖症の原型ともいうべき意見をパンフレットに発表したことがある[89]。これらの提督たちの任用は、開戦気分の盛り上がったイギリス国内が、ダンダスら現在の将校連は戦争遂行のための強い意思と能力に欠けていると見たことに端を発していたのである[90]。

他の将校や兵士は、砲艦外交のためダーダネルス海峡入口のベシカ湾へと派遣されていた一八五三年夏のうちに次々と伝染病や熱病に罹り、マルタ基地への帰還を求める声が高まっていた[91]。ラグラン将軍に仕えていたある将校が記した日記によれば、開戦決定が下された後、本国を出発するために艦船に乗り込んだ兵士のうちには、希望に満ちて意気洋々としていた若者もいたが、特に家族がいる年齢の者は別れに打ちひしがれ、戦意のかけらも見えない者たちも多かった[92]。クリミア上陸をラグラン将軍だけでなく兵士たちが拒んでいたことは、戦争に駆り出された兵士が必ずしも戦争支持の思いに溢れていたとはいえなかったことを示している。凄惨なセヴァストーポリの戦いが終わった後に残ったのは累々たる死体であり、その将校の日記が記したように、それを見た軍人は死者がイギリス人であるかないかを問わず、「恐ろしいほどの喪失」を感じ、「精神の拷問と悲痛さ」に苦しめられたのである[93]。

クリミア戦争は、プロフェッショナルな軍人の懸念を押し切って文民政治家が戦争に訴えた事例としては、ごく早い時期のものだった。そのような政治家と軍の見解の相違が、その後イギリスによって戦われたすべての戦争に見られたわけではなく、また軍人が戦争の遂行方法はともかく、開戦の是非についてそれぞれの戦争で政府と異なる見解を示したというわけではない。だが、後述するフォークランド戦争でも見られるように、戦争をシビリアンが望み、軍がためらうという構図は、その後も何度か出現したとはいえるだろう。

第五章　イスラエルの第一次・第二次レバノン戦争

カーラジオからむかしなつかしいヘブライ語のメロディーが絶え間なく流されていた。ほかの国が戦争前夜にやるような行進曲ではなくて、魔力とあこがれをたたえた、心にしみいるようなメロディーだ。（中略）われらの純潔で、感受性豊かな心は自分の手が汚れているのも気がつかないのだから、許されるはずだ。また夕べに香るバラのにおいで、今後何百何千と山をなすかもしれぬ死体の悪臭も蹴散らされるだろう。

――アモス・オズ『贅沢な戦争―イスラエルのレバノン侵攻』二六頁

イスラエルの平和運動は、過去に幾度となくイスラエルの軍事行動を批判してきた。今度は違う。今度の戦いは、イスラエルの拡張や植民をめぐるものではない。（中略）作戦がヒズボラを標的にしており、レバノン民間人を可能な限り犠牲にしないようにする限り（ヒズボラのミサイル発射機が民間人を人間の盾として頻繁に利用するため簡単ではないが）、イスラエルの純粋で単純な自衛行動を支持しなければならない。

――Amos Oz "Caught in the Crossfire," *Los Angeles Times*, July 19, 2006 より訳出。

イスラエルは革命軍を保持するデモクラシーとして建国され、国家権力と軍の一体性が高い国として知られている。だが、第一次レバノン戦争が始まった一九八〇年代前半は、労働党を中心とする支配体制が崩れ、より実質的な政権交代が行われるようになり、右派政党リクードが世論に軸足をおいて影響力を強めていった時代であった。その右派政権が国民の支持を背景に攻撃的な戦争を始めることで、政軍関係にひびが入り始める。そして、イスラエルのように安全保障上の高い脅威を持つ国においてさえ、戦争の人命コストを負う国防軍や予備役兵の中から、シビリアンの主導する、軍の視点から見て必要性が低く犠牲の多い戦争に反対する運動が生まれることになる。

それから二〇年余りの時を経てレバノンへ再び侵攻した二〇〇六年当時のイスラエルでは、国内の予備役や徴兵の応召率が低下するにつれ、戦争に付随する軍の人命コストへの国民の意識が低下し、そのことが開戦決定にも影響を及ぼした。第一次レバノン戦争後に、レバノンの占領地域での任務に苦しんできた国防軍軍人の多くはレバノンにおける新たな戦争に懐疑的で、幹部が開戦反対の意見を政権に訴えたが、その声が文民政権に聞き届けられることはなかった。

イスラエルは大国とは呼べず、「帝国の戦争」という枠組みで考えることはできない。だが、こうした比較的小規模なデモクラシーにおいても、政治指導者の開戦決定に正義の制裁や歴史的な使命感など、他国に対して普遍的な尺度を及ぼそうとする動機付けが働いており、また指導者個人の政治的利益に基づいて攻撃的な戦争が行われていることが見て取れる。

1　意図されたエスカレーション——第一次レバノン戦争

一九八二年六月六日にイスラエル陸軍がレバノン国境を越え、海軍がシドン(現在のサイダ)に上陸したとき、アリエル・シャロン国防相は閣議で承認されていた限定作戦ではなく、密かにメナヒム・ベギン首相と計画していたベイルート進軍計画を実行に移した。第一次レバノン戦争は、レバノンが内乱と強大なゲリラの跋扈により国家として破綻し、イスラエルをゲリラ攻撃するPLOなどパレスチナ人や過激勢力の温床となったことに端を発している。レバノン侵攻の公式のきっかけは駐英イスラエル大使襲撃事件だったものの、実際にはベギンが模索していた通り、親イスラエル政権を樹立するための内戦介入であり、シャロンにとってはさらに雄大な、中東の勢力地図を塗り替える歴史的大事業のスタートという意味を持っていた。[1]

戦争が始まる少し前の閣内では、レバノンに対する比較的限定された作戦に対してさえ三分の一以上の閣僚が反対していた。[2] 彼らのあいだに存在していた多少のためらいが消し飛んだのは、駐英大使が反PLO派のパレスチナ人ゲリラによって襲われたときであった。どのような組織に所属していようが反イスラエル勢力による犯行であることは確実だったことから、PLOの本拠地を攻めることによって反イスラエルゲリラへの見せしめにする思惑が働いた可能性もある。この事件によって、閣内はPLO討伐で一致した。[3] 戦争が始まると、イスラエルはレバノン内戦*(一九七五—九〇)に介入してベカア高原を占拠していたシリア軍をほぼ壊滅させ、その後ベイルートへ進軍した。このエスカレーションは国際的には激しく非難されたが、イスラエル国内では、国境から約四五キロメートルまでの区域への侵攻に止めると聞かされていた閣僚、クネセ

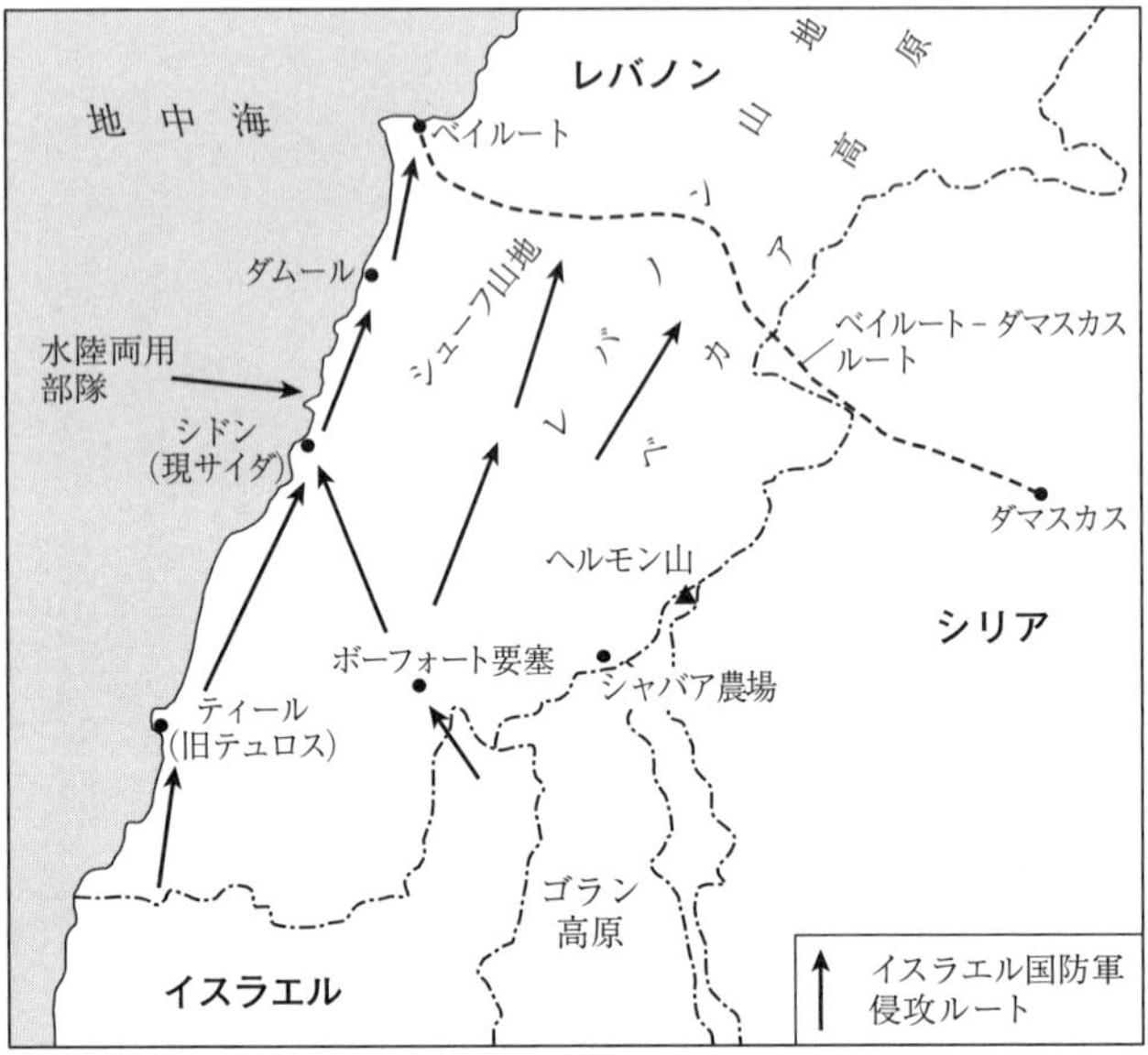

第１次レバノン戦争地図

ット（議会）の議員も、まさに破竹の勢いの戦勝を受けて進軍を追認する。[4]

だが、この冒険主義的な戦争は大失敗に終わり、惨憺たる打撃と被害を国防軍の兵士たちにもたらすことになった。この戦争は後に「国防軍のトラウマ」となったが、[5]そればかりか介入の結果生み出された多くの難民がゲリラ民兵に転じ、レバノンの政情はさらに悪化の一途を辿った。さらには、軍事介入の結果としての長いレバノン南部占領期を通じ、イスラエル国防軍と兵士たちは深く蝕まれていくことになる。この戦争は同時に「汚い戦争」でもあった。内戦介入とゲリラ戦という容易に泥沼になりうる条件に加え、ベギンやシャロンらの目標がパレスチナ系ゲリラの一掃と親イスラエル政府の樹立という野心的な目標にあったこと、支援したキリスト教民兵による対パレスチナ難民への民族浄化に力を貸したことが、イスラエル、レバノン双方にとって血塗られた戦争と化した主な要因である。イスラエルの侵攻中におよそ数百人から一〇〇〇人のシリア兵と、PLOを含むパレスチナ人とレバノン人併せておよそ一万八〇〇〇人前後が、イスラエル国防軍は六七五名が死亡したと見られる。

国防軍の現場の将校や兵士たちからの反対が本格的に沸き起こってきたのは、長期戦に入り死傷者がかなりの数に上ってからだった。エリ・ジェバ第二一一装甲旅団長が、これ以上レバノンの内戦に関わるべきではないとシャロンに進言し、容れられずに軍務放棄するというイスラエル史上未曽有の事件が起きたのである⑹。この事件から、戦争開始後に生じた戦争目的に対する国防軍の疑いが、日々の損害により現実のものとなり、相当な不満が広がっていたことを窺うことができる。国防軍や予備役からの反対に続くかたちで、戦争中にも拘わらず、最大のデモ集会では四〇万人にも及ぶイスラエル市民がレバノンの一般市民虐殺への加担疑惑や犠牲者の増大に関して政府に抗議活動を繰り広げ、政府はレバノン戦争調査委員会を設けざるを得なくなった。

これほど悲惨な結果を辿った攻撃的戦争は、なぜ、どのようにして起きたのだろうか。

2　ベギン政権の政策決定過程

a　リタニ作戦の成功と戦争の動機

イスラエルによるレバノン内戦介入は、マロン派キリスト教勢力への武器支援と、一九七八年の限定的なリタニ作戦から始まった。当時国防相だったエゼル・ワイツマンが指導したリタニ作戦の目的は、すでに内戦に介入していたシリア軍によるマロン派キリスト教徒に対するレバノン南部攻撃や、PLOによる北部イスラエル集落への攻撃に対する報復と、国境付近のPLOゲリラ掃討に限定されており、期間も短かった。リタニ作戦は成功したが、ベギン首相やシャロンは作戦の成果に満足せず、もっと本格的で決定的な軍事行動が必要だと感じるようになっていった。[7] だが、アメリカが一九八一年にフィリップ・ハビブ特使を派遣してPLOとのレバノン－イスラエル間停戦協定を締結させたため、それを破ればアメリカの顔を潰してしまう懸念があった。[8]

この時期、農相として閣内にいたシャロンは停戦合意の締結に強く反対しており、敵対的な環境の中でイスラエルの安全を確保するためには、レバノンのマロン派キリスト教勢力への梃入れが必要だと考えていた。[9] パレスチナ勢力のレバノン流入や、すでに内戦に介入していたシリアがPLO抑圧からマロン派攻撃に転じたことは、シャロンにとって危険信号だった。[10] シャロンは、レバノンにあるPLO拠点の掃討と、ファランヘ(マロン派キリスト教徒の一派)の指導者であるバシール・ジェマイエルによる親イスラエル政権の擁立、シリア勢力をレバノンから追い出すこと、その結果難民が殺到するであろうヨルダンをパレスチナ国家に変えることまで、無謀にも近い地政学の根本的転換を目指した計画を温めており、それを歴史的な使命として自ら位置付けていた。[11]

このように第一次レバノン戦争を一番に推進していたのはシャロンであったため、当時ベギン首相が攻撃的政策を当初から模索していたと評されることは稀だった。[12] むしろ国防軍将校として問題行動は多かったものの輝かしい経歴を持つシャロンの攻撃的政策志向、民主的プロセスを軽視する傾向、戦時における民間人虐殺への関与疑惑などが注目を集めることで、軍人の攻撃的政策志向を前提とする人々の論拠の一つともなっていたのである。

だが、ベギンがシャロンの策謀によってレバノン内戦に嵌り込んだとはいえない。シャロンは閣僚に対してはレバノン侵攻がさも限定的作戦であるかのように嘘をついたが、ベギンとは協調し毎回報告をしていた。他方のベギンは、一九七八年にキャンプ・デービッドで合意されたシナイ半島返還に伴うイスラエル人植民者強制撤去から、レバノン内戦介入とファランへとの交渉にいたるまで、一切の汚れ役をシャロンに託し、国内の批判が高まった後はシャロンの辞任を急かした。そのため、シャロンから見ればむしろベギンが自分を裏切ったと感じられたのである[13]。

ヨルダンを国家として承認せず領土拡大を綱領に掲げていた右派政党ヘルート(Herut: 自由党)の生みの親で、当時リクード党党首だったベギン首相は、宗教原理主義勢力や入植者を中心とする国民の中の保守・右派勢力に強い支持基盤をおいていた[14]。ベギンは野党時代から、自分の使命として「ミュンヘンの過ちを繰り返さないこと」、つまりヒトラーに対しズデーテン地方併合を許した英仏の宥和政策が間違っていたように、ユダヤ人に敵対的な勢力には一切屈しないことを誓っていた[15]。一九七六年一月にレバノンでキリスト教勢力の町が急襲されたダムールの虐殺は、ベギンをレバノン介入戦争へおしやるひとつのきっかけとなった。実際には、この虐殺はファランへによって行われた虐殺への報復だったが、ホロコーストの記憶と結びついた偏った正義感が、レバノン侵攻を支持する国内世論を煽る結果となったし、ベギン個人をも刺激したからである。レバノン戦争に誇大な使命感を抱いていた彼を、彼の師匠であり労働党シオニズムへの対抗シオニズムを唱えていたゼエヴ・ジャボティンスキーと同じ妄想に取りつかれていると評した論者もいた[16]。これまで長らく、イスラエルにとって重要性の高い国防を専権で担ってきた労働党に対抗し、リクード党の政権を盤石にするためには、労働党シオニズムに対抗する野心的な理念と、大胆な行動とを国民に示すことが必要だった。

ベギン政権下でエジプトのサダト政権との和平交渉が進展し、一九七八年九月のキャンプ・デービッド合意を経て翌年三月の両国間の平和条約に結実したことと、ベギンがレバノンに対して攻撃的政策を取ったこととは矛盾しない。というのも、六日間戦争の結果としてイスラエルが占領・入植していたエジプト領シナイ半島にはヨルダン川西岸やガザ地区ほどの宗教上のイデオロギー的重要性はなく、国民の八二％がシナイ半島返還を支持していたし、加えてエジプトはなんといってもイスラエルに妥協的な、貴重なアラブの大国だった⑰。

エジプトに比べ、レバノンはイスラエルに対抗しうるような勢力ではないため、ベギン政権が侵攻のリスクを低く判断したとしてもおかしくはない。だが、大規模侵攻案の「大きな松作戦」が、ジェマイエル政権樹立を支える短期決戦として計画されていたことは、シャロンの状況判断に誤りがあったという他はない。ベイルート侵攻はイスラエル－シリア間の勢力バランスを大きく変えてしまうものだったから、ベギンがシリアは介入しないだろうと考えたのなら、その見込みはあまりに甘かった。またはシリアと対決しても構わないと考えていたならば、自らの軍事力を恃みすぎていたといえよう。このように、コストや侵攻リスクに対する甘い見積もりも、侵攻を決定した重要な要因だった。

b　オシラク原子炉爆撃から総選挙勝利へ

ベギンやシャロンの攻撃的な政策志向は、政権第一期のオシラク原子炉爆撃にも表出している。バビロン作戦と呼ばれるこの攻撃では、クネセットの総選挙を三週間後に控えた一九八一年六月七日に、イスラエル空軍がイラクのオシラク原子炉を奇襲爆撃し、損害なしに無事帰還した。対立勢力の労働党党首シモン・ペレスは、オシラク原子炉爆撃は選挙目当ての無用な武力攻撃であり、外交的圧力によってイラクの核開発疑惑に対処し得たはずだと非難した。[18]

この攻撃については、当時閣内で議論に参加した軍幹部、情報官僚のあいだでも反対意見は消えていなかった。賛成派の中ではベギン首相とイツハク・シャミール(一九七九年一〇月より外相)、シャロン、シマハ・エルリッヒ財相が強硬派であり、殊にベギンはイラクの原子炉とホロコーストの記憶を結び付けて、イラクの核開発疑惑に対し極端な恐怖を覚えていたという。[19]反対に、リクード主要派ではなく元国防軍幹部の経歴を持つ三閣僚——連立与党党首のイガエル・ヤディン副首相、ワイツマン国防相、モーシェ・ダヤン外相——に加え、軍官僚ではモサド(対外情報機関)長官のイツハク・ホフィ、政権初期のアマン(軍情報部)長官のシュロモ・ガジットなど多数が反対にまわった。[20]ベギン政権は、一九七八年八月時点からこの攻撃を計画していたが、その過程で一九七九年一〇月に革命期からの伝説的司令官で、六日間戦争で国防相を務めた労働党の政治家、ダヤン外相が退任し、ワイツマン国防相が一九八〇年五月末に作戦に反対して辞職するにいたって、閣内の勢力バランスが変わる。[21]イラクの核開発はまだ先のことであるため攻撃は時期尚早であり、早まった攻撃はむしろアラブ世界の結束を促す可能性があるとして、ガジットの後任のイェホシュア・サギ(一九七九年二月よりアマン長官)やダヴィッド・イヴリ空軍司令官を始めとする軍幹部の多くが反対したにも拘わらず、ベギンは一九八〇年一〇月の会議でオシラク原子炉爆撃を敢行すると宣言した。[22]

これら多くの軍幹部とは異なり、後に超タカ派政党を設立することになるラファエル・エイタン参謀総長はシャロン農相に同調していた。だが、国防軍や情報機関の強い反対は十分に表明されており、エイタン一人の行動によって選択肢が狭められた可能性は低い。しかも、国防軍は元来、内閣やクネセットに反対できる立場にはなかった(23)。

このように、ベギンはイラクの原子炉の脅威を早期に過大評価し、専門家の反対にも拘わらず攻撃を決定した。世論はオシラク爆撃を支持し、直後の総選挙で、リクードは三カ月前に二五ポイントリードされていた労働党中心の党派連合を大逆転して一議席上回り、最多議席を占めた(24)。ベギンが選挙目当てでオシラク原子炉を攻撃したとまでいうつもりはない。ただ、当初秘密作戦としてイスラエルによる攻撃であることを隠そうとしたのに、ベギン自身が華々しい戦勝として翌日に発表してしまったことも事実である。

オシラク爆撃の成功は閣内タカ派に自信を与え、選挙での勝利とそれに続く連立の組み替えにより右派連立が可能になったことで、首相のリーダーシップは飛躍的に強化された。シナイ半島返還を控えたエジプトの反応が抑制的であったこともベギンを勇気づけた。アメリカのレーガン政権はイスラエルを非難し、航空機の輸出停止を申し渡したが、それも一時的な措置に過ぎなかった(25)。オシラク攻撃の結果は、ベギンらにタカ派路線が軍事的にも外交的にも可能であり、かつ政治的利益をもたらすことを存分に知らしめたといえるだろう。この姿勢はゴラン高原の併合を通じアメリカからの独自路線を取ることで強化され、レバノン侵攻に繋がることになった。

c　二期目の政権下で取られた攻撃的政策

まずは閣内での首相のリーダーシップと開戦の背景を観察しよう。一九八一年八月に二期目の政権が発足するとシャロンは国防相に任命され、首相・外相・国防相の重要ポストがタカ派によって占められた。ベギン首相は自らのキャンプ・デービッド合意に抵触するエルサレム堅持とヨルダン川西岸・ガザ地区の統治、入植推進のガイドラインを発表し、一二月には野党労働党の支持基盤を含め国内の多数にアピールするゴラン高原併合の決定を発表し、入植を進めた㉖。レーガン政権はゴラン高原併合を非難し、一一月末に署名されたアメリカとイスラエルの軍事協力強化を目指す戦略的提携合意を棚上げにしたが、ベギンは政権の目玉政策であったはずの提携合意が犠牲になることも構わず、後戻りをしなかった㉗。一九八二年四月に設定されていたシナイ半島からの撤退こそ実現したが、第二期ベギン政権は、第一期よりさらに攻撃的政策を取ったといえる。

他方、レバノンの内戦は混迷を深めていた。ＰＬＯがレバノン領からイスラエルを砲撃していたため、ベギン政権はＰＬＯの拠点に断続的に攻撃を加え、さらに積極的な予防攻撃を行う姿勢をとった㉘。シャロンは国防相に就任するや否やレバノン侵攻計画立案に着手㉙、一二月初頭にはアメリカのモーリス・ドレイパー特命中東大使とハビブ大統領特使に対し、ＰＬＯをレバノンから一掃する用意があると、戦争の可能性を仄めかしている㉚。一二月二〇日には、シャロンから大小二つの戦争計画、「大きな松作戦」と「小さな松作戦」が閣議に提出された㉛。「大きな松作戦」はベイルート侵攻までを射程に含んでいた。これを推すベギンの強硬姿勢は、ゴラン高原併合を通じアメリカから独自路線を取ると決断したことで強化されていた㉜。ところが、閣議では中核的なタカ派以外の閣僚がこぞって「大きな松作戦」に反対し、戦争計画は却下された㉝。右派連立内閣においてもベイルート侵攻が支持を得られないことを悟って、その後シャロンとベギンは内閣やクネセットを欺く行動に出る。つまり、表向きは「小さな松作戦」の提示に切り替え、これまでも行われてきた規模の軍事行動とたいして変わらないと見せかけることに成功したのである。[34] その裏で、シャロンやベギンは、ファランヘ指導者のバシール・ジェマイエルに対し、一九八二年一、二月の時点で密かにレバノン北部侵攻の言質を与えていた。[35]

いかに欺かれていたにせよ、内閣のメンバーとクネセットは少なくとも「小さな松作戦」のような中規模までの作戦には初めから賛意を示していたことは間違いない。けれども、作戦の成功見込みについてモサドなどの意見がはかばかしくないことから、戦争を始めることのリスクを閣僚の多くが感じていた。またこの時期PLOが自重していたこともあり、侵攻するきっかけが与えられておらず、たびたび開戦が検討されつつも開戦時期は先延ばしにされていた。

モサドのホフィ長官やアマンのサギ長官以下、多くの国防軍高官は、中規模な作戦すら成功の見込みが低いとして、激しく反対していた。だが、シャロンの個人外交でレバノンのジェマイエルとの連携行動が定まっていたために、軍人たちの助言は退けられた。[36] 国防相が自らレバノン工作を行うこと自体はシャロンに始まった問題ではないが、これまでは小規模な掃討作戦と武器・金銭支援に止まっており、政策目標が限定されていた。ラビン前政権やワイツマンは、シリアとの衝突を避け、レッド・ライン協定(一九七六年にシリアが内戦に介入する際、アメリカの仲介でイスラエルと結んだ秘密協定)を踏み超えない範囲においてシリア軍が介入してレバノンを安定化させる役割を認め、レバノン南部に親イスラエルのキリスト教勢力の影響力を築くことで緩衝地帯を設けようとした。[37] それに対し、シャロンとベギンはキリスト教勢力にレバノン全土を支配させ、パレスチナ系住民をヨルダンへ追い出そうとした。ここに、力による「問題の根本的な解決」を模索する姿勢が見て取れる。敵に囲まれているイスラエルは、相手の意図に依存する和平外交に頼るよりも根本的な打開策を打ち出すべきだという考え方である。エジプトとの和平が達成されており、シリアもイスラエルに対して攻撃的とまではいえなかったことを考え合わせると、この考え方は外部環境の変化から必要に迫られて下した判断ではない。むしろ、自国の軍事力への過信によるものといったほうが正しい。

d　開戦正当化理由の模索

閣議で真剣に開戦が検討されたのは、パリでモサド諜報員が狙撃され死亡した事件を受けて対策が話し合われた四月一一日と、レバノン領内を通行中に敷設されていた地雷で一名の国防軍将校が死亡したことで、報復爆撃に続く小規模な戦闘がイスラエル－PLO間に展開されたことを受けて対策が話し合われた五月一〇日のことであった。この五月の閣議で一八名中一一名の閣僚が侵攻に賛成し、ベギンは五月一七日の開戦を決定した[38]。だが、国連経由でヤセル・アラファトPLO議長の攻撃を思い止まるようにという手紙を受けたことで、予定していた作戦前日に開戦決定を撤回する。いったん作戦を延期したものの、五月後半にはPLOが停戦合意を少しでも破れば大々的な報復作戦をレバノン領内へ向け実施することが決まっていた[39]。シャロンは同時期にアメリカを訪問して、二つの軍事作戦をアレキサンダー・ヘイグ国務長官に詳しく説明し、事前通知のアリバイ工作をした[40]。問題はすでに開戦理由の模索に過ぎなかった。

六月三日にアブ・ニダル率いる反アラファトのパレスチナ系武装勢力が駐英大使を襲ったことによって、閣議はこれがPLOに対する戦争理由になると認めた[41]。モサド長官はアラファトを攻めさせるためのニダルの策略だと主張したが、ベギンはそうだったとしても関心はないと退け、閣僚やエイタン参謀総長もテロがPLOによるものではないという真相を知りながらPLO討伐を支持した[42]。このことからも、駐英大使の襲撃はきっかけに過ぎず、戦争が待ち望まれていたことが分かる。(43) 国内では、労働党も含め国民の大部分がレバノン侵攻の「ガリラヤの平和作戦」を支持していた。

3　戦線の意図的拡大と反対運動

第一次レバノン戦争は、大別してベイルート包囲作戦によるPLO撤退までと、その後の長引くゲリラ戦との二つの段階に分けることができる。ここでは戦争の詳細を追うことはせず、開戦からベイルート侵攻までの戦線の拡大が当初国内に広く支持されたこと、国内世論を措いて、国防軍現地部隊からの反対が真っ先に生じたことを確認することにしよう。

a　戦線の拡大と国内の追認

第一次レバノン戦争当時、戦線の拡大はシャロンと国防軍とが一体となって政府やクネセット、ひいては国民に秘匿して実行に移したものだと思われていた。だが作戦部将校の認識によれば、「小さな松作戦」は、いつ侵攻命令が下るか分からないため、兵力増強が間に合わなかった場合の段階的エスカレーション案として立案を命ぜられたのだという。(44) シャロンは一九八二年二月にレバノン前線に行き、国防軍の現地指揮官に「大きな松作戦」に基づくベイルート進軍、シリア軍攻撃を命じていた。(45) ベギン首相がベイルート侵攻の予定を知っていたことは既に述べたとおりである。こうして、国防軍の現地部隊は政府からの命令通り、当初からベイルートに進軍するはずの計画を実行に移したのである。

ベギンは作戦開始時に、レーガン大統領に向け国境から約四〇キロの範囲に進軍すると伝え、閣議やクネセットに対し、ベイルートへは進軍せずシリア軍を攻撃しないと約した。[46] ここでアメリカや、クネセット、閣議が本当に欺かれたということができるのかどうかが問題になるだろう。まず、レーガンや米国務省はシャロンから最大限ベイルート侵攻がありうることを提示されていたし、シャロンは閣議で、シリア軍を攻撃するつもりはないが、ベカア高原から追い出すわけだから衝突する可能性を否定はできないと述べていた。[47] ベギンはシャミール外相に対し、エスカレートするとしてもその都度閣議の了承を得ることを約した。各閣僚はエスカレートする可能性があることを知りながらも、相手がエジプトのような強国ではなくレバノンのPLOやシリアだったために賛成したと理解すべきだろう。作戦立案とシミュレーションに関わった国防軍将校はシャロンに対し、現行の戦争計画では必ずシリア軍との正面衝突が避けられないと忠告したが、シリア軍を力ずくで追い出す意思を固めたシャロンはそのような助言を受け付けようとしなかった。[48]

一九八二年六月六日、国防軍はベイルート進軍を開始し、一一日には空港を占領しベイルートより北にまで到達した。同時に東部戦線では、シャロンの策動によってシリア軍介入抑止のために部隊を国境から四五キロよりもさらに北上させることが閣議決定され、六月九日にはシリア軍のベカア高原にある地対空ミサイルを大規模爆撃する決定が下されたため、イスラエルはシリアとの対決に突入した。[49] まだ限定戦争の幻想があったものの、閣議はシリア軍に打撃を与えて交渉で優位に立てそうなタイミングであったので、早期に停戦することには反対していたことも事実である。ベイルート－ダマスカスルートの切断というさらなるエスカレーションを求める声も現れた。[50] 短期戦を好んだベギンは一一日の時点でアメリカの調停を受け入れシリアと停戦したが、主要軍事目標はベイルート－ダマスカスルートを押さえ、ベイルートとシリアを切り離すことだったから、停戦後も進軍してその目標を達成した。その後、ベギン政権はベイルートを包囲し、レーガン政権にPLOと交渉する用意があることを告げるとともに、七月から八月上旬にかけて宣伝戦略や電力水道停止を通じて過酷な兵糧攻めを行い、民間人居住区も含めた激しい攻撃を行うことでPLOのベイルート退去を実現させた(51)。

ここまではエスカレーションの都度閣議の了承を取っていたシャロンだったが、レーガン政権が海兵隊のベイルート投入を決め、八月一〇日にイスラエルに通知すると、シャロンはアメリカに計画を邪魔されまいとして独断でベイルートを空爆する。レーガンからの抗議の電話を受けたベギンは、シャロンから軍隊の指揮権限を取り上げる閣議決定を下した(52)。だが、このことをもってベギンがシャロンによって戦線拡大に追い込まれたとすることはできない。シリアとの休戦協定発効後の国防軍のベイルート包囲への動きは、国防軍の現地部隊や参謀本部、シャロンのいずれの独断で行われたものでもない。シャロンが軍事行動の細部に関して、計画の変更前ないし直後に常にベギンに報告し許可を取っていたことも分かっている(53)。

戦争中のベギン個人の攻撃的政策志向もまた明らかだった。ベギンによれば、この戦争は「イスラエル建国以来の三四年間の中でだけでなくわれわれの民の歴史の中でももっとも偉大な戦争のひとつ」であり、戦争に懐疑的だったり華々しい戦勝を疑ったりするような一部の政治家の姿勢は、シャロンや自分への「個人的な憎悪」、ないし戦争を華々しく遂行していることに対する「妬み」だとした(54)。イスラエルの管理下、ムスリム勢力が選挙をボイコットする中でレバノン大統領に選ばれたバシール・ジェマイエルが九月一四日に暗殺された後、ベギンにはレバノン撤退を決定する権力も権限もあったことを忘れてはならない。しかしその後、ベギン政権は撤退するどころか、レバノンの泥沼に奥深く入り込んでいったのである。

b　楽観的な見込みの誤りと国防軍から生じた抗議行動

ベギンやシャロンの戦争目的達成の見込みが楽観的に過ぎたことは、ベイルート包囲のときから露呈していた。彼らは、イスラエルが開戦すればすぐにマロン派勢力が攻勢に出て、残りのＰＬＯ掃討とベイルート占領を自発的にやるものだと思っていた[55]。だが実際にはバシール・ジェマイエルは行動せず、イスラエルに困難な汚れ仕事を任せた。傀儡政権を作ったつもりでいたベギンやシャロンと、バシールの関係は、決して傍目ほどよいものではなかった。九月一日の秘密会談で、ベギンがレバノン－イスラエル間の平和条約即時締結と、リタニ作戦後にレバノン南部を任せていたレバノン人将校サアド・ハッダードの参謀総長就任を求めたのに対し、バシールは平和条約について言葉を濁したばかりか、ハッダードを裁判にかけると宣言し収拾がつかなくなっていた[56]。ベギンとシャロンは、力ずくで、しかもイスラエルがマロン派キリスト教勢力の安定的な政権を創造することがいかに難しいかということを理解していなかった。また、キリスト教勢力のみがアラブ人アイデンティティを逃れているものとして見る一方で、シーア派のヒズボラ勢力とＰＬＯとの敵対関係や、パレスチナ人同士の権力争いといったものをまるで理解していなかった[57]。そのため、もてるカードをすべてバシールに賭けてしまい、隠然と残っていたシリアの影響や秘密工作を考えに入れていなかった[58]。

ベギンとシャロンによるベイルート包囲命令は、レバノンで戦っていた国防軍の不満を一挙に高めた。シリア軍との衝突により戦死者が増大し、短期戦のはずの戦争が長期化していったことと、さらにはレバノン包囲戦の倫理性を問題視する声が内部で上がり始めたためである[59]。しだいにこの戦争の意義を問う声が現地で広がり、七月半ばには前代未聞の戦争中における旅団長の軍務放棄事件が起きた[60]。国内でも、七月末にテルアビブでの一万人の市民による抗議集会が開かれたのを皮切りに、反対運動が広がり始めた[61]。

c 虐殺容認の疑いと政権の落日

九月一八日、ベギン内閣の運命が変わった。イスラエル国防軍管理下のサブラとシャティーラという難民キャンプで、ファランへ民兵によるおよそ六〇〇人から七〇〇人と伝えられる女子供を含むムスリムの虐殺が起きたのである。国防軍が虐殺に手を下したわけではなく、シャロンの関与の真相はいまだに明らかになっていない。しかし従軍した軍人によれば、パラシュート兵がまだ虐殺の続いている中で難民キャンプに入っていったとされる(イスラエル政府はそれを現在まで否定している)[62]。これまでレバノン領内では各勢力による村落強襲と虐殺が起きており、シリアも無論こうした虐殺や秘密工作と無縁ではない。ベイルート包囲戦でも多くの無辜の市民が犠牲になった[63]。だが、この事件によって世界の反イスラエル感情はもはや決定的になってしまったし、何よりもイスラエル国内では虐殺事件後にテルアビブで四〇万人以上もの市民が抗議運動に参加したのである[64]。

その結果、カハン司法調査委員会(Kahan Commission)が設置されて事件を調査し、翌年二月にシャロンや軍幹部数人の辞任勧告が出されたため、ベギンは抵抗するシャロンを辞職させた。その後、ジョージ・シュルツ米国務長官の肝煎りで、後任のモーシェ・アレンス国防相が、暗殺されたバシールの兄で、親シリア派であるアミン・ジェマイエル大統領率いるレバノン政府と交渉した。イスラエルはシリアの撤退とレバノン南部のセキュリティー・ゾーン駐留を条件にレバノン南部まで撤退したが、レバノンの政情はその後も混乱を極めた。[65] ベギン政権はレバノンからのＰＬＯ追い出しには成功したが、レバノンに親イスラエル政権を擁立することに失敗したばかりか、反ＰＬＯであったヒズボラなどシーア派勢力からも、シリアからも敵視されるにいたり、その後シリアがレバノンに勢力を拡大した。

d　政府と国防軍との関係の歴史的転換

第一次レバノン戦争を振り返って分かることは、ベギン首相の登場によってそれまでとは異なる政治と国防軍や官僚との関係が生じたことである。それまでは政軍一体の階層秩序が政府／労働党の中にできあがっていたのに対し、初めて右派政党の連合が政権を握り、プロフェッショナルな軍官僚の助言を無視した独自の政策を打ち出した。元モサド長官のエフライム・ハレヴィや歴史家のアハロン・ブレグマンを始め、多くの論者が第一次レバノン戦争を国防軍やイスラエル社会における戦争への態度の転換点として捉えている。[66] 以前からあった平和運動で、予備役将校に率いられ、主に兵役経験のある若いアシュケナージム*で構成されたピース・ナウ(Peace Now)は、この戦争をきっかけに政府を揺るがしかねない勢力として政治の舞台に躍り出た。戦争中には一五名の予備役将校を含む八六名の予備役将兵からの政府への手紙(「一〇〇人の手紙」)が送られ、予備役兵の団体としてレバノンでの軍務に反対するイェシュ・グヴル運動(Yesh Gvul＝「限界ってものがある」)が勃興した。シャロン国防相罷免とレバノン戦争の即時終結を求めた「沈黙を破る兵士」(Soldiers against Silence)運動や、「沈黙を破る親」(Parents against Silence)運動などの抗議運動が生まれたのも第一次レバノン戦争の最中であった。一九八五年には、政府が軍務拒否で投獄した予備役兵の数は一四三人に達した。だがこの数は氷山の一角に過ぎず、大量の軍務拒否の事実を隠蔽するために政府が多くの者の投獄を免除したのだという[67]。

第一次レバノン戦争で戦死した国防軍兵士の数は六七五名だが、これはイスラエルの人口比で考えてみれば決して小さな数字ではない[68]。イスラエルの人口は二〇〇八年で七〇〇万人超、当時約四〇六万人で、そのうちユダヤ人は三三七万人であった。そして、四〇六万人のうちの四〇万人が一九八二年九月のテルアビブでのデモ集会に出かけて行ったのだ。ピース・ナウの指導者で作家のアモス・オズが「贅沢な戦争」と形容して糾弾したように、第一次レバノン戦争は開戦するか否かの選択肢があり得る戦争であったことがイスラエル人にも理解されていた。この戦争は、イスラエルを滅ぼそうとする大国との戦いではなく、破綻国家であるレバノンへ侵攻した戦争だったばかりか、PLO撤退後の難民虐殺への加担を通じて戦争の正義すらも損なわれてしまった。結果的にすべての交戦主体同士の戦いや虐殺により、レバノンの市民やパレスチナ難民を含めた数千人の民間人が犠牲となり、さらに多くが負傷した。

レバノンに足を踏み入れたベギンは、PLOの退去のかわりにヒズボラという新勢力を伸張させただけだった。レバノンの戦場で息子を失った父親は、手紙でベギンを「この父親の鋭い心の痛みが、寝ても覚めてもお前を追い回すように、カインの印がお前にいつもつきまとうように」と呪った[69]。シャロンがこれに象徴される多くの批判に屈した形跡はないが、ベギンには打撃もあったらしく、一九八三年八月末には退陣を表明する。モーシェ・レヴィ新参謀総長は国防軍へのダメージの最小化のため、レバノン撤退や駐留部隊の規模を削減することにのみ注力した[70]。だが、レバノン南部のセキュリティー・ゾーンに釘付けになった国防軍部隊は、ヒズボラの勢力伸長のためにその後も長く苦しい占領期に耐え続けなければならなかった。

4　第二次レバノン戦争

ここまで述べてきた第一次レバノン戦争の経緯の上に二〇年余りの時を経て生じたのが、二〇〇六年七月に始まった第二次レバノン戦争である。この戦争の直接のきっかけは、ヒズボラによって二名の国防軍兵士がレバノン領内へ拉致されたことであった。エフード・オルメルト首相率いるイスラエル政府は第一次侵攻のときのようなエスカレーションを意図していなかったが、第一次侵攻がPLOへの制裁だったのと同様、第二次レバノン戦争はヒズボラ民兵のゲリラ活動とそれをコントロールできないレバノン政府に対する軍事的な制裁としての戦争であった。オルメルト政権は、拉致事件当日の会議で即座に開戦に踏み切り、国連安保理がレバノン政府や、ヒズボラを支援するシリアやイランに対する働きかけを通じて外交的解決を図ろうとした試みを無視して侵攻した。

戦争が起きたそもそもの原因はヒズボラの勢力伸長にあり、単独の拉致事件のみに基づくものではない。ヒズボラがイスラエルの二〇〇〇年のレバノン撤退以後両者の間で暗黙の境界となっていた地点を越えて攻撃し国防軍兵士を襲ったこと、ハマスと協働したこと、そしてレバノンのキリスト教勢力の政府に対してヒズボラがクーデターをしかけたことは、イスラエルにとって脅威であった。だが、イスラエル国内からの、拉致された兵士(ないし遺体)を奪還せよとする宗教上の圧力と国民の怒りが、本格的な武力行使を選んだ背景にあったことも、見落とすことのできない要因である。[71]

開戦決定を下したのは、従来から軍事予算削減やヨルダン川西岸地域からの完全撤退を掲げてきたために

「シビリアン派」と呼ばれてきたカディマ党(シャロンとその一派がリクードから分裂して組織した政党)のオルメルト首相と、労働党のアミール・ペレッツ国防相だった。ただでさえ難しい捕虜奪還とヒズボラ掃討に対し、オルメルトとペレッツは平時の軍事行動として、低コストで予備役を動員せずに戦争をすることを国防軍に要求した。[72]政権とは対照的に、第一次レバノン戦争後にトラウマを抱えた国防軍幹部の大半はゲリラ戦となることが必定の地上戦をためらっていた。だが空爆はレバノンの民間人犠牲者を増やすのみでヒズボラ掃討には効果がなく、仕方なくレバノン南部で行われた地上戦でも、国防軍はゲリラ戦に有効に対応できず一一九人が戦死する。それればかりか、ヒズボラのイスラエル北部攻撃により民間人犠牲者が続出するにいたった。

軍民双方の犠牲の拡大と敗北は、戦争への批判を国内に生み出した。事態が悪化し始めた二〇〇六年八月には、数千人の人々がデモ集会を行った。そして調査委員会が政府の判断に過ちがあったと発表すると、一〇万人以上の市民がテルアビブで集会してオルメルトとペレッツの辞任を求めたのである。

しかし、この戦争の始まりにおいて、イスラエル国民が攻撃的でなかったという指摘は当たらない。開戦時点の世論調査では、国民の実に九三%が戦争を支持していたからである。[73]そのうえ、停戦後の八月一六日に実施された世論調査では、兵士の捕虜(ないし遺体)を取り返さないまま停戦に合意すべきだったかという質問に対しては七〇%が反対していた。[74]以下では、オルメルト政権が置かれた内外の環境を振り返りつつ開戦の動機を探ることにしよう。

５　オルメルト政権の政策決定過程

ａ　イスラエルとヒズボラ対立の背景

ヒズボラによる国防軍兵士の誘拐事件から始まったとはいえ、第二次レバノン戦争は突発的に生じた危機に基づくものではない。この戦争は、先に述べた第一次レバノン戦争の結果としての二〇年以上にわたる国防軍によるレバノン南部占領と、それによりヒズボラ勢力が過激な反イスラエル勢力へと発展したことに端を発しているからである。イスラエルによるレバノン南部占領は、もともと反ＰＬＯであったドルーズ派*やイランに支援されたヒズボラ勢力に、イスラエルはまた領土拡大を志向しているという不信感を与えてしまい、彼らの敵愾心を煽る結果を招いた。

イスラエルがレバノン南部を占領した目的に、自衛的な意図がなかったとはいえない。またイスラエル国内が、第一次レバノン戦争後、レバノンに対して常に攻撃的政策を志向していたわけでもない。一九八〇年代以降のイスラエルでは、一方でリクードが占領地の永続化政策を主張し、他方で労働党が占領地からの撤退とパレスチナとの和平合意を主張していた。加えて、ハト派として圧力をかけるピース・ナウなどの平和運動が国民の動員戦略を用いて不断に影響力を発揮してきた。二〇〇〇年に労働党のエフード・バラク首相が決定したレバノン南部からの撤退は、国連決議四二五号に代表される国際的な非難やヒズボラの勢力伸長ばかりではなく、兵士の母親たちに代表される国内の平和運動が導いたものだった。反対に、国防軍がこのとき、バラク首相に対してレバノン政府やシリアとの和平交渉を締結することなしに、一方的に撤退することの軍事的な危険を告げていたことは興味深い[75]。第二次レバノン戦争の前は、国民の八〇%がシャロン首相の「平和へのロードマップ」に基づくガザ撤退や、ヨルダン川西岸地区からの撤退の決断を歓迎したことから分かるように、イスラエルへのアクセスと物流を切断されて生活が苦しくなったパレスチナ人の犠牲の上に成り立った単独行動とはいえ、一般のイスラエル国民にとってはむしろ平和への期待が高まっている時期でもあった[76]。

しかし、レバノン南部に残されたシャバア農場と呼ばれる肥沃な農耕地帯をめぐって、相変わらずイスラエル国防軍はヒズボラの民兵と膠着状態にあった。二〇〇〇年一〇月七日には、ヒズボラがシャバア農場に攻勢をかけて国防軍兵士三人を捕らえたが戦争には結びつかず、二〇〇四年一月にはヒズボラとシャロン政権の間で取引が成立し、三名の国防軍兵士の遺骸およびもう一名の捕虜との交換で、四二九人のパレスチナ人とレバノン人を中心とする、テロリスト、スパイなどの罪に問われた四人が解放されている。

b　国防軍兵士二名の誘拐に続く慌ただしい開戦決定

二〇〇六年七月一二日早朝、ヒズボラによるイスラエル北部への侵入攻撃で、国防軍の兵士八人が死亡し、生死不明の二人がヒズボラに連れ去られた。ヒズボラはこの間イスラエル北部に一日数百発のカチューシャ・ロケットを発射し、七月一四日には精密誘導ミサイルでイスラエル海軍の艦船を攻撃し、兵士が死亡した。こうしたヒズボラによる挑発的な軍事攻勢は、レバノン政府が脆弱でヒズボラを制御できないところから生じていた。ヒズボラはレトリックの上ではユダヤ人民間人とムスリム民間人の犠牲者を差別する発言をしてレバノンのムスリムの団結や代表性をアピールしたが、ヒズボラがレバノンのムスリムを代表しているとはいえない。[77] ヒズボラがイスラエルを攻撃し始めた裏には、これまでイスラム教シーア派に属するヒズボラを支援してきたイランの支援と関与があったが、レバノンのドルーズ派勢力や、ヨルダン、エジプト、クウェート、バーレーン、アラブ首長国連邦、サウジアラビア、パレスチナ自治区の代表までもがヒズボラの行動を批判し敵視したように、[78] 決してイスラエルに対抗するムスリム勢力の中核を担うような存在ではない。ところが、イスラエル政府は国連安保理の外交努力を振り切り、レバノン政府とヒズボラを一体視して、レバノン政府がヒズボラを七二時間以内に退去させない限り戦争をしかけると宣言、レバノン各地を空爆するとし、また軍事行動が始まってからも早期の終結を拒んだ。[79]

事件が起きた七月一二日早朝、第一報を受けたオルメルト首相は、側近との会議でただちに思い切った軍事手段をとる方針を定め、国防軍兵士拉致事件はテロリストによる攻撃ではなくレバノン国家による攻撃と見なすと宣言した。[80] その日の夜にオルメルトが召集した閣議では、ダン・ハルツ参謀総長が提案したベイルートの空港やヒズボラのロケット基地などへの空爆作戦の開始が十分な討議を経ることなしに慌ただしく決定された。[81] こうして第二次レバノン戦争の開戦決断は拙速ともいうべきスピードであっさりと下されてしまった。

この作戦は、レバノン政府や一般市民に対する懲罰戦争を通じて、彼らにゲリラ勢力を国外へ追い出させようという第一次侵攻の考えを、よりコストが少ない空爆版へと焼き直したものに過ぎなかった。レバノン政府がヒズボラを掌握しておらず、どこかの町に追い込んで包囲戦をするわけでもないのだから、作戦が成功を収める可能性は乏しかった。政権が当初空爆作戦を選んだのは、それまでオルメルトやペレツが推進してきた国防費の大幅な削減と二〇〇三年頃からの予備役の応召率の低下で、陸軍の多くを占める予備役戦力に頼る比重を下げざるを得なかったためだった[82]。高コストで国民に不人気な地上軍の投入や予備役の招集を行わずとも、空爆で目的を果たせるだろうという甘い見通しに自らを委ねてしまったのである。

迅速な開戦決定の裏には、事件を受けた閣内のタカ派の声と国内の圧力により、行動しない場合の政治的リスクが高まっていたことがあった。二〇〇〇年の労働党バラク政権によるレバノンからの一方的撤退こそがヒズボラの攻勢を招いたのだとする声は、右傾化していた野党リクードのみならず、カディマ党主体の閣内でさえ強かった[83]。それ以前、六月二五日にイスラエル人兵士一人がガザ地区でハマスに誘拐されていたことも、開戦判断の焦りに繋がっていたろう。しかも、強い姿勢で臨むべきだとする態度が、当時政界のほとんどを占めていた。オルメルトやペレッツも以前からヨルダン川西岸地区からの撤退という政策目標を掲げていたから、もし戦争をしなければタカ派からの批判には弱かったろう。シャロンが二〇〇六年初頭にリクードから分裂して結党したカディマには、ツィピ・リヴニ外相のような中道派からギデオン・エズラ環境保護相のようなタカ派にいたるまでの多様な政治家が参画しており[84]、シャロンが病気で倒れた後を引き継ぎ、総選挙でかろうじて勝利したオルメルトの党内での地位は必ずしも固まってはいなかった[85]。しかも、イスラエル北部ではヒズボラのカチューシャ・ロケット攻撃のために三〇万人以上が避難を余儀なくされ、一〇〇万人ほどがシェルターで暮らしていた。オルメルト首相は七月一七日にはクネセット演説で作戦への理解を求め、クネセットはもっとも左派のヤハド党(Meretz-Yahad)にいたるまで、アラブ系議員を除いたすべてが戦争支持を表明した。

国民の大部分や政治家たちとは異なり、国防軍の幹部はそもそも第二次レバノン戦争開戦自体に懐疑的だった。参謀本部の軍人が明かしたところによれば、レバノン侵攻を担うべき北部軍司令官のウディ・アダム中将は空爆以外の選択肢に強固に反対しており、戦争初期段階には『エルサレム・ポスト』紙に対し、「軍人は誰もレバノンなんかに戻りたくないだろう」と発言している[86]。予備役をなかなか招集できず大規模な地上戦の兵站を支える予算がないために、ヒズボラとのゲリラ戦が苦しくなるだろうことも国防軍には分かっていた。開戦が急ピッチで決まったため、開戦前に軍人の反対意見がメディアに流れることは難しかったが、戦争初期段階に公衆がアクセス可能であった意見として、現役軍人より自由に発言できる立場にあった大物退役将校の意見は見逃せないだろう。殊にモーシェ・ヤアロン前参謀総長は、公に激しく反対した[87]。

戦後に設置され、政府の機密文書やインタビューを通じて調査を行ったウィノグラード委員会(Winograd Committee)の報告書によれば、オルメルトとペレツは開戦決定に当たり軍の意見を十分に聞こうとしなかったという[88]。ダン・ハルツ参謀総長も、大部分の軍幹部の反対にも拘わらず、戦争を結果的に支持した責任を問われた。さらに注目すべきは報告書が、ヒズボラの封じ込めや外交的手段と小規模な戦闘を組み合わせて問題解決を図るのではなく、戦争という選択肢を選んだこと自体についても内閣を批判していることである。

6　空爆から地上戦へ、ゲリラ戦と反対運動

a　苦戦に対する国内批判と国防軍の反発

この戦争は一カ月ほどの短い戦争だったことから、第一次レバノン戦争のような長期の戦闘と並べて考えることはできない。空爆作戦が始まると、空軍は最初の三四分間でほとんどの意味ある任務を終えた[89]。その後に続いた空爆は、ヒズボラの破壊にはたいして寄与せず、レバノン民間人をターゲットにしたクラスター

爆弾を使用して死者をいたずらに増大させただけだった[90]。国連レバノン暫定軍への攻撃で国連側に四人の死者が生じ、カナ空爆で二八人のレバノン民間人が死亡するにいたっては、国際社会からイスラエルに対し激しい非難が沸き起こった。同時に試みられた捕虜奪還作戦としての地上軍の小規模投入も失敗した。

そこで、オルメルト政権と国防軍は、七月末ごろから八月九日までのあいだ、地上戦を始めるべきか否かをめぐって議論を進めた。後に世論の大半と軍人の一部から批判を浴びた地上軍投入の遅れは、レバノンにおけるゲリラ戦での地上軍の戦闘能力に疑いを抱いていた国防軍上層部の反対によるものであったことが分かっている。アダム北部軍司令官は地上戦の成功の見込みに悲観的で部隊投入に頑強に抵抗し、ハルツ参謀総長は作戦開始から三週間が経過するまで、毎回の閣議の際に、首相らに対して本格的な地上戦に突入すべきでないと主張し続けた[91]。オルメルトは、後に地上軍の本格投入を閣議決定した八月九日の前日まで地上戦の作戦案を目にしていなかったとして決定の遅れを国防軍に責任転嫁したが、仮にそれが真実だったとしても、それまでに地上軍投入そのものについての話し合いが持たれていたことを否定するものではない[92]。他方、オルメルトは戦争の早期終結の判断も、国民に不人気な予備役招集の決断も下せずに戦争を継続し、七月二四日には予備役招集を求めた参謀総長の要請を拒否している[93]。

地上軍の投入後は、文字通り血みどろの戦闘が展開し、ヒズボラを打ち負かすこともできなければ、国防軍の犠牲者数を抑えることももはや不可能だった。けれども、国連安保理がレバノン民間人の犠牲者の増大を懸念して休戦を働きかけたために、作戦は長くは続けられずに済んだ。結果的に第二次レバノン戦争では国防軍のうち一四九人が死亡し、イスラエルの民間人は四三人がヒズボラのロケット攻撃で死亡して一〇〇〇人弱が負傷、レバノン民間人は一二〇〇人弱が死亡、四四〇〇人以上が負傷し、九〇万人の避難民が生じた[94]。政府とハルツ参謀総長は、八月にアダム北部軍司令官を事実上更迭させる形でモーシェ・カプリンスキー参謀次長に指揮を任せたが、世論の非難は収まらなかった[95]。

戦争の失敗を受け、ペレツ国防相が国防軍に対する調査委員会を設けたことに見られるように、非難の矛先はすぐに国防軍へと向けられた。それに対抗するかたちで国防軍の中から、それまで国防費を大幅に削減したばかりか戦争に際して予備役招集をためらった政府への批判が噴出することになった[96]。戦争終結後、安全保障に疎いペレツ国防相が軍に大幅な制約を課したことに対して国内の批判が生じたのも、そうした国防軍の見解が反映されている[97]。だが、ダン・ハルツ参謀総長を筆頭に国防軍指導者も同じ理由で批判されていることを見逃してはならない[98]。国防軍の中では現場レベルの将校や一般兵卒、予備役兵を中心とした、下からの批判がうねりとなって上層部や政府を突き上げた[99]。イスラエルの政軍関係に詳しいヤギル・レヴィは、国防軍の活動のあらゆる層に浸透したシビリアン・コントロールにも拘わらず、この戦争での作戦遂行の拙さ、戦争の拡大や失敗を防げなかったとして、軍事的効率性の観点から国防軍の自律性をもっと制限すべきだという趣旨の批判をしている[100]。確かに、空爆作戦のみでは目的を遂げるには不十分だったろう。だが第二次レバノン戦争に際しての国防軍の地上戦への抵抗こそ、自らの意に反した軍事行動を強制された軍が、軍事行動の遂行方法を決める権利を主張するという構図だったのである。

b　イスラエルの政治と社会の反応

第二次レバノン戦争はオルメルトとペレツが決定した戦争ではあるものの、首相権限の比較的弱いイスラエル政治においては、クネセットや与党の影響力抜きに開戦決定を語ることはできない。ウィノグラード調査委員会の発表を受けて実施された世論調査では最大七二％がオルメルトの辞任を求めた[101]。だが、開戦時に圧倒的な支持を与えたのはクネセットと世論であり、世論調査によれば開戦時には九三％の国民が戦争に賛成し、七三％の国民が大規模な地上作戦を支持していた[102]。ピース・ナウや、政治的にリベラルで知られる芸術家や左派論客ですら、開戦時には戦争を支持したのである[103]。開戦当初、国内の言論空間において、反対表明は開戦後二日目にわずかに一人現れたのみだった[104]。その後も、著名なリベラル派作家でピース・ナウの指導者であるアモス・オズは、「この戦争はイスラエルの自衛だ」と擁護し[105]、ハト派で知られる『ハアレツ』紙のコメンテーター、アリ・シャヴィットや「四人の母親運動」の母親らも、「この戦争は違う」と支持を表明した[106]。その中で、作家のダヴィッド・グロスマンは戦争の失敗を初期に予測した数少ないシビリアンの論客だった[107]。

ところが、戦況が悪化し双方の側に犠牲が増大すると、初め戦争に賛成した左派論客も戦争反対に転じ、以前から占領の必要性に疑問の声が上がっていたレバノン領土に出かけて行った戦争、防衛というよりも懲罰的な戦争であるという認識が国内でも広まり始めた[108]。左派政党ヤハド党の党首ながら、開戦当初むしろシリアを攻めるべきだと攻撃的な主張を展開したヨシ・ベイリンは八月八日には立場を変更して戦争を批判し、和平交渉の開始を提言した[109]。国連による停戦合意直後の八月後半には、政府の調査委員会設置を求めて、戦死した兵士の親たちや予備役兵らがクネセット前にテントを張って座り込みを開始し、その支持者は数千人超にまで膨れ上がった[110]。オルメルトは右派左派双方からの支持を失って、彼の辞任を求める声は彼がカディマ党党首辞任を表明するまで続いた[111]。だがここで注意しなければならないのは、左派論客が戦争賛成から反対に転じ、予備役兵が反戦活動を始めたからといって、イスラエルの国民の大多数が立場を同じくしているとは限らないことである。例えば、国連安保理の仲介により停戦合意が成立した後の八月一六日の主要紙『イェディオット・アハロノット』(*Yedioth Ahronoth*)の世論調査によれば、回答者の七〇%もが、捕虜兵士を取り戻すことなく停戦に応じるべきではなかったとしていた[112]。

7　イスラエル政府と二次にわたるレバノン戦争

a　イスラエル政府の変容と戦争

モサド長官を務めた労働党のエフライム・ハレヴィは、長年のモサドの経験を通じて、イスラエルの首相には多かれ少なかれ国家安全保障に関する特別な使命感があると振り返り、ときに「歴史に名を残したい病」があるようだと皮肉っている[113]。彼は、専門家を含めずに秘密交渉をし外交・軍事問題を政治利用する政治家たち、とりわけリクード党を非難している。残念ながら、それにぴったりと当てはまるのが二次にわたるレバノン戦争だった。

シビリアンの戦争という現象がイスラエルに生じた背景には、国民から強い支持を受けた右派政党の勃興と、多様なイデオロギーを持つ複数政党による政治競争の常態化があった。リクード党が攻撃的政策を推進する右派勢力であるからといって[114]、民主的な勢力でないということにはならない。労働党こそ建国以来政治や軍の幹部を輩出し、権力を独占してきた政党だった。リクード党は、一九七三年のヨム・キプール戦争でエジプトの奇襲を許してしまったことで支持を失った労働党を初めて政権の座から追い落とした。占領地域に植民した人々や宗教原理主義者などの安保・社会政策右派、ユダヤ人の権力の独占に反対するムスリムやドルーズ派、セファルディム系*の貧しいユダヤ人など不満をもつ層が、植民推進と宗教的理念の重視、資本主義経済政策を掲げるリクード党に投票するようになった[115]。一九七七年選挙でのリクード党の勝利以後、労働党一党優位体制による国家中心主義の時代は終わり、複数の政党がしのぎを削る本格的な政党政治へと移行した[116]。

政治競争の常態化は、タカ派・ハト派双方の活動を活発化させる結果をもたらした。レバノンにおけるベギンの失敗は、安全保障を重視する保守層や平和を求める層を大規模な右派政権への反対運動へと駆り立て、それに対しタカ派や宗教原理主義者たちがこれも大規模対抗動員を試み、連立を組む上でも宗教原理主義者の発言権が増大した[117]。こうして、八〇年代の終わりには「統治の崩壊」と呼ばれる状況が生じていた[118]。それは政府が倒壊する危機感というよりも、社会におけるあらゆる亀裂が噴出したことの表現といった方が正しいかもしれない。当初戦争を支持した国民が、第一次レバノン戦争の戦況悪化後にリクード政権へ叛旗を翻したことを、反戦という言葉だけで理解することはできない。イスラエルにおいて、エリートによる政治に対し国民が多大な影響力を不断に行使する時代が始まったのである。

b　イスラエル社会の変容

第一次レバノン戦争時のイスラエル国民がハト派であったかタカ派であったか明確に規定できない理由は、こうした民主化のさらなる進展と、右派左派双方による政治動員の拡大とにあった。また開戦時やPLO撤退までの段階では戦争支持が高かったことは、国民の戦争支持が戦況によって左右されることを示している。それでも、当時の国民が兵役と予備役を通じてある程度平等に戦争遂行の負担を負っており、彼ら自身の血を流したことは確かである。

建国期から一九七三年のヨム・キプール戦争までは、国民の予備役応召率や若者の兵役参加率は高かったが、それはレバノン占領地での過酷な任務や、九〇年代の平和な一時期と経済成長を体験したことで著しく低下し、一八歳男子の兵役参加率は一九八八年の九〇％から一一年間で約五五％にまで低下してしまった。[119] 二〇〇六年の第二次レバノン戦争の頃には経済成長や職業による収入の格差、脅威認識の低下などにより、若者の軍隊に参加しようという意識は著しく低下していた。[120] 第二次レバノン戦争が、国民の兵役参加率や国防意識が著しく低下していたときに起こったことは見逃せない事実である。

二〇〇八年末からのオルメルト政権によるガザ侵攻では、作戦開始当初はレバノン戦争の記憶からか、国民の四〇％しか武力行使を支持していなかったが、作戦終了時には八二％が支持したことからも、問題の本質はイスラエル側の損害を低く抑えられるか、戦勝するか否かであることが分かる。[121] 第二次レバノン戦争のときのイスラエルの平和運動は低調で、第一次レバノン戦争やレバノン占領任務の苦しみの記憶があまり反映されていなかったし、以前のような力強さはなかった。[122] その理由は、イスラエルにおいてさえ国民の軍務への意識が低下し、生活と軍務や戦争が切り離されたことによるコスト意識の低下にあった。

8　国防軍と二次にわたるレバノン戦争

a　国防軍の反応

イスラエル国防軍は、二〇〇〇人超の死者を出したヨム・キプール戦争でその予想外の脆弱性が露わになり、第一次レバノン戦争(一九八二―八五)、つづく第一次インティファーダ(一九八七―九三)でも思うように機能せず、軍の信頼は危機に瀕した。軍にとって、対政府・クネセットでも対国民でも、政治的影響力の源泉は不敗神話にあった。ヨム・キプール戦争を受け、ゴルダ・メイア政権は退陣に追い込まれたが、非難はエジプトからの先制攻撃を察知できなかった軍情報部に集中した。[123] 戦争に関しては、世間の批判も期待も国防軍に向けられていたからである。[124] ところが第二次レバノン戦争での敗戦を通じ、すでに揺らいでいた国防軍への信頼は一気に突き崩されてしまった。

国防軍上層部は政治家を多数輩出してきており、軍人の政治化が見受けられる。第一次レバノン戦争時の参謀総長など、一部の軍人は他の多くの軍幹部やモサド、アマンなどの情報専門家の意見に反してシビリアンの戦争計画を支持してきたことも否めない。それでも全体として見れば、軍幹部や現場で苦杯を舐めさせられた将校、情報部プロフェッショナルは、リクード政権成立以降のポピュリズムに不安を高めた。政治家がプロフェッショナルの助言を無視した攻撃的な政策を打ち出したために、労働党によって形作られた政軍一体の階層秩序に基づく信頼と助言、命令関係は潰えてしまった。その結果、国防軍に「無責任で無知な」政治勢力に対し「国家」の良識ある立場を主張する動機が生まれ、政治家の軍隊経験の乏しさなどを攻撃する声が上がった。だからといって、軍を危険視する従来の政軍関係研究の見方が当てはまるわけではない。国防軍の助言はあくまでも政治指導者に従う範囲内で提示されたし、歴代の高級軍人は一線をわきまえていたからである。

前述のハレヴィ元モサド長官は、戦争と平和の舞台には、政治指導者と民主的な勢力に加えて、「国の平和に責任を負うプロフェッショナルたち」の存在があると強調している。[125] むろん彼自身、官僚が自主的な改革を十分に試みなかった点に無自覚であったわけではない。[126]シビリアン派のオルメルトやペレツによる国防費削減も、国内にとっては必要な改革だったろう。けれども第二次レバノン戦争の問題は、戦時と平時の区別が曖昧なかたちで戦争が安易に模索され、軍人たちに押し付けられたことにあった。

国防軍は、第一次レバノン戦争のときよりもさらにいっそう第二次レバノン戦争には批判的になっていった。[127]もちろんすべてが平和的な意図から反対したわけではないが、レバノンの民間人をターゲットにクラスター爆弾をバラ撒かせられたことを告白し、自責の思いに駆られる将校も現れた。[128]国防軍の反対の動機は、国防予算がどんどん削られる中で、政治家の楽観的な見込みに基づいた困難な戦争を戦わされることであり、これまでのような国民の国防軍支持と団結がないこと、現場の悲惨さと戦う意義についての疑いだった。[129]

b　兵士たち

一般兵士は、長期のレバノン占領政策に苦しんでいた。まず、第一次レバノン戦争によってテロや攻撃の頻発する占領地を統治しなければならなくなったことが、兵士が政策目的をむやみに拡大させるような軍事行動や占領政策に批判的になる動機を生んだ。一九九〇年代には、子供がレバノンに駐留させられている母親によって始まった「四人の母親運動」が政府を圧迫した。二〇〇二年には五四人の兵士が「兵士の手紙」に共同署名して、一九六七年の国境線の向こうで任務に就くことを拒否するという主張を公開し、大きな関心を呼んだ。続く二〇〇三年から二〇〇四年は、軍事行動に反対する運動がメインストリームに躍り出た。[130]二〇〇九年九月現在で、「兵士の手紙」に署名した兵士の数は六二八名に上る。二〇〇七年のベルリン映画祭で銀熊賞を受賞したイスラエル映画、『ボーフォート――レバノンからの撤退』では、若い兵士たちが見えない敵に怯え、要塞を死守することへの絶望感が伝わってくる。

攻撃的な戦争を求める退役軍人の発表した文章などはある。もっと決定的な軍事作戦を求めた将校もいただろう。だが危機と隣り合わせに住む愛国心の強いイスラエルにおいて、過酷な任務に対して兵士から批判の声が上がるようになったことは特筆すべきである。軍人は、出身階層など社会の亀裂が原因で、例えばアシュケナージムだからとかセファルディム、ミズラヒム*だからという理由で政治家の決定に反対するわけではない。実際に砲火に直面してこそ、彼らの平和への意思が生まれたのだ。こうして、国民の反対運動より前から始まった兵士の反対運動は、一般国民の反対運動が低調になったさらに後々まで根気強く続けられた。[131]

第六章　イギリスのフォークランド戦争

われわれは、攻撃が成果を収めることはなく、盗人が盗品を持って立ち去ることは許されないということを示すために戦いました。(中略)ですが、〔イギリスにはもはやそのような戦いを行う力はないとする軟弱な意見に反対していた〕人々でさえ、心の底ではそのような意見が正しいのかもしれない、という密かな不安をもっていました――イギリスはかつて帝国を築き世界の四半分を支配した同じ国ではない、と。いえ、彼らは間違っていました。フォークランドの教訓は、イギリスは変わっておらず、この国はわれわれの歴史を通じて煌めきわたる輝かしい資質をまだ持っているのだということです。

――サッチャー英首相演説(一九八二年七月三日)から訳出(〔　〕内筆者挿入)。

一九八二年にイギリスがフォークランド諸島の領有をめぐってアルゼンチンと戦ったフォークランド戦争は、イギリスから見れば領土奪還戦争であり、自衛目的から開戦理由を正当化できるはずである。だが、長年フォークランドの放棄を検討してきたイギリスにとって、砲艦外交はともかくとして、フォークランドを武力で奪還すべきか否かは必ずしも自明ではなかった。当時支持が低迷していたサッチャー政権は、外交交渉による解決の可能性を拒絶して、軍事力で拮抗するアルゼンチンに対して賭けともいえるリスクの高い戦争を始めた。その事実からも、フォークランド戦争はイギリスにとって防衛的であるとはいえても、その政策手段の妥当性については疑わしい事例である。この戦争は、開戦を支持した一般国民が血のコストを購わず、完全にプロフェッショナル化された軍が元来国民の関心が低かったはずの地域で困難な戦争を強いられ、軍に犠牲が集中したという点で現代的なデモクラシーの戦争の性格を持つ。つまり一般国民にとっては、戦争のコストを意識せず離れたところで観戦し消費することのできる戦争であった。この事例は、軍が必ずしも防衛的な意図を持つ戦争すべてに賛成するわけではないことを示すとともに、成熟したデモクラシーの行う攻撃的戦争は列強が対等な国家として認識していなかった発展途上の地域に対して行うもので、過去の植民地主義の時代にのみ見られるのだとする見方に対する反論となるだろう。

1　「正義の戦争」か「帝国主義戦争」か

イギリスでは、フォークランド戦争について二つの相反する受け止め方がある。一つは、フォークランド戦争がサッチャー政権と軍がイギリスを勝利に導き長い自信喪失からイギリスを救った戦争であり、アルゼンチンの軍事政権に対する「正義の戦争」だったとする受け止め方である。(1) イギリスがスエズ危機、その後の「帝国からの撤退」*、経済不振を通じて経験した長い自信喪失の時代において、この戦争での勝利が新たなる光明をイギリス人に与えたことは確かだろう。保守党の支持率は戦争前に三三%だったものが勝利の直後には五一％に上昇、サッチャーのフォークランド政策を支持する割合は戦争直後に八四％にまで達し、保守党の総選挙での大勝に繋がった。[2] もうひとつは政治家の利益に基づいた無駄な戦争だとする批判であり、その結果兵士たちが三三日間の苦しい白兵戦を通じてＰＴＳＤなどの後遺症を病み、多くが自殺に追い込まれていった悲惨な事実に着目する見方である。[3] だがこのふたつの解釈を超えて戦後のイギリスの一般社会に現れたのは、もっと冷酷な、兵士への無関心であった。[4] この戦争は、多くの国民からはるかに遠い、たいして得るところはないが安全な戦争だったからだ。

フォークランド戦争の背景を振り返ろう。フォークランド（アルゼンチンではマルビナス）諸島はイギリスの遠方に位置する小さな島の集合体で軍事基地などはなく、主要産業である牧羊業のための牧草地の多くを不在地主が所有し、人口の多数をイギリス系植民者が占める島々である。その帰属をめぐり、一八三三年から実効支配してきたイギリスと、独立後スペインからの継承権を主張したアルゼンチンとのあいだに長年係争が続いていた。もちろん国家にとっては、たとえ辺境であっても領土に対する侵害は妥協が許されない領域である。しかし帝国という特殊な勢力圏を築いてきたイギリスにとって、遠隔地にある植民地フォークランドの放棄は十分ありうることだった。イギリスは一九六〇年代の帝国からの撤退期には、アルゼンチンでフォークランド「奪還」を求める政治キャンペーンが激化したため、領土帰属をめぐる外交交渉の必要性を認めて立場を後退させた。

一九六六年から一九八二年まで断続的に続けられた領土交渉は、イギリス側の民族自決の主張と、完全な復帰を求めるアルゼンチン側の反植民地主義の主張とが互いに折り合わないままに停滞した。帝国から撤退したイギリスにとって、アルゼンチンに侵攻されるリスクを抱えながらの遠隔地フォークランドの領有はも

フォークランド戦争地図

(右)イギリス，アルゼンチン，フォークランド．フォークランド諸島を囲む点線は，イギリスが設定した全面排除水域(TEZ)

(下)東フォークランド島

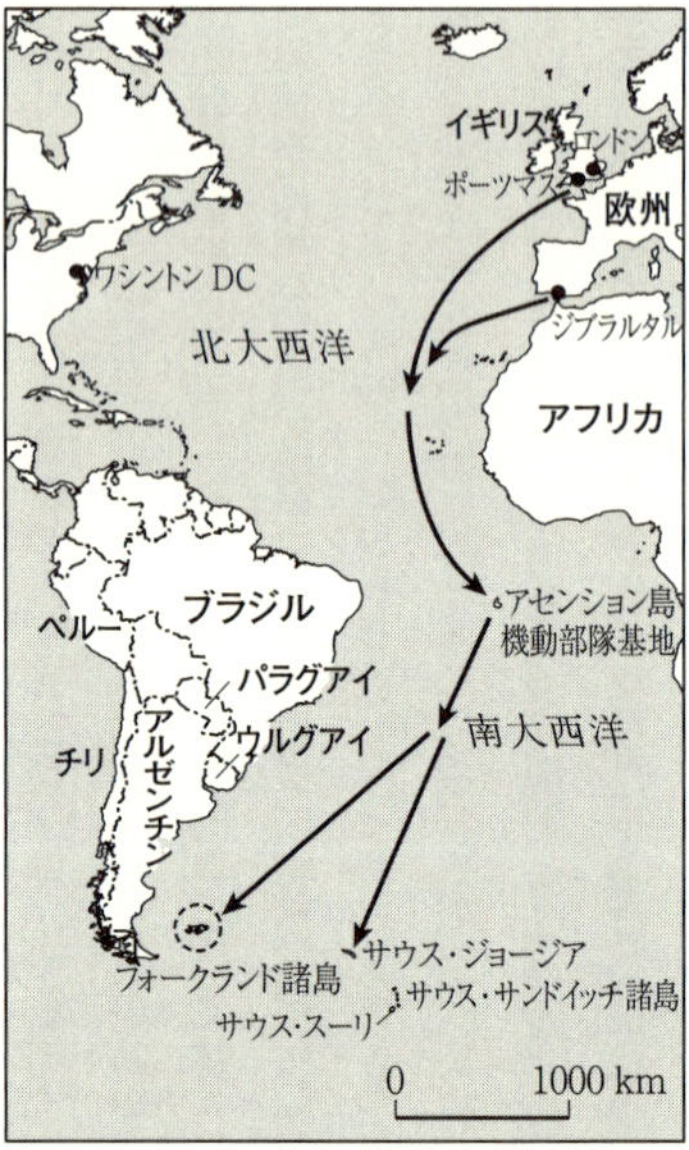

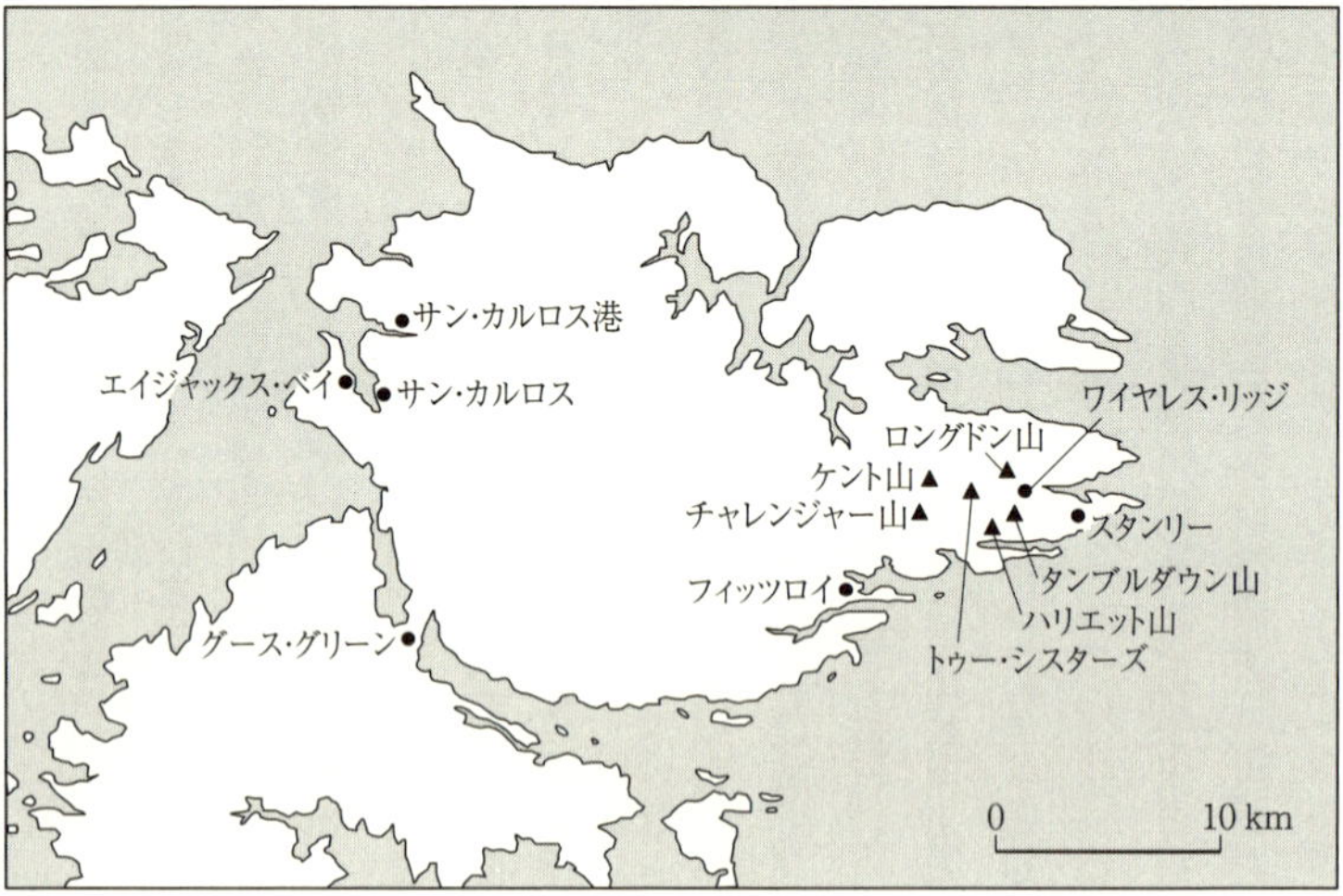

はや負担でしかなく、[5]少数の住民や不在地主の利益に加えて、国家の威信を守ろうとする議会の圧力がなかったならばもっと早くに主権放棄していただろう。それは政権が保守党であろうが労働党であろうが変わらない構図だった。[6]

この間、軍と防衛省はフォークランドの防衛に極めて消極的で、ほとんど唯一の防衛ともいえる哨戒船を退役させようとした。[7]外務省はアルゼンチンを刺激しない範囲で抑止するための中途半端な増派案を提案したが、防衛省はそれに反対し続けていた。防衛省の増派反対の裏には、勝てない戦争に巻き込まれる可能性への不安があった。[8]フォークランド防衛は主にフォークランド島防衛軍(民兵)によって担われてきており、それに加えて少人数の海兵隊と氷山パトロール用の船がいるのみだったから、現状ではアルゼンチンの侵攻を阻止することはほとんど不可能に近かった。イギリス海軍のプレゼンスはアルゼンチンとの戦争に勝つためではなく、軍事占領された場合にイギリス兵の犠牲が出ることで少なくとも国際的にはアルゼンチンが悪者に見えるという利点ぐらいしかなかったろう。軍や防衛省はそのような脆弱性やリスクを背負い込むことには反対だった。行政府内で論争した結果、サッチャーの前任のジム・キャラハン労働党政権において原潜と駆逐艦一隻を周辺海域に派遣することが決定したが、経済の逼迫とポンドの急落問題に追われていたキャラハン政権は、アルゼンチンが一九七六年にフォークランド諸島の属領であるサウス・サンドウィッチ諸島のサウス・スーリを占領したのに、行動に出なかった。[9]

一九七九年五月に発足したサッチャー政権では、アルゼンチンが侵攻するまではむしろフォークランド島民に冷淡といってよかった。ピーター・キャリントン外相は、主権をアルゼンチンに譲った上で期間限定でイギリスへ行政権を委譲するリースバック案を推進していた。[10]サッチャーはキャリントンほど主権移譲に前向きではなかったが、香港からの移民を念頭においた移民規制政策との整合性のために、フォークランド住民のほとんどに対し本国移住や市民権付与を規制する方針を取った[11]。これまで、外務省がフォークランド海域におけるプレゼンスのために必要だと主張してきた哨戒船エンデュアランスも、サッチャーの主要な政策であった政府支出削減のあおりで退役が決定された[12]。

こうした中、一九七六年のクーデターから軍事政権が続いていたアルゼンチンでは経済が逼迫して、レオポルド・ガルティエリ陸軍司令官が一九八一年一二月にクーデターで権力を掌握して、ホルヘ・アナヤ海軍総司令官、ラミ・ドーソ空軍司令官らと新たな軍事政権を形成する。ガルティエリ政権は、政治的求心力を得るために国民の支持が高いマルビナス(フォークランド)の統合を計画し、実行に移した[13]。

戦争は、アルゼンチンが一九八二年春にフォークランド諸島をアルゼンチン軍側の戦死者一名、イギリス側には無血で奪取したのを受け、サッチャー首相が速やかに開戦を決断して始まった。当時、サッチャー政権の支持率は国内政策の行き詰まりから低迷しており、国内に開戦を求める声も強かったことから、サッチャーは防衛相と外相の反対、イギリスに同情的な立場に立つアメリカの説得と仲裁継続の申し出を押し切って開戦を決定する[14]。サッチャーは、アルゼンチンの無条件撤退がないならば、戦争によってフォークランド諸島を取り返さねばならないと決意していた[15]。この戦争は、サッチャーにとっては何よりも軍政に対する正義の戦争であった[16]。アルゼンチン軍に降伏して総督公邸前の地面に腹這いにさせられた英海兵隊員らの写真は国内にも衝撃を与え、メディアと国民の多くが戦争に賛成した。

ところが実際の戦闘では、イギリス側に戦争の準備がなかったばかりか、アルゼンチンの軍事能力も高かったため、双方は苦しい地上戦を強いられて大きな被害が出ることになる。開戦判断に関する軍人の評価も

アルゼンチン軍に降伏した英海兵隊員
© Raphael WOLLMANN/Gamma-Rapho/Getty Images

初めから厳しく、また追い詰められた戦いの中でイギリス兵による敵の死体損壊などの行為があったことが明らかになったことなどから、終結後しばらくするとこの戦争は実務家・研究者や一部のメディアのあいだで低く評価されるようになった[17]。

以下、開戦決定が下され、戦闘が実際に始まるまでの短い期間に、どのような外交が展開され、政権と官庁、議会でどのような議論が行われたのか、振り返ることにしたい。

2 サッチャー政権の政策決定過程

a 機動部隊の派遣決定

アルゼンチンの侵攻は、一九八二年三月一九日にサウス・ジョージア島にアルゼンチン海軍が人や荷物を水揚げし、アルゼンチン国旗を立てた時点から始まった。政権内の対応策の話し合いでは、キャリントン外相やリチャード・ルース外務政務次官はアルゼンチンが過去にサウス・スーリに築いた軍事基地を前政権が放置したことを批判し、何らかの手を打つべきだと主張したが、軍事行動には慎重であった[18]。ジョン・ノット防衛相やジェリー・ウィギン防衛担当国務相は、サウス・ジョージアが占領されても軍事行動に出るつもりはなく、また海軍参謀部も相手の攻撃に無防備なままフォークランドの防衛を安請け合いさせられることに抵抗していた[19]。サッチャー政権はアルゼンチンにサウス・ジョージア退去を要請したが、三月二八日には拒否の通知が届き、サッチャーはキャリントン外相と話し合って、フォークランドへの侵攻を食い止めるために原子力潜水艦を三隻派遣することを翌二九日に決定した[20]。

三月三一日には、アルゼンチン軍がフォークランド占領も計画しているという統合情報委員会からの情報がノット防衛相からサッチャーへ伝えられた[21]。サッチャーが派遣を命じた三隻ある原潜のうち、出動可能な体制にあったのはジブラルタルにいたわずか一隻だったし、すでに述べたようにフォークランドの防衛体制はまったく整っていなかったため、閣内には危機感が広がった[22]。同日の首相官邸と外務省、防衛省のキーマンによる緊急会議で、ノット防衛相は参謀本部と防衛省の見積もりと助言に従い、いったん占領されたら武力で奪還するのは不可能であると進言したが、サッチャーは機動部隊の派遣を決定するとともに、アルゼンチンが侵攻した場合には武力による奪還以外はあり得ないことを明確にする[23]。ノットやウィリアム・ホワイトロー内務相は、アメリカの支持を得られなかったスエズ危機の教訓とイギリス軍に多数の死者が出る恐れから、奪還の方針に反対していた[24]。ノットはその日の夜、サッチャーに直談判も試みたが撥ねつけられ、機動部隊派遣に合意させられた[25]。

この会議に途中からヘンリー・リーチ第一海軍卿が参加し戦争を進言したことで、後に首相の決定と軍の助言の因果関係についての憶測が生じることになる。[26] テレンス・ルーウィン参謀総長が海外にいたため、リーチはこのとき会議に参加した唯一の軍人であった。サッチャーに対処策を聞かれて、リーチは戦争をすべきかどうかの助言は自分の職分ではないとしつつ、もはや占領は防げないので戦争による奪還を提言し、機動部隊の編制を助言した。[27] フォークランドは奪還可能かというサッチャーの問いに対し、リーチは可能であるばかりか正義の観点から奪還が必要であると述べ、サッチャーは深く頷いたとされる。ノットやキャリントン、そして後任の外相フランシス・ピムらがあくまでも軍事力による奪還に消極的だったのに対し、リーチが積極的だったことは開戦決定に影響を与えたのだろうか。結論からいえば、開戦判断はもともと武力による奪還を望む首相の強力なリーダーシップで進められており、リーチの発言がサッチャーの決定を左右したわけではない。サッチャーは外務省・防衛省の各大臣、官僚の意見を却下し、ルーウィン参謀総長の意見すら求めなかった。[28] サッチャー自身が、参謀総長ではなく内閣の委員会のメンバーですらないリーチを重要なアドバイザーの地位へと瞬時に引き上げたのであって、彼と開戦判断を結び付けることはできない。

ここで重要な論点は、これから続くサッチャー政権の外交交渉において、それがどれほどまじめに戦争を避ける意図に基づいていたかという問題である。その観点から興味深いのは、サッチャーが三一日の会議で、リーチに対し勝てる規模の機動部隊を極秘に送ることが可能か否かを打診していることである。[29] 砲艦外交をしようとしているのに、機動部隊を送っていることを悟られたくないという懸念には首を傾げざるを得ない。後に明らかになるように、ここでは砲艦外交が初めから意図している戦争のための時間稼ぎと目隠しになっているのだと考えられる。

b　早期の外交交渉放棄

以下、外交交渉と開戦決定の経過をまとめておこう。まず、四月一日、二日に行われた、閣議や内閣海外・防衛委員会(OD)、行政府内の会議では、外務省は武力行使ではなく外交交渉で解決すべきだという立場をとった。海軍のリーチが機動部隊の編制を急ぐのに対し、エドウィン・ブラモール陸軍参謀総長やマイケル・ビーサム空軍参謀総長からは、機動部隊派遣を留保すべきではないかという意見が出されていた[30]。サウス・ジョージアをめぐる事件の頃から下院の攻撃に晒されていたキャリントンは、侵攻を食い止めようと、前提条件なしで外交交渉をするとアルゼンチンのニカノール・コスタ＝メンデス外相に書簡を送った[31]。しかし、アメリカのレーガン政権による説得にも拘わらず四月二日にアルゼンチンがフォークランド諸島を占領し、海兵隊とレックス・ハント総督を無血で降伏させると[32]、戦争の選択肢はもはや仮定の話ではなくなった。このアルゼンチンの侵攻以前には無条件での主権交渉に応じるつもりがあったサッチャーも、アルゼンチンがレーガンの交渉に応じなかった時点ですでに開戦の腹は決まっていたからである[33]。

こうして、翌日の下院におけるサッチャーの戦争遂行の決意表明演説へと繋がることになった。サッチャーは下院の前で、軍事力による行政回復を約した。下院は機動部隊の派遣には満場の賛同を与えたが、それまでの政府の行動についてはさまざまな批判が噴出した[34]。キャリントン外相とルース外務政務次官は野党だけでなく与党保守党の平議員たちからも攻撃を浴び、メディアも大臣辞任要求を激化させたことから、キャリントンとルースに加え、外務省の下院向け報告の任を務めていたハンフリー・アトキンス国璽尚書の三人までもが辞任に追い込まれた[35]。ノットも、下院で大勢の議員からこれまで防衛予算の削減方針を取っていたことを攻撃され、いったんは首相に辞表を提出した[36]。このように、下院では当初政府の機動部隊派遣を支持こそすれ、フォークランドを武力回復すべきでないという声は小さかったといえる[37]。実際、フォークランド戦争の公式史家のローレンス・フリードマンも述べているように、この時フォークランドを武力で回復する用意をすでに始めていたことを示せていなければ、政権は与野党双方からの攻撃によって辞任させられていただろう[38]。

アメリカは西側陣営に属する両国に影響力を持っており、イギリスよりの立場で仲介に乗り出していた。それに対し、サッチャーは回顧録でレーガン政権の調停努力は必要以上に中立的で間違っていたとする反面、それが国連など他の筋からの介入を当面防いでくれる役には立ったと真情を吐露している[39]。国連安保理五〇二号決議がアルゼンチンに無条件でフォークランド撤退を要求した後は、サッチャーにとってむしろ国連は邪魔でしかなかった[40]。サッチャーはアメリカのヘイグ国務長官に対し、これは突き詰めれば独裁主義対デモクラシーの問題であると宣言し、「不名誉な平和」、「平和的な裏切り」には与そうとせず、島民が帰属先を選ぶ民族自決の原則を適用するかどうかや、総督の任命権、アルゼンチン系の島民の権利などに関して、アルゼンチンの侵攻以前であれば前向きに考えていた妥協も決して許そうとしなかった[41]。実際、サッチャーは四月一五日にレーガンにガルティエリの戦争回避の意思を告げられたが取り合わなかったと述べており、この頃になると戦争直前に事態収拾の動きが出て来る「危険」を恐れていたと告白している[42]。

サッチャー政権は、艦隊派遣による戦争準備がすっかり整う前の四月二二日に本格的な戦争に先駆けサウス・ジョージア奪還の軍事行動に着手していたが、四月二四日には、ヘイグ米国務長官が本格的な戦争を避けるためキャリントンの後任のピム外相と調整した調停案をサッチャーに提案した[43]。ピムは調停案を受けるべきだと主張したが、サッチャーや他の閣僚は反対した(44)。サウス・ジョージアを先行して奪還した狙いは、砲艦外交の地歩を築くためでもあった。だが、アルゼンチンが徐々に立場を後退させていき、イギリスが当初目指していた合意条件に近付いても、サッチャーはサウス・ジョージアの帰属問題を交渉の中に含めないと宣言することで、到頭アルゼンチン政府が譲れない線まで条件を吊り上げることに成功し、開戦に漕ぎ付けたのである(45)。

レーガンは、四月三〇日にはイギリス側が交渉に十分努力を尽くしたとしてイギリス支持を明らかにしたが、その頃までにはすでに〝サンディ〟・ウッドワード海軍少将が指揮する機動部隊が、イギリスが宣言したフォークランド中心部から二〇〇海里の全面排除水域(TEZ)に到着し、ほぼ完全な戦闘配置についていた。戦争回避に失敗したヘイグ国務長官は最後の試みとしてペルーの和平提案をピムに手渡したが、サッチャーはすでに戦争に乗り出していた。五月二日と三日にイギリスとアルゼンチンが互いに相手の巡洋艦ベルグラーノと駆逐艦シェフィールドを撃沈するにいたり、ペルー提案を受け入れることはアルゼンチンにとってさえ難しい状況になった(46)。サッチャーはアルゼンチン側に国連経由で最後通牒を突き付け、五月一八日の戦時内閣で開戦を実質的に決定し、二〇日には下院で演説してアルゼンチン側の非妥協的な姿勢によって外交が失敗したと告げた。サッチャー政権が侵攻前の防衛体制さえままならない状態から、これほど早く軍事行動に突入できたのは、アメリカの軍事支援を見込んで見切り発車したからだった(47)。

3 準備のできなかった戦争と激しい白兵戦

イギリス軍関係者はこの戦争がイギリスにとって厳しい戦争になると考えていた。だが議会や国内はフォークランド奪還の見込みに楽観的で、その高い期待値と実際の結果が折り合わないならば、それこそサッチャー政権の責任問題に発展しかねなかった。殊にサウス・ジョージアを容易に奪還したことで国内が戦勝ムードに沸いてからは、そうした懸念が政権内で口にされるようになった。アセンション島の基地で待機していた兵や指揮官も、軍事的に不利な態勢で待ち続けなければいけないことにストレスを抱えていた。[48] そこでサッチャーはしだいに軍の助言を聞き入れるようになり、軍は軍事作戦の遂行方法やタイミング、交戦規則(ROE)についてなるべくフリーハンドを得ようと動いた。[49]

フォークランド島上陸部隊を指揮したジュリアン・トンプソン海兵隊准将がフォークランド戦争を「アルゼンチンに負けるはずの戦争」だったと形容したように、[50] この戦争は軍人の予測に反して勝った戦争であり、全体的に見れば結果として運よく成功したといってよい。裏を返せば、この戦争はイギリス海軍の提督連が自らの軍事力を過大評価して始めた戦争ではない。

戦争が始まってからは、イギリスは国連やアメリカからの働きかけにも拘わらずまったく停戦交渉に応じなかった。[51] 六月四日にスペインとパナマが共同提案した停戦の安保理決議案に対しても、イギリスはアメリカとともに拒否権を行使している。ジーン・カークパトリック米国連大使がそのすぐ後に、二度目の投票が行われれば拒否権行使を取り消し棄権したいと述べたことからも分かるように、イギリスの正当性をめぐる状況は悪化しつつあった。[52] アルゼンチンは、イギリスが開戦前に示した条件を受け入れて停戦合意を締結しようとしたが、サッチャーは後に引く気配を見せなかった。[53]

ルーウィン参謀総長は、軍事作戦が比較的順調だった当初、政治家たちが軍事的成功に味をしめて、「戦争中毒症」になってしまうのではないかと心配していた(54)。もちろん、その後すぐに悲惨な戦いに突入したため彼の心配は的中することはなかった。だが戦況が悪化した結果、大臣たちは戦争の早期収拾を図るどころかむしろ軍に対するプレッシャーや介入を強め始め、上陸部隊の総指揮を任されていたトンプソンはBBC放送や議会、大臣などから連日袋叩きのような批判にあった(55)。

アメリカが公式にイギリス支持を表明した翌日の五月一日に、特殊部隊によって上陸作戦が開始された。二日のアルゼンチンの巡洋艦ベルグラーノ撃沈によるアルゼンチン兵三二一名の死亡、翌日のイギリスの駆逐艦シェフィールドへの攻撃による二一名の死亡で、両国に一挙に死者が増える。五月一五日には本格的な地上戦に突入し、二一日の大規模上陸作戦を経て、一日に数人から十数人が地上戦で死亡し始めた。激しい白兵戦になった二八日のグース・グリーンの奪還と六月一一日のハリエット山、トゥー・シスターズ、パラシュート部隊によるロングドン山攻撃や一三日のワイヤレス・リッジ攻撃、スコットランド部隊によるタンブルダウン山攻撃は、イギリスとアルゼンチンそれぞれに多くの死傷者を出した。

地上戦は三三日間に及んだ。イギリス軍側は二五八人が死亡、七七五名が負傷し、アルゼンチン軍側は六四九名が死亡、一〇六八名が負傷した。ほかの戦争よりも死者数から考えて負傷者数が少なかったことが示しているように、虐殺とまでいわれた相互の苛烈な戦い、追い詰められて逆上した兵士による敵の死体損壊行為が増え、兵士らが精神に異常をきたしたことも知られている(56)。これはイギリス兵だけでなくアルゼンチン兵にも見られた現象であったし、さらにいえばこうした過酷な戦争につきものの症状でもある。最後にアルゼンチン兵が本国の指令に逆らって一斉に投降しなければ、まだまだ死者が出たかもしれないが、イギリス軍は疲れ果て、血を流しながらも、ともかく勝利を手にしたのだった。

4　イギリス政府とフォークランド戦争

研究者ジョージ・ボイスが指摘するように、イギリスの帝国植民地をめぐる戦いの中で、フォークランド戦争ほどイギリス国民のあいだに広く「正義の戦争」としての地位を勝ち得た戦争はない[57]。「マギーはきっと助けに来てくれるだろうと分かっていたさ」と事後に島民が語ったのを、サッチャーがいささか誇らしげに、「彼はマギーといったが、それはつまりイギリスのことであった」と表現しているように[58]、イギリスの政治家や国民の多くが、アルゼンチンの暴政の脅威に晒されている「われわれと同じような島民たち」、イングランドの牧草地帯のような伝統的な生活スタイルを守っている「人の好い島民たち」を救出する正義漢の役を演じるのに、いわば満足感を覚えたのだった[59]。実際には普通のイギリス人は問題のフォークランド諸島がどこにあるかさえ知らないことが多く、「どこか北の方」、「スコットランド沖」、「フランスの近く」、「デンマークのそば」にあると思っていた人が多かったという[60]。そして、戦争直前から勝利にいたるまでの間に、国民のあいだでフォークランドやそこにおける戦争に対する興味は急速に高まったが、戦争が終わるとまた関心はすぐに低下していってしまったのである。

a　政府とフォークランド戦争

戦争前、防衛省と外務省の官僚は戦争をしたとすれば犠牲は多く、また勝利はおぼつかないとして内閣に忠告していた[61]。ところが、サッチャーは高い人命コストが予想されていたにも拘わらず戦争を始めた。当初ブレーキ役を務めようとしたノット防衛相は、議会の攻撃に押されて徐々に立場を変更し、首相と軍の直接のやりとりが増えたために自らの存在感を意図的に薄めていく[62]。当初はスエズ危機の二の舞を恐れていたホワイトロー内相も、サッチャーが個人的な説得を試みて取り込みに成功した[63]。戦時内閣がピム外相を除いてすべてサッチャーの要請に従ったことは、首相の権力やリーダーシップの強さとともに、外交上の圧倒的な勝利なくして妥協することに対する閣僚たち自身のためらいを示している。

対照的に、プロフェッショナルな官僚は、フォークランド戦争の見通しには一貫して悲観的であり抑制的だった。サッチャーは外務省を外し、防衛相を通さずにルーウィン参謀総長と二人きりでやりとりをして自ら統率することを好んだため、官僚、特に外務省はほとんど影響力を発揮できなかった[64]。

b　議会とフォークランド戦争

下院の野党は、開戦直前にはサッチャーの外交交渉が不十分だと批判したものの、戦争に抑制的な勢力とはいえなかった。三月二三日にルース外務政務次官が下院でアルゼンチン側の行動には軍事的な意図はないと報告したのに対し、労働党のキャラハン元首相や、デニス・ヒーリー元防衛相を含めた三〇人ほどが総立ちで口々に意見を述べ始め、ルースを攻撃した[65]。四月三日の議会では与野党ともにフォークランドをアルゼンチンに占領されたことの批判に終始し、機動部隊を送ることに対しては満場の歓呼の声で応えた。国家の存続が懸かっていなくても、島民の民族自決原則やイギリスの名誉、軍事政権そのものや軍事侵攻に対する制裁など、理念のために戦争をすべきという態度は[66]、労働党党首のマイケル・フットの「われわれには道徳的な責任、そしてあらゆる類の責任がある」という宣言に集約されている[67]。労働党のジョージ・トーマス下院議長は、いまここで宥和すればベリーズ、ジブラルタルの主権までが脅かされるとしたし、フットによればこのような侵攻が許されれば世界中のどこもが侵される危機に瀕するのであった[68]。議会には、「大英帝国の威信」回復への願いがあったとされてきたが、動機のなかで帝国の残光だけに着目すべきではない。政治家たちは正義の戦いという大義も望んだからである。軽々しく保守党の軍事侵攻案に加勢しないように、自分の方がよく軍事を知っているのだからとフット党首に頼んだタム・ディーエル労働党議員に対し、フットは自分の方がファシズムというものをよく知っていると切り返したのであった[69]。

労働党が途中から、戦争よりも砲艦外交によって和平を達成しようという動きに傾いたのには、サッチャーが個人的な政治的利益を得るであろうことに対し彼らが俄かに不安を覚えたことと無関係ではない[70]。戦争で失われる人命や敗北の可能性を危惧した議員は決して多数ではなく、コストの観点から、ないしイングランドの利益に関心を持たないために強硬に反対した少数派の野党、自由党や社会民主党、スコットランド国民党(SNP)は影響力を持たなかった[71]。有力な野党であった労働党の議員の大部分は、世論が戦争を支持していたため開戦決定にそこまで批判的にはなれなかった。

c　国民やメディアとフォークランド戦争

メディアの側を見れば、労働党に途中から生じた抑制的な意見さえほとんど見られなかった[72]。アルゼンチンが侵攻したときのメディアの強い反応は、サッチャー内閣を揺るがすほどの影響力をもっていた。アルゼンチン兵がイギリスから輸入調達したスターリング・マシンガンをもって降伏した英海兵隊の傍らに立っている写真が流出すると、新聞やテレビで怒りが沸騰し、タブロイド紙から『タイムズ』紙までが外相の辞任を求めた。
サッチャーはBBCの戦時における政権批判や第三者的な立場に嫌悪感を覚えていたと明かしているが、BBCなどマスメディアは戦争批判というより、むしろ戦争の指南役を買って出ていたといった方が実状に近い。[73]グース・グリーンの奪還作戦がその典型例であり、BBCはなぜ軍が動かないのかという批判を毎晩展開し、進撃予定の詳細を進撃に先駆けて放送してしまった。新聞各紙も、ウッドワード司令官が無能で臆病だと批判を浴びせた。[74]『タイムズ』紙は四月五日に、「われわれはみなフォークランド島民である」と銘打った記事を掲げ、正義を訴えた。[75]
世論調査では、四月一四日の時点でサッチャー政権の戦争遂行方法を六〇%が支持しており、その数字は増大し続け、五月の終わりから六月の中旬にかけては八四%が支持を表明した。[76]失敗の可能性や攻撃されるリスクが高まりそうな、アルゼンチンの軍艦への攻撃、地上部隊の投入などの決断についても、初めから六割前後が支持しており、軍事的勝利を信じられる頃になると、八割前後から九割弱までの人々が賛成した。[77]しかも日々変動する犠牲者数によってこうした支持率が左右されにくかったことを見ると、国民の戦争支持が人命および金銭的コストによって比較的左右されにくく、また兵士の犠牲に比較的冷淡であったことも見て取れるだろう。[78]
戦後、一般国民のフォークランド戦争に対する関心は徐々に低下し、軍事的な勝利の余韻を漂わせるルポルタージュなどを読むときを除けば、国民は戦争の真実から遠ざかって行った。アッパー、アッパーミドルクラスはもとより、ロウアーミドルクラスにとってさえ、代々続く軍人家族や下層社会から構成される職業軍人たちは異質な人々だった。戦後のテレビや演劇などにおけるサッチャー政権に批判的な作品の中には

『フォークランド・ファクター』や『フォークランド・プレイ』などのテレビ作品のように、戦争の合理性を疑うという重要な論点を提起するものもあったが、大多数はサッチャーや保守党を戯画化し攻撃するものであり、党派対立こそがその本質であった。言論表現活動が政治化すればするほど、論者の主張はバランスの取れた見方から遠ざかり、極端な攻撃が双方から行われた[79]。そこには、イスラエルのアモス・オズが第一次レバノン戦争について書いた『贅沢な戦争』のような、現実の脅威に晒されながらも平和の可能性を探る思想的な葛藤は見られなかった。

d　リビジョニストの捉えた「正義」

こうした単純化された表象とは違う形でフォークランド戦争を描き出して、イギリスでベストセラーを記録した本に、ヒュー・ビチェノによる『剃刀の刃――フォークランド戦争についての非公式の歴史』(二〇〇六年)がある[80]。ビチェノは、右派・左派によるフォークランド戦争の両極端の語り方に反発して、サッチャー政権の自己利益追求とともにその正義を、アルゼンチン政府の腐敗と支配の恐怖を、両軍の兵士の悲劇と残虐性を描こうとした。彼はアルゼンチンの「ファシズム政権」の醜さを強調し、イギリス労働党の「アカ」ぶりを非難し、保守党の「寡頭制」志向を非難した。こうしてあらゆる公式な語りに反論しようとした結果、彼はアルゼンチン人民の苦難やフォークランド島民の守るべき人権にたいする同情など、具体的な対象への正義感へと立場を傾倒させていった。彼の主張するアルゼンチン軍政打倒という戦争の意義は、本章冒頭に掲げた戦後すぐの演説でサッチャーが語ったような自由な帝国の正義ではなく[81]、より人道的な立場からする新たな正義の戦争の貌をもつ。ラテンアメリカで生活した経験からアルゼンチンの軍政の恐怖を知ったビチェノは、イギリスにおける保守・革新勢力間で硬直化した議論を打開し、その狭間にいる中間層へアプローチしようと図ったのである。ビチェノのような考え方こそが、実際には後のイギリスのイラク戦争参戦に象徴される新たな正義の戦争の幕開けだったといえるのかもしれない。

5　イギリス軍とフォークランド戦争

フォークランド戦争のころイギリス軍がおかれていた孤立状態を理解するためには、帝国からの撤退期の軍の苦境と予算をめぐる孤独な戦いを理解しなければならない。第一次ハロルド・ウィルソン政権で、およそ六年の長きにわたり防衛省に君臨したデニス・ヒーリー防衛相は、防衛予算の劇的削減とスエズ以東からの撤退を定め、削減が実現した任期の終わり頃には、軍の中で最上位のはずの海軍は低予算のために能力が極めて低下していた。フォークランドでイギリスの威光を守ったとされる保守党のサッチャー政権になってからも、財政均衡政策のために防衛予算はさらに削減された(82)。このように、現代のイギリス軍は防衛大臣以下のシビリアンによる厳しい官僚統制の下にあり、通常、軍人の意見など一顧だにされないほどに統率されてきた。

これまで見てきたように、戦争以前のフォークランド防衛問題では防衛省と軍は共同歩調を取っており、限定された予算と能力の中でのフォークランドの防衛のコミットメントには一貫して反対・抵抗してきた。従って、アルゼンチンによる占領が起きるまで、フォークランド防衛に関して積極的な軍を文官が抑え付けていたと見るのはまったくの誤りである。確かに、防衛省文官による強い軍統制の関係自体は平時のものであって、戦時には多少その関係が変わらざるを得ないから、戦争中は防衛省内の文民高官と軍の関係が変わったのだとする主張を試みることができないわけではない。だが、ここでも戦争の遂行方法をめぐる軍の政策的影響力と、そもそも開戦を主導することとは分けて考えなければならないだろう。リーチは、当時海軍のナンバー・ツーで機動部隊司令官のジョン・フィールドハウス海軍大将に、国防相に海軍を安売りされる懸念に怯えていると明かしている[83]。国防相が首相に戦争計画を安請け合いする前に、自分たちで実行可能な計画を採用するよう政権に訴えなければいけない、とリーチが考えるにいたったことは理解できる。戦争の主要な任務を担い、またもっとも大きな犠牲を出すのが海軍であろうことは自明だったからである。リーチは、この危機に対応するに当たり、軍が世論や議会、政権の期待や要請を満たせずに、攻撃対象にされることを何より恐れていたのである[84]。

イギリス軍はシビリアン・コントロールの強さだけでなく、社会と隔絶した孤立状態と、政治問題に対する自己抑制においても際立っており、アメリカと比べればイギリスの軍人の政策に対する異論は比較的流出しにくい。逆に、サッチャーがフォークランド戦争の指揮に際し軍人と対抗するために、側近にしようと退役将校を探した際も、戦争に関して首相と意を同じくしてそのような政治的な活動を引き受けるような大物退役将校は見つからなかったという[85]。公衆に向けた沈黙は、軍の政治家に対する賛意を意味するわけではない。陸軍参謀総長と空軍参謀総長は、機動部隊の派遣に当初から消極的だったし、砲艦外交が戦争に結びつくことを恐れていた。両参謀総長が戦争に強く反対せず、せいぜい助言にとどめて、戦争反対の世論形成を目指すために議会やメディアへの働きかけを起こさなかったのは、彼らの軍種が戦争を担うことはなく、自軍から犠牲を出さずに済むと思ったために海軍に任せようという気持ちがあったからだった。ブラモール陸軍参謀総長は戦後、「自分たちでこの泥沼に入っていかなくてよいと思っていたから〔戦争に積極的に反対しなかっただけであり〕作戦に熱狂的だったわけではない。それに、われわれが犯した過ち〔占領されたこと〕の分を取り戻すためだけに、必然的に生じることが明らかな規模の死傷者を受け入れる気にはならなかった」（〔　〕内筆者挿入）と述べている。[86]

海軍の参謀や司令官たちも、実際には戦争を恐れる気持ちの方が強かったことも強調しておかねばならない。空母戦闘群を率いたウッドワード海軍少将は、海軍全体が作戦は失敗する可能性が高いと考えていたと指摘する。[87] おなじくフィールドハウス直属の司令官で、原潜部隊を指揮したハーバート海軍中将も、原潜派遣命令が出た当初、アルゼンチンの鉄スクラップ業者がサウス・ジョージアに上陸したぐらいで原潜を南大西洋に派遣しなければいけないわけがないと不満を日記で吐露している。[88] 上陸部隊の司令官で、ムーア海兵隊中将が到着してのち第三奇襲旅団長を任されたトンプソン海兵隊准将は、アルゼンチンに負ける恐れを戦争直前に抱いていた。[89]

多くのイギリス兵士にとって、フォークランド戦争は予想もしていない事態だった。[90] 職にあぶれていた兵士や下士官の中には、機動部隊が編制されると聞いて隊列に加えられることを待ち望んだものも多かった。[91] いざ配備が完了し開戦待ちの態勢に入ってからは、気持ちがはやったりあるいは不安に襲われたりしながら政治家の決断を待った。[92] だが、戦争が始まり悲惨な地上戦に突入すると、多くの兵士らの精神が壊れ始める。生還した兵士のうちには自殺したものも多いし、長らくＰＴＳＤを病み、二〇年たってようやく戦争について語り始めたものもいる。[93] フォークランドについての兵士らの語りからは、愛憎、悪夢、そして虚脱感に満ちた思いが伝わってくる。すでに多くの本が書かれたフォークランド戦争について、「真の」、「知られていない」、「忘れられた」戦争としてなおも書こうと駆り立てられる兵士が、後を絶たない。このことこそ、イギリスに再び栄光をもたらしたとされる「正義の戦争」、フォークランド戦争をめぐって国民と軍のあいだにあいた大きな溝を示しているとはいえないだろうか。

第III部

アメリカのイラク戦争

第Ⅲ部ではイラク戦争を取り上げ、全事例研究を通じてもっとも攻撃性が強かった「帝国」の戦争を観察したい。ここでは、「帝国」、つまり国際政治における超大国への権力の一極集中とその対外的な単独行動主義は、デモクラシーに対置されるものではない。「デモクラシーの帝国」(藤原帰一)であることは、本書がこれまで事例検討を通じて例示してきた、デモクラシーに生じうる攻撃的な戦争への動機を拡大し、また攻撃的な政策をより容易にするものとして働いているからである。[1]

イラク戦争は、イラクがアメリカや同盟国を攻撃しているわけではないことを政治指導者や国民が理解して予防戦争を決断したという意味で、ここで取り上げる事例の中でも特に必要が低いと考えられる戦争である。開戦に際しては、イラクの政権転覆と占領、ひいては民主化という野心的な目標が掲げられ、大多数の国民は戦争に積極的であったのに対し、軍人の大多数と大物退役将校は公に戦争に激しく反対したという意味で「シビリアンの戦争」の傾向をもっとも顕著に示している。イラク戦争は、自国の信じる理念を広め潜在的な脅威を力ずくで取り除くという帝国の戦争としての性格をも備えていたが、国内政治に着目すれば、他のデモクラシーと同様、政治指導者の個人的な利害得失が開戦の動機に大きく作用していた。また、アメリカのように軍事が予算や政策の大きな比重を占め、肥大化した軍の潜在的脅威や政策的影響力の強さが懸念されてきた国においてさえ、軍の反対を押し切ってシビリアンが攻撃的で犠牲の多い戦争を始めていることを考えれば、イラク戦争は「軍」や「専政」が好戦的であって、「シビリアン」や「デモクラシー」が抑制的なのだとする前提に挑戦する格好の事例といえるだろう。

第七章　イラク戦争開戦にいたる過程

アメリカ国民の皆さん、イラクでの主要な戦闘は終結しました。(中略)独裁者は去り、イラクは自由になったのです。(中略)自由の推進はテロを世界から減らす上で最も確実な戦略です。自由が根付いたところでは、憎しみは希望に道を譲ります。自由が根付いたところでは、男女は平和的な手段でより良い生活を目指すでしょう。アメリカの価値と利益は、その同じ方向に繋がっています。われわれは、人々の自由のために戦います。

——ブッシュ大統領の主要戦闘終結演説(二〇〇三年五月一日)から訳出。

1　イラク戦争は例外的な戦争か

二〇〇三年三月、アメリカのジョージ・W・ブッシュ政権はイラクのサダム・フセイン政権に対し、大量破壊兵器(WMD)保有疑惑を理由に予防的な戦争を開始した。[2] ブッシュ政権には就任当初からイラク戦争を推進する人々が多く参画し、経済制裁の強化や限定的空爆を通じて内側からの政権転覆を試みていた。アメリカの脅威認識を大きく転換させた九・一一同時多発テロを機に、政権の一部では九・一一とイラクのサダム政権とは何らかの関わりがあるのではないかという先入観に基づき、開戦理由を熱心に探し始め、大統領の命を受けた国防総省はイラク戦争計画を本格的に検討し始めた。そして、WMD保有疑惑を提起して二〇〇二年秋には査察に国連の協力を仰ぎ、国内では議会の開戦授権決議を受けて砲艦外交を進めた。イラクは査察に応じたがWMDは見つからず、苦しくなったブッシュ政権は、二〇〇三年二月にパウエル国務長官に独自情報に基づいた演説を国連で行わせ、開戦に踏み切った。ブッシュは五月一日に軍事作戦終了を宣言したが、その後イラクでWMDが発見されないことをめぐって、政権が開戦判断の根拠とした情報やその取扱い方に誤りや情報操作があるのではないかという疑問が生じる。さらにバグダッド陥落後の占領政策の失敗と予想外の戦死者数増大によって国内で政権批判が吹き荒れ、大統領支持率も急落した。(3)

イラク戦争を成功した戦争として論じることは難しい。戦争による巨額の財政支出と軍事占領の継続、犠牲者数の拡大は、その後の内政、外交・安保政策の手を縛る結果を招き、各国の中東地域専門家が当初から指摘していたように、イラクにおける権力の空白はテロの原因となる貧困と無法地帯とを生み、攻撃的な戦争は反米ゲリラを増大させたからである。

ブッシュ政権が戦争という選択肢を選んだ理由は、政権の目的が現実の脅威に対処するというよりも、敵対的な独裁政権を力で取り除くことにあったからである。アメリカがイラクに攻撃される急迫の危険があったわけではない。サダム・フセイン政権が査察を受け入れたため、当初の開戦理由であったWMD保有疑惑を解決するためにも戦争は必要でなかった。それればかりか、開戦間際になってサダムの亡命案がエジプトを通じて打診されたことを考えれば、サダム・フセイン政権をすぐにでも取り除くというもっとも野心的な目標にとってさえ、戦争が必要でなかった可能性がある。[4]当初、政権内で検討された戦争の正当化事由は九・一一同時多発テロを指揮したアルカイダに対する支援疑惑であり、次の大規模テロ攻撃の計画・支援疑惑だった。それらの開戦理由を支持しうる証拠や兆候がまったく見当たらないという報告を受けて初めて、ブッシュ政権は攻撃の根拠をＷＭＤ保有や開発の疑いに変えたのである。ブッシュ大統領やポール・ウォルフォウィッツ国防副長官など正義の理念に突き動かされたシビリアンにとっては、戦争の動機には中東の民主化という壮大な構想も含まれていた。[5]

イラクと戦争すべきだとして国内向けに大々的に宣伝することで、さらなる支持率確保に繋げようとする国内キャンペーンの要素も無視できない。開戦に当たっては、国民向けに「正義の戦争」イメージが打ち出されたほか、政権による「脅威」認識の誇張や情報操作などが行われた。[6]このように、イラク戦争開戦にいたる過程では政権が戦争を入念かつ計画的に推進していた。

しかし、イラク戦争は攻撃的な政治指導者が国民を騙して始めた、という単純な理解では把握できない。開戦前、軍の戦争反対は公に明らかになっていたが、メディアや議会、国民は戦争支持が多数を占め、イラク戦争を押し止める結果にはならなかったからである。占領期に入り、戦況が悪化して戦死者が増加し始めると、望まない戦争を強いられた軍幹部から一般兵卒にいたるまで、激しい戦争批判が噴出することになる。

すでにアメリカの内外を問わず多くの研究が発表されてきたイラク戦争ではあるが、開戦決定過程を取り扱った多くの報道や著作は、政権内ネオコン勢力の理念的な動機に着目し、あるいはブッシュの個人的性格に注目してきた。[7]だが、政策当事者が一様に語っているように、ブッシュがネオコン勢力からの働きかけに付き従った形跡はなく、自らの固い意思に基づいて開戦したという点についての疑問はない[8]。むしろブッシュの意志が高官らの心理や動機、パワーバランスにも作用したと捉える方が妥当だろう。また、ブッシュについては、その理念に偏った思い込みの激しい性格と、歴史的偉業への野心とをしばしば指摘されてきたが、よくいわれるように歴代大統領と比較して特に異常だとか愚鈍だとかという評価は当たらない[9]。独裁政権の打倒や自らの再選を重視することは、デモクラシーにおける政治指導者の判断としては、殊更異例のものではないからだ。であるならば、イラク戦争を、より普遍的な理論的枠組みのひとつの極に当たる事例として位置付けることも可能である。

さらに、この戦争を九・一一同時多発テロ事件だけに還元することもできない。何より、イラクという国が攻撃対象に選ばれた必然性は九・一一だけでは理解できないだろう。イラク戦争はサダムのWMD不所持の立証が不十分だったから起きたとするのも、正確ではない。イラク戦争は湾岸戦争とその結果に起源をもち、突発的なテロによって戦争の正義が高められるとともに政治的コストが低下した結果として起こったのである。

以下の各節では、政治指導者層に戦争の動機が生じ、それが高まって行く過程を時間軸に沿って追いかけてみよう。

2　湾岸戦争後のイラク政策をめぐる議論

ここで、まずはイラク戦争の背景について若干述べておきたい。イラク戦争は、湾岸戦争とその後の封じ込め政策が失敗であったという認識の下に推進された。ブッシュ(父)政権は、サダム・フセイン政権打倒に各国の同意が得られないだろうことや、占領コスト、地域不安定化のリスクを考えて、湾岸戦争の目的をクウェートの奪還に限定し、その後の人道的見地によるイラク北部・南部圧迫の軍事作戦に際しても抑制的態度を崩さなかった。[10] ブッシュ(父)がサダム政権を打倒せず、その反政府勢力の掃討を放置したことは、人道的な介入を訴えるリベラルな民主党員、福音派の政治勢力、一部の共和党員から、党派を超えた批判を呼び起こした。[11] サダム政権が内側から倒壊しなかったばかりか、アメリカ軍の目と鼻の先でシーア派やクルド人ら反政府勢力と一般市民を掃討したことは、アメリカの顔に泥を塗る結果として受け止められたのである。時を同じくして、共和党内ではニュート・ギングリッチ率いる保守勢力を中心とした右旋回が起きた。「ギングリッチ革命」は、ソ連の脅威が消えてもなおタカ派として行動すべきだという大きな圧力を生むことに成功し、社会保守の立場の延長線上に外交・安保タカ派の立場を形成してその後のイラク問題をめぐる議論に影響を与えた。[12]

ブッシュ(父)が再選を阻まれた後、クリントン政権では、国連中心の制裁と飛行禁止区域の設定、限定的空爆や巡航ミサイルを用いた軍事拠点の破壊によるイラクの封じ込め路線が八年間にわたり継続された。[13] 保守化した議会共和党や民間の保守系論客は、クリントン政権の封じ込め政策を激しく批判した。一九九七年にはサダム打倒の急進的勢力となる「新アメリカの世紀のためのプロジェクト」(PNAC)が形成され、一九九八年一月にPNACがクリントンに送ったイラクの体制転換を主張する公開書簡には、ブッシュ(子)政権の高官となる多くの人々が署名していた。[14] こうした活動を主導した人々は、限定的空爆はサダム政権を倒すには十分ではないばかりか、ヒトラーのような非道な独裁者サダムを倒さないまま封じ込め政策を追求することは不道徳であり、アメリカの根源的な利益に反すると考え、イラクを手始めに中東地域に民主化の波を起こそうとしていた[15]。中でも急進的だったウォルフォウィッツは、保守系雑誌や政策活動を通じてクリントン政権の封じ込め政策とその主唱者であるアンソニー・ジニ中央軍司令官を批判し続けた[16]。

一九九七年一〇月にイラクが国連大量破壊兵器廃棄特別委員会（UNSCOM）の査察団からアメリカ人査察官を追放し、翌年一月に査察の受け入れ停止を表明すると、アメリカ議会ではイラクの民主化を推進する法案やWMDの査察再開のために軍事行動をも辞さないとする法案が次々と可決された。一九九八年一二月に行われた湾岸戦争後最大規模のイラク攻撃、「砂漠の狐作戦」に対しても、たいした打撃を与えられなかったとして轟々たる批判が寄せられた[17]。共和党が論点の政治化を試みたとはいえ、議会の民主党も共和党も、クリントン政権でも、多くの政治家は、手段はともかくサダム政権の転覆を政策目的とするという目標自体は共有していた。それでもクリントン政権がイラク問題に割き得た政治的軍事的資源を考えれば、地上軍による侵攻が現実的な選択肢であったとはいえない[18]。

サダム・フセイン政権打倒を唱える議会とは対照的に、軍は数年にわたる空爆と「砂漠の狐作戦」によりイラクの封じ込めと弱体化に成功したと考えていた。ジニ中央軍司令官は、議会での証言を通じイラクの体制転換のための軍事行動に反対した[19]。軍が、本国からのプレッシャーと僻地の任務に悩まされながらも封じ込め政策を推進した理由は、イラクでの戦争には多大なコミットメントが伴うことを実感していたからである[20]。

また、議会の軍事委員会や外交委員会の委員、ブレント・スコウクロフト元国家安全保障担当大統領補佐官やコリン・パウエル元統合参謀本部議長のような外交・安保の実務家キャリアをもつ影響力のある人々、官僚・専門家のあいだでは、封じ込め政策支持が主流を占めていた。彼らはアメリカ政界で多数派を形成しているわけではないが、政界全体を巻き込んだかたちで議論が過熱しない限り、実務には大きな影響力をもっていた。

議会の多数が、サダム打倒とイラク民主化に原則として賛同していたこと、ブッシュ政権にクリントン政権の封じ込め政策に不信感を抱くネオコン勢力や軍事タカ派が数多く加わったことは、イラク戦争にいたる道のりの重要な前提条件であった。しかし、最大の条件は二〇〇一年に、父親と異なり民主化や正義、使命に対する強い選好を持つブッシュ(子)が大統領として就任したことである[21]。

共和党の中で中道派とされていたブッシュ(子)大統領候補は、大統領選勝利のために右旋回し始めていた。ブッシュは大統領選に際し、必ずしも父親と親しくなかった社会政策右派・外交政策タカ派のチェイニーとタグを組み、父親を敗北させたギングリッチがまとめあげた共和党保守勢力や宗教右派に接近し、父親の支持基盤から脱却していった[22]。選挙チームの外交顧問団に加わったコンドリーザ・ライスやリチャード・アーミテージは、「ならずもの国家」やテロよりもロシアや中国、インドのような軍事大国との関係の方を重視していたが[23]、ウォルフォウィッツらサダム政権打倒の必要性を信じる勢力もしだいにブッシュの周りに集まりだした。副大統領となるチェイニーは、サダム政権打倒を当初からアジェンダに入れていたとされる[24]。問題は、議会やマスコミ、世論がそれまでの封じ込め政策批判を超えて、大規模な戦争を支持するにいたるきっかけが生じるかどうかであった。

3　封じ込め政策からの脱却の試み

ブッシュ政権は就任当初からイラクの体制転換を主要な課題として絞り込んでおり、NSC長官級・副長官級会議が頻繁に開かれていた。(25) 政権就任から九・一一までのあいだ、ブッシュ政権は現実に大規模な戦争を始めるだけの必然性が欠けている状況下で、限定的空爆や巡航ミサイル攻撃などに代表されるクリントン政権の「臆病な」政策からどうにか脱却しようと苦心していた。(26) 殊に、就任直後の二月のイラクのレーダー施設の破壊作戦の失敗は、ブッシュ、チェイニーを中心とする政権内の本格的な軍事作戦を求める議論を加速させ、争点は経済制裁の強化やその方法の見直しと、体制転換を支援する軍事作戦とに集中した。(27) ブッシュは政権転覆を可能にする本格的な軍事作戦の検討作業を命じており、通常の副大統領の権限を超えて安保政策に関与していたチェイニーや、ウォルフォウィッツ国防副長官などは、殊に熱心にサダム・フセイン政権転覆のための軍事作戦を検討していた。(28) イラクの体制転換を目指す政策の動機は、冷戦終結後ごく早い時期からWMDに関心があったチェイニーの場合は潜在的脅威の予防的取り除きにあっただろうし、ブッシュの場合は側近であるライス国家安全保障担当大統領補佐官の表現に見られるように、自由を広める民主化が加わっていただろう。(29)

だが、こうした試みは局所的で、各省庁の叩き上げ官僚はイラクの体制転換を目指してはおらず、(30) また湾岸戦争を勝利に導いた統合参謀本部議長として世間から厚い信頼を寄せられ、政権にとって大きな重しになっていたパウエル国務長官がそれに強く反対していた。(31) パウエルはアーミテージ国務副長官とともに、イラク人民へのしわ寄せを和らげつつＷＭＤ開発などのための軍事物資の制限に集中する「スマート・サンクション」を打ち出し、中東政策をイラクの封じ込めとパレスチナ和平問題に集中させるべきだと主張した。外交・安保政策の調整・まとめ役を担ったライス大統領補佐官のイラクに対する態度には諸説あるが[32]、それでもこの時点では、ライスや次席補佐官のスティーブ・ハドリーは必ずしも大規模侵攻を意図してはいなかった[33]。要するに九・一一前の時点で、外交政策を率いるライスやパウエルにとっての主要な関心は、むしろ中国の経済成長や人権問題、ロシアとの関係などの方にあった[34]。他方、ラムズフェルド国防長官率いる軍事政策では、ミサイル防衛と米軍再編こそが中心課題だった。

重要な点は、しばしば見過ごされがちだが、ラムズフェルドは対イラク制裁強化を唱えてはいても、民主化のための政権転覆案は支持していなかったことである。ラムズフェルドは、イラク問題を討議する安全保障会議でサダム・フセイン政権の転覆を主要な目標とするウォルフォウィッツの立場から注意深く距離を取っていた[35]。ダグラス・ファイス政策担当国防次官が著書で明かした、ラムズフェルドによる二〇〇一年夏のイラク政策提案には、①危険な飛行禁止区域の任務をとりあえず終了してサダムが封じ込められていないことを国際社会に知らせて圧力を強める、②中東諸国がイラクの体制転換などに意欲を持っているかどうかを探り、イラクが核武装する前に体制転換した方がよいことを説得する、③アメリカの敵意に晒されたくないだろうサダムと対話する、という三つの選択肢が挙げられていた[36]。ラムズフェルドの懸念は飛行禁止区域の任務における米軍機撃墜リスクにあり、その問題解決のために、サダムと自ら直接対話することさえ買って出ようとしていたのである。

軍とラムズフェルドは就任早々から激しく対立することになるのだが、この時点でのイラク政策に関する軍の考えはラムズフェルドとそれほど距離の遠いものだったわけではない。飛行禁止区域の任務は重荷であり、現地の部隊は終わりの見えない任務に疲弊していた。そのため軍上層部はNSCの会議では任務継続に疑問を提起する一方で、より決定的にレーダー施設を破壊すべく取り組んでいた(37)。シェルトン統合参謀本部議長やマイヤーズ副議長ら、ブッシュ政権上層部がサダム・フセイン体制転換案を検討していることを知り得る立場にあった軍人は、ことごとく政権転覆のための軍事作戦に反対した。

このように、パウエル率いる国務省、ラムズフェルド、軍、NSCの叩き上げ幹部らの反対がチェイニーやウォルフォウィッツを中心としたイラク介入案にブレーキをかける一方、内政改革と減税法案に注力する政権にも余力はなかった。ブッシュの同意を得てミサイル防衛を推進し、軍の再編計画を進めようとしていたラムズフェルドも、減税法案に集中する政権から十分な支持が得られず、二〇〇一年夏には議会との予算獲得競争に敗北したほどだった(38)。結果として、イラクは懸案であり続けたが、実務レベルで封じ込め政策が継続されていた。こうした状況は、二〇〇一年九月一一日の同時多発テロを経て大きく変わることになる。

4 九・一一同時多発テロ

イラクが攻撃対象に選ばれたことは九・一一だけでは説明できないが、戦争を可能にしたのは九・一一だったといってよい。同時多発テロ直後には、その強烈なインパクトによってテロリズムの脅威やリスクが耐えられないほど大きいものとして評価されるようになり、国内の多数の人々に予防戦争の正当性が生じたと受け止められたほか、ブッシュは記録的な支持率を得たからである。

九・一一直後、脅威認識の変化を受け、各省庁や軍の内部で全世界を対象にしたテロ対策の検討がボトムアップで試みられたが、そこにイラク戦争という選択肢はなかった㊴。対照的に、九・一一直後に主流となった大統領主導の政策形成では、すぐにイラクが標的に設定された㊵。同時多発テロの翌日には、ブッシュは早くも国防総省に警察行動ではなく戦争計画の立案を求め、翌々日には自らNSC会議でイラク問題を持ち出した㊶。

そして九・一一を境に、政権内の外交政策アクターのあいだに権力移動がおき、従来穏健路線を取ってきたパウエルの権力が著しく低下し、チェイニーが本格的に安保政策を取り仕切るようになった㊷。ライスは九・一一の可能性を警告するテロ関連情報を握りつぶした責任者であったが、大統領の意を汲んでタカ派路線へ舵を切ることで引き続き個人的な影響力をふるい、九・一一直後の数日間で、イラク攻撃を含む三つの選択肢に政策を絞り込んでいた㊸。大統領の要請を受けてイラク戦争支持に切り替えたラムズフェルドの権力も増大し、イラク侵攻を推進してきたウォルフォウィッツも政策上の影響力が増した㊹。パウエルやアーミテージ国務副長官、シェルトン統合参謀本部議長などが一様にイラク攻撃を牽制しようと努めたが、聞き入れられることはなかった㊺。九月一五日の会議までの話し合いで、すでにイラク戦争の推進は既定路線となってしまったのである㊻。

九・一一がもたらした大きな脅威認識は、単に政権にとっての便宜的なレトリックというだけのものではなかった。サダム・フセイン政権と九・一一には関係性がないことがその後明らかになったが、事件を受けすぐに両者のあいだに何らかの関連があるという確信がブッシュやチェイニー、ウォルフォウィッツに芽生えてしまったからである㊼。九・一一は、歴史的な使命感を新たにしたブッシュや、イラクを脅威と見るチェイニー、中東民主化を目指すウォルフォウィッツなどの世界観や予断を強化することに繋がり、金槌を持つことですべてが釘に見えるような状況が生じていた[48]。後に述べるように、ブッシュやチェイニーはCIAやNSCに対してイラク戦争を正当化しうる情報を強く催促し、CIAの官僚やジョージ・テネット長官が否定してもこだわり続けた。九・一一後にそれを防げなかったCIAが槍玉に挙げられ政権の圧力が増すと、テネットは次第に従わせられ、情報分析は特定の仮説から出発し、意図的に歪められていく。加えて、イラクが中東民主化や対テロ戦争の試金石として実際よりもはるかに低いコスト認識から追求されたことも、失敗する戦争が起きた一因として重要だが、これらの指摘だけでは開戦の理由を脅威認識とコスト認識の誤りに還元できてしまう。

イラク戦争をするという政権の判断に無視できない重要な影響を及ぼしたのは、九・一一による国内政治の変化であった。九・一一によって、アメリカが攻撃的戦争をすることが国内外で支持される可能性が生まれたことは、イラク戦争を望む政権にその機会を与えた。また、大統領の意向にも拘わらず以前は侵攻に消極的だったラムズフェルド国防長官に大きな意識変化をもたらすことで、戦争の実現を加速させたのである。ラムズフェルドの態度の変化は、政府内政治における優位を模索する彼の選好や、国内政治において国防改革の優先度や彼の地位が急浮上したことと無縁ではない[49]。実際、イラク戦争の推進は、彼の軍改革の理論の実験場となっただけでなく、それを進めるうえでの牽引力になった。ラムズフェルドを筆頭に、九・一一後に態度を変えた国防総省内の勢力にとっては、イラクは政権を打倒した場合の国際政治上のインパクト、国内政治や大統領の意向を考慮したうえで選ばれた対象であった[50]。こうしてイラク戦争推進に踏み切った国防総省とは対照的に、軍は戦争に強硬に反対し続けることになる。

5　国防総省の文官と軍のイラク戦争をめぐる摩擦

二〇〇一年一一月にアフガニスタン戦争にひとまず勝利すると、政権内でイラク戦争計画が本格的に進められるようになった[51]。戦争計画は、大統領の密命を受けたラムズフェルドによって指揮され、国防総省の国防長官室（ＯＳＤ）の政治任用高官と、中東や中央アジアの一部地域などを担当する中央軍の作戦部との折衝によって立案された[52]。立案過程では、イラクを攻撃すべきか否か、攻撃するならばどれほどの規模の部隊を用いるべきかをめぐって、ダグラス・ファイス政策担当国防次官、ステファン・カンボーン国防長官室プログラム分析・評価部長などＯＳＤの政治任用高官と軍人たちが激しく対立した[53]。

だが、これまで頻繁に報道されてきたイラク戦争計画立案過程における文官と軍人の個人的な摩擦、情報の伝達系統の問題や組織の縄張り争いばかりに目を向けていては、本質を見誤ることになる。軍が感じていた重圧の本質はむしろ、大統領・副大統領からの国防長官を通じた軍への困難な任務の押し付けにあったからである。ラムズフェルドが大統領の前に一刻でも早くイラク戦争計画を提出しなければならない重圧を感じて中央軍に圧力をかけていたことは、当時の中央軍の作戦部長、ヴィクター・レニュアート空軍少将が証言している[54]。ラムズフェルドの圧力はそのまま中央軍のトップであるフランクスの与える圧力として中央軍や陸・海・空・海兵隊の各軍種、殊にイラク戦争の地上部隊の主力を構成する陸軍へのしかかることになった。中央軍や国防総省の多くの将校は、アフガニスタン作戦を遂行している最中に戦争計画を求められたことにも、イラク戦争の必要性にも強い反発を抱いていたし、政権の楽観的なコスト見込みにも懐疑的だった[55]。

例えば陸軍では、ジャック・キーン陸軍参謀次長はイラク攻撃の必要性そのものに懐疑的で、軍事行動はむしろアルカイダに注力すべきだと考えていたし、エリック・シンセキ陸軍参謀総長はベトナム戦争の再現を警戒しており、介入の意味もさることながら導入兵力の規模が小さいことに反対していた[56]。

ラムズフェルドによる国防総省のマネジメントと戦争計画策定方法に、彼個人に起因する過ちがあることは確かである。ラムズフェルドは、フランクス司令官と直接話すことを好み、統合参謀本部を外して政策を立案したがり、高級軍人による懐疑的意見のリークを自らの権威に挑戦するものと見た[57]。この時期の国防総省では軍再編計画をめぐる激しい衝突が原因となって政軍間に強い不信が横たわっていた。殊に陸軍との関係は、軍再編問題やシンセキ陸軍参謀総長のグリーン・ベレー問題*による議会の混乱で最悪の状態となり、陸軍の意見を軍事作戦でも軽視する風潮が生まれた[58]。ラムズフェルドが軍に求めた改革は、柔軟な予算プロセス、戦略重視の考え方、近年の飛躍的な軍事革命に応じた軍の変革という観点からはおかしなものだったとはいえない[59]。だが致命的だったのは、イラク戦争予算を低く抑えたい政権の意向を反映して、必然的に大規模コミットメントにならざるを得ない占領政策に早い時期から取り組まなかったこと、イラク戦争にまつわる論議から軍上層部を締め出したことであった[60]。シェルトン統合参謀本部議長やマイヤーズ副議長らはイラクの体制転換にそもそも反対で、早くもイラク攻撃が俎上に上った二〇〇一年九月一二日の大統領らとの会議でイラクの体制転換に対して慎重な態度を示し、大規模侵攻なしには実現できないという意見を述べてブレーキをかけたが、その意見をラムズフェルドは抑圧した[61]。

ラムズフェルドの、細部にいたるまで自分で管理し決定しようとするマイクロマネジメントと統合参謀本部外しによって、統合参謀本部議長及び副議長は極めて弱い権力しか持てなかった[62]。各軍種トップは、ゴールドウォーター・ニコルズ法*(一九八六)によって統合軍(中央軍などのいわば方面軍)司令官や統合参謀本部議長の権限が強化されていたために、イラク戦争に関してほとんど権限を持たなかった。湾岸戦争では、各軍種のトップの発言権が弱くても政府におけるパウエル統合参謀本部議長の発言権が強かったためにあまり問題にはならなかったし、むしろ圧倒的な兵力の調整を成功させることに繋がり、戦勝に貢献したといってよいだろう。だが、イラク戦争計画策定過程においては中央軍司令官のみが突出し、統合参謀本部、各軍種の参謀部などの権限は厳しく抑圧されていた。政治任用の陸・海・空軍長官は従来の如く自軍種の声を代表する役割を果たしたため、ラムズフェルド側からは軍の側についていると見なされ、同様にイラク戦争計画の蚊帳の外におかれ、無力であった(63)。

その結果、何が起こっただろうか。ラムズフェルドはいわば、ひとつの「支店」に張り付き何とかそのプロジェクトを成功させようとする巨大企業の新経営者のようなものだった。彼の現場重視のマイクロマネジメントはある程度功を奏したが、その「支店」から出てこない見解やリスクは盲点となってしまったのである。さらに、肝心のフランクス「支店長」はコストの大きい占領政策を自らの守備範囲として捉えておらず、自分の任務はバグダッドの占領で終わると考えていたため、ラムズフェルドやホワイトハウスの強い低コストの選好を反映してしまった(64)。その結果会社全体が、支店の始めた巨大プロジェクトの後始末のコストが大きすぎて立ち行かなくなるほどにまでなったのである。ラムズフェルドは、軍を統制することはしても軍・国防総省の声の代弁はせず、その結果抑制的な意見を持つ軍上層部はなすすべがなく、戦争方法についての助言すら、ほとんど受け入れられる機会がなかった。

この後、政権に意見を容れられなかった多数の軍高官は、イラク戦争計画に関して元上官のパウエル国務

長官、旧知の軍事委員会委員などの政治家、ジャーナリストなどに情報を漏らすことで懸念を表明し続けることになる。(65)

6　開戦理由の模索と戦争推進

ラムズフェルドと軍が戦争計画の策定をめぐり対立している頃、政権による開戦理由の模索が始まっていた。ブッシュの命を受け、テネット長官とジョン・マクローリン副長官がCIA局員に新たな情報収集と分析を命じた。その結果ははかばかしくなかったが、アルカイダとイラクとの結びつきについて、CIAやテネットがいくらその可能性を否定してもチェイニーは頑強にこだわり続けたといわれる。(66)チェイニーやその右腕の〝スクーター〟・リビーはCIA本部のラングレーをたびたび訪問し、執拗に情報を催促、指図した。(67)そもそも副大統領がここまで執拗にCIAに介入したり、頻繁に訪れたりすることは前例がない。(68)

CIAは九・一一後、不利な立場におかれていた。九・一一以前にはテネットやその部下で対テロリズム・センター所長のコーファー・ブラックらがアルカイダの脅威を強調し、ライスにテロ対策やオサマ・ビン・ラディン対策を行うように働きかけていたが、ライスだけでなくチェイニーやブッシュがアルカイダに関心や脅威感を持っていなかったために、聞き入れられなかった。(69)しかし九・一一後には逆に、テロを防げなかったとして槍玉に挙げられ、厳しい調査が入った。CIAはアフガニスタン攻撃における北部同盟との共同作戦の成功で面目を施したが、現地の諜報活動ができていたアフガニスタンにおいても、そこに潜んでいるはずのアルカイダについては雲をつかむような情報しかなかった。(70)その結果、CIAの情報収集能力は頼りにならないという認識がますます政権の中枢で醸成されていった。不信感を払拭すべく、また政権のイラク戦争開戦の決意に影響を受けて、テネットとマクローリンはしだいに立場を変え始めた。マクローリンは、九・一一以前にはNSCの副長官級会議で、イラクの脅威は低いとし、制裁はよりイラク人民に影響の及ばないものに見直すべきだと主張するアーミテージ国務副長官に味方することが多かったが、九・一一以後はしだいに根拠が薄弱であるにも拘わらずイラクのWMDの脅威を過大に見積もるようになったという。[71]そして、CIAはテネットやチェイニーの指示で亡命イラク人や不確かな情報に過剰に頼ろうとした。[72]テネットとマクローリンが部下の官僚たちの上げてくる分析を捻じ曲げ、また結論ありきの報告を要求するようになったことは、アーミテージやパウエルの国務省官僚に対する態度とは対照的だった。

アフガニスタン戦争が成功を収めた後、イラクが次のターゲットであることが世間向けに徐々に明らかにされ始めた。二〇〇二年一月、ブッシュは年頭教書演説で、イラクとイラン、北朝鮮の三カ国を悪の枢軸と表現した。年頭教書は歴代でもまれに見るほどに正義と悪について多くかつ雄弁に語っており、ワシントン政治に詳しい記者や政治家の中には、ブッシュが任期の残りと高い支持率から来る政治的資源を対イラク戦争にふり向けるのではないかと予測した者もあった。[73]実際、これはアフガニスタン戦争の勝利を受け最高潮の支持を背景にホワイトハウスが演出した、いわば選挙戦の幕開けであった。[74]九・一一テロを機に超党派でアメリカへの脅威に取り組んできた政権の姿勢はこれを境に一変し、ワシントンは党派対立に移行する。民主党は愛国心が欠如していると共和党・大統領府から非難されるのを避けるべく用心していたため、安保問題を脇に置いて、財政均衡問題や経済・社会福祉政策でブッシュ政権を攻撃しようと試みていた。[75]だが大統領の支持率は高く、安保問題は政界やマスコミの関心の中心を占めていた。ブッシュやアリ・フライシャー報道官は大統領の机上には戦争計画はないと言明したが、戦争計画が検討されているという情報自体はリークによって徐々に記事に現れ始めていた。(76) 実際、二〇〇二年二月にはラムズフェルドとフランクス主導で荒削りながらも戦争計画が立案されていたし、それを五月初旬までかけて修正改善したうえで大統領に提出されたイラク戦争計画は、早くて同年一〇月を開戦時期の目途にしていた。(77) それでも、八月に戦争慎重派が巻き返しを図る前までは、軍やパウエルによる部分的リークや、逆にパウエルの態度を軟弱扱いしたり政権内での彼の権力低下を揶揄したりする政権によるリークを除いては詳しい情報は世間に伝わっておらず、政権はイラク戦争の準備をこれほど速いテンポで進めていることをひた隠しにしていた。

こうして、政権による厳しい情報統制で政権内の戦争計画進捗状況が隠されていたため、六月一日にブッシュがウェストポイント(陸軍士官学校)で行った演説で明らかにした「先制攻撃ドクトリン」に対するメディアの反応は比較的鈍いものだった。(78) 先制攻撃ドクトリンは、アメリカ政治において長らく影響力を保ち続けてきた情緒的で曖昧な考え方を、明確な外交政策として正面から打ち出したことに新しさがあった。これまで、国務省や国防総省の実務家、外交・安保通の政治家などは国際法における自衛戦争の考え方に沿うように理由付けをしこそすれ、それに正面から否定的なドクトリンを打ち出そうと考えることは少なかった。九・一一は、そこから一歩を踏み出す絶好のきっかけとなった。九・一一後に先制攻撃ドクトリン自体を正面から否定することがアメリカ社会でいかに難しかったかということは、反論を試みた書き手が、ドクトリンの公開が相手からの先制攻撃を呼びかねないという警告に止めたり、ドクトリンがむしろ政策の自由度を損なうというレトリックを用いざるを得なかったことに端的に表れているだろう。(79) ウェストポイント演説で示唆された先制攻撃ドクトリンは、九月の「国家安全保障戦略」ではっきりと打ち出され、一〇月の議会の決議を求める上での理論的基礎にもなった[80]。

こうして、政権は九・一一以後二〇〇二年夏までに、アメリカが高い脅威のもとにおかれているという感覚を演出し、イラクをその主要な脅威として位置付け、宣戦布告の理論的足場を固めるとともに、実際の戦争計画を準備していった。イギリスの政府内文書とリチャード・ハース国務省政策企画局長の証言によれば、ブッシュ政権は二〇〇二年七月にはイラク戦争を戦う決意を固めていた[81]。

7　イラク戦争抑制派の動き

政権の中枢がどのように固い意志を持っていたとしても、イラク攻撃が正当であるという証明は、対外的な説得のためにも国内の支持を取り付けるためにも欠かせなかった。それがいまだ完全ではなかったため、二〇〇二年八月には戦争に対する慎重派が巻き返しを図ってブッシュ政権にダメージを与えた。実際、選挙対策顧問のカール・ローヴは「八月は新製品を売り出す時期ではない」と記者にコメントし、ブッシュは八月を進展がなかった迷いの時期であったと振り返っている[82]。八月上旬までの時点では、記者たちは大統領からイラク戦争計画の内容や開戦時期の情報を取るために躍起になっており、厳しい質問は寄せられなかったが、中旬以降の記事でようやく、共和党の中でも開戦の合意形成ができていないという指摘をするようになった[83]。民主党だけでなく、共和党の外交通からも独裁政権の体制転換のためだけのイラク戦争には賛意が得られないことから、ブッシュ政権は八月中旬以降、ＷＭＤの脅威を煽るメッセージの発信に専念するようになった[84]。

この頃、政権の高官のあいだで議論されていたのは、イラクが戦争をするほどの脅威か否か、WMDを保有しているか否か、イラクはいつごろまでに核開発できそうか、国連を通じて査察を求めるべきか、サダム・フセイン政権転覆とイラク国軍の駆逐にどれほどの戦力が必要か、イラク国民会議(INC)などの亡命者を戦争に関与させるべきか、戦後の占領期に対する兵力はどの程度必要かといった論点であった。このうち、すべてに対して抑制的な立場に立ったのがパウエルであり、すべてに対して攻撃的な立場を取ったのがチェイニーであった。ブッシュは多国間協力が必要だと感じており、かつ戦争のコストを低く抑えるように指示し、その他の問題に関しては開戦を志向する自身の立場に即して楽観的な考え方に立った[85]。ラムズフェルドはWMD問題やその対策にほとんど時間を割かなかったから、WMD疑惑にはあまり脅威を覚えていなかったと見てよいだろう。ラムズフェルドがこだわったのは、イラク戦争の方法論としてのコンパクトなハイテク戦であった。

軍上層部、特に地上戦を担う陸軍や海兵隊の上層部や将校の多くは、戦争のコストが低く見積もられていることに激しく反対していた。ラムズフェルドに抑え付けられており十分に反論できなかったとされる、シェルトンの後任のマイヤーズ統合参謀本部議長にとっても、多国間協力なしにイラク戦争を戦うことは望ましくなかった。そこで、夏の攻勢は軍上層部のリークから始まった。シンセキ陸軍参謀総長とジェイムズ・ジョーンズ海兵隊司令官が、匿名でイラク戦争計画に対する批判をメディアにリークして口火を切った[86]。政権の外からも、国務省と軍人が提携してホワイトハウスや国防長官・副長官に反対していることが明らかになり、『ワシントン・ポスト』紙は「国務省とペンタゴンの将軍たちの異例の同盟」として大きく取り上げた[87]。しかし、政権はこうしたリークは作戦の内容をよく知らない軍人のたわごとだとして片付けた。国防総省の政治任用文官が同記事内で匿名のコメントをしているように、「軍の意見は本政権ではあまり重要視されていない」のであった。[88]

軍上層部に異論があることが明らかになり、戦争が迫りつつあることが明らかとなると、外交通の共和党員からもパウエルや軍を支援する声が広がった。退役将軍でもありブッシュ(父)政権で国家安全保障担当大統領補佐官を務めたブレント・スコウクロフトは、TVや『ウォールストリート・ジャーナル』への寄稿でイラク戦争に対する反対意見を表明した。[89] 大統領の父親、ジョージ・H・W・ブッシュ元大統領自身もこれに同調する意見であったことが分かっている。[90] スコウクロフトの反対意見がきっかけとなって、共和党穏健派の中からベーカー元国務長官などイラク戦争に反対する意見が現れ始めた。[91]

これら反対派の巻き返しを受けて、チェイニーを筆頭とする戦争推進派のサダム・フセイン政権への批判は日増しにエスカレートしていった。BBC放送でライスがサダムの大量虐殺の過去について言及して体制転換の必要性を訴え、[92] またホワイトハウスの法律顧問が湾岸戦争終結協定にサダムが違反したため、国際法上イラク戦争が認められると認定したと報道された。[93] そして極め付けに、チェイニーがナッシュビルの復員兵協会の会合でイラクは間違いなくWMDを保有していると述べ、真珠湾攻撃と比較しつつ、いますぐに行動を起こさねば、WMDを既に保有し核で武装しつつあるサダムに攻撃されると演説し、国連決議や査察といったプロセスは必要がなく無駄であるとして退けた。[94] チェイニーのナッシュビル演説の翌日には、『ニューヨーク・タイムズ』の紙面で、保守派の『ウィークリー・スタンダード』紙編集者のウィリアム・クリストルがイラク戦争は既定路線だとしてチェイニーの援護射撃をした。[95] ワシントン政治に関わる政治家や論客たちによる舌戦は激しさを増し、ウェブ上では、兵役経験のないタカ派をチキン・ホーク(臆病者のタカ派)

と呼んだり、慎重なベーカー元国務長官とサウジアラビアとの「黒い関係」を示唆したりするものまであった。[96]

ブッシュはもっとも近しい同盟国であるイギリスのトニー・ブレア首相の要請に基づき国連決議を求める考えを固めていたために、チェイニーの国連決議を不要とする意見には従わなかった。[97] パウエルは、このブッシュの決断を自身の意見の勝利と受け止め、チェイニーを封じ込めることができたと考えたが、パウエルのそうした観測が間違いだったことは二〇〇二年秋以降しだいに明らかになっていく。パウエルは国連を介した外交を重視していたが、実際はホワイトハウスの政策決定から外されようとしていた。また、夏休みなどでワシントンを離れがちで、政権の核となるメンバーに含まれていなかったために八月の事態の進展についていけなかったポール・オニール財務長官ら他の主要閣僚は、九月にワシントン政治が通常通り動き始めたときには、すでに政権内の議論が開戦の方向に収束してしまっていたという印象を覚えた。[98]

8　イラク戦争の宣伝戦

ブッシュ政権が査察を求めたのは、イラクが協力しないことを想定し、そのことによって同盟国と国内の戦争支持を固める必要があると感じていたからだった。[99] 従って、九月一二日にブッシュが国連総会でサダム・フセイン政権の危険性を訴え、すべてのＷＭＤを公開させ、除去ないし破壊すべきだと演説したとき、政権内では着々と戦争計画が進められていた。世論へ向けた宣伝ではイラクの脅威と戦いの正義を強調し、攻撃的な色彩がますます濃くなっていった。まず、九・一一同時多発テロ一周年の大統領演説では、哀悼や癒しのメッセージと同時に正義と悪の対決という主張を前面に押し出した[100]。九月一三日には、国連決議はアメリカの利益に優先するものでないと明言し、国連決議を待つ民主党員や穏健派の共和党員たちを強い表現で攻撃し、戦争に反対する勢力は愛国心が低いと仄めかして国民の彼らへ寄せる信頼を揺るがそうと試みた。さらに、翌一四日にはラジオを通じて国民にサダムの危険性をアピールするとともに、イラクを武力攻撃するつもりであることを改めて示唆した[101]。

そして九月一六日、訪問先のアイオワでの大統領演説を皮切りに、アメリカ社会に対するイラク戦争への支持取り付けを目的としたキャンペーンが本格的にスタートした[102]。政権は、国民や議会の反感や戦争への支持低下を恐れていたため、戦争の試算コストを明らかにしないように試みた。彼らの戦争コストに対する敏感さは、湾岸戦争のように戦争目的を限定し、大量の兵力を送り軍の犠牲コストを下げる方向へ働いたのではなく、限定的な兵力しか送らずに動員を最小限度に抑え、予算や犠牲者数見積もりの口外を禁じることで開戦前の政治コストを下げる方向へと働いた[103]。

サダムがすぐに国連査察の受け入れを表明したことはブッシュ政権にとっては意外であり、チェイニーからすれば一番恐れていた展開だった。それから後は、政権は不自然なまでにイラク査察に対する否定的で消極的な姿勢を見せ続けることになる[104]。フライシャー報道官や広報部は、サダムとの交渉をしないと言明して査察団やイラクとのあいだの査察対象施設などの打ち合わせに関わることを拒絶し、現在の問題ではなく過去を引き合いに出しながらサダムが信用できないという意見を表明し続けた[105]。ブッシュも、九月一八日の議会指導者との話し合い後に記者団が、サダムの査察受け入れが同盟国を揺るがせたのではないかと問いかけたのに対し、そもそもサダムは信用できない、交渉はしないと明言し、翌一九日には体制転換を目指す方針を明確にした[106]。

九月中旬時点では、民主党の指導層は体制転換ではなくWMD保有疑惑しか戦争の理由にはならないとし、戦争計画と占領計画に不安があるとしていた[107]。だが、国連で決議と査察を求めることにしてからは、民主・共和ともに八月に反対した人々は静かになってしまっていた。ワシントン政治は大統領主導で進められていた。記者からは、イラク問題に関し大統領におもねるかのような質問が集中した。メディアの関心はイラク戦争開戦時期と計画に集中し、国連監視検証査察委員会(UNMOVIC)やイラクの態度に対する十分な報道はなされなかった。議会の方では、両院合同決議に先立ち質問や討議が行われ、元中央軍司令官や在欧統合軍司令官、統合参謀本部議長といった輝かしい経歴をもちイラクに詳しい退役将軍たちが戦争阻止のために乗り出した[108]。退役将校や中枢にいない現役将校は積極的に発言するようになり、中東専門家もイラクは優先度の高い脅威ではなく、封じ込められていると強く主張するようになった[109]。しかし、中間選挙直前の民主党の議員たちは選挙区の人々がイラク戦争を強く支持していることを気にしていたので、イラク戦争を中間選挙の争点にしたくないという思惑があった[110]。こうして、八月にあった戦争回避の機運は、査察を求めたことで九月後半には消え去ってしまった。そこで、下院の民主党院内総務ディック・ゲッパートと上院の民主党院内総務トム・ダシュルはイラクに関し大統領を支持することを早々に表明して決議案起草に関わった[111]。

一〇月一〇、一一日のイラク攻撃容認決議の最終決議案採決で、共和党の中での反対は下院六名、上院一名に止まり、民主党では下院で一二六名の過半数が反対票を投じ、上院では二一名が反対票を投じた。民主党の下院での反対票の大多数は大統領に圧倒的勝利を与えないことを意図した党派的な投票といえるだろう。両院において述べられた反対票の多くの反対票は議論を尽くさず特に主張を述べないまま投じられたからである。

対意見は主に、憲法上は議会に開戦権限があるのにこのような決議をすることの是非や、いまは決議は時期尚早であるという点に集中した。戦争の正当性やイラクのもたらす「脅威」に真っ向から反対した議員の演説は少数でほとんど報道もされず、公衆の注目を集めるにはいたらなかった。

イラク戦争を回避するために各国や国連事務総長が動き、イラクも査察に応じるとしたことで、ブッシュ政権には焦りもあった。ラムズフェルドの、イラクはＷＭＤを保有しているとする議会証言のなかでは、アメリカの目的は査察ではなく武装解除だと念を押すことで査察の行方如何に拘わらず戦争ができるように保険もかけた。[112]議会審議が決議に向けて進んでいる間、ブッシュ政権はさらに脅威感を高めようと努力するようになった。例えば一〇月六日、ブッシュは先制攻撃をした過去を持つイラクはいますぐにでも攻撃してくる可能性もあるとさえ発言した。[113]さらに、翌日の演説では、機密扱いの国家情報評価(ＮＩＥ)がイラクが核を保有するようになるのは二〇〇七―〇九年の見込みとしていたのにも拘わらず、「キノコ雲」という表現を使ってイラクによる核攻撃の可能性を国民に示唆した。[114]戦争準備は大詰めに入っており、二〇〇三年初頭の開戦予定に向け、軍にさらなる圧力がかけられた。

ブッシュとラムズフェルドはここまで統合参謀本部を始め国防総省の軍幹部をイラク戦争計画策定過程から厳しく締め出していたが、一〇月に入ってようやく、四軍のトップをホワイトハウスに呼んで作戦案を見せた。[115]シンセキ陸軍参謀総長は不安が的中していたことを知り、ブッシュにこれでは兵力が不足していると訴えたが改善はされなかった。これは政権が、軍が同意したと主張するためのアリバイを目指していたこと、また軍を信用に値しない抵抗勢力と見なしていたことの表れに他ならない。ホワイトハウスに相手を呼び付け、情報を手短に教えた後、その場で同意ないし意見を求め、さらに資料を持ち帰ることを許さなければ、呼び付けられた人は詳しい情報漏洩ができないし、同時にホワイトハウス側は同意を取り付けたと大っぴらにいうことができる。現に、ブッシュはジョーンズ海兵隊司令官がバグダッドでの市街戦についてまだ十分作戦を見ていないから何とも意見がいえないというのに対し、その場で何度も答えを迫っている。無論統合参謀本部は、懸念だけを表明して何もしなかったわけではない。特に中央軍の作成した占領後の作戦計画(第四フェーズ)に不安があったため、一〇月中に統合参謀本部は独自の第四フェーズ案作成を試みた[116]。他方、政権と政治任用文官の圧力の下で作戦立案を担ったフランクス中央軍司令官も、作戦案を改善していく過程で前任者であり中東をよく知るジニから助言をもらおうとした。だが、ジニは一九九〇年代後半に大規模兵力投入計画を作成した本人であり、クリントン政権の政策に近いと思われていたために、フランクスは政権上層部から止められたとされる[117]。

このように、ブッシュ政権は軍をひたすら抑え込んでいた。現役軍幹部と退役将軍のあいだには強い精神的な繋がりと情報ネットワークがあり、軍幹部の懸念はそのままジニ、ウェズリー・クラーク元NATO軍司令官兼在欧統合軍司令官、シュワルツコフ第三代中央軍司令官、ジョセフ・ホーア第四代中央軍司令官、ジョン・シャリカシュビリ第一三代統合参謀本部議長といった大物退役将軍に伝わり、議会や軍上層部が政府批判を控えた後にも、退役将校からの反対意見が噴出するきっかけとなった[118]。

ところがメディアを通じて一般国民も退役将軍らの反対意見を知り得たにも拘わらず、世論のイラク戦争支持は六〇%台後半の高水準で推移する。ホワイトハウスの選挙・広報チームは中間選挙に向けて安保問題の利用を試み、イラク戦争に対する賛否を大統領への信任投票として位置付けることに成功した。これにより、共和党は、上下両院ともに多数を占める歴史的大勝利を収めたのである。これ以後、議会全体でイラク戦争をすべきか否かについて本格的な討論が行われることはなかった。

国連決議については、一一月八日、パウエルとド・ビルパン仏外相とのあいだに妥協が成立した。アメリカは決議がすなわち戦争承認ではないということを受け入れて「必要なあらゆる手段」を取るという文言を諦め、その代り、イラクが査察を受け入れなければそれは湾岸戦争終了時の武装解除決議を含めた諸国連決議への「重大な違反」に当たる、という文言が入れられた。決議のための国連での合意形成は、実際にはブッシュの「努力」を国際社会に印象付けるとともに、国内に戦争の必要性を十分に納得させるための便宜と化していた。[119]

開戦理由とされたＷＭＤに対する情報の信憑性や分析は、かなり杜撰なものだったという他はない。[120]テネットは二〇〇二年秋までに、ブッシュやチェイニーの圧力に屈して情報を捻じ曲げた報告を幾度も提出してきた。テネットは政権内で、イラクにＷＭＤがあることはスラムダンクなほど確実だという、根拠の薄弱で軽率な発言を行った。[121]ブッシュや国防総省高官からの圧力や、チェイニーのラングレー（ＣＩＡ本部）への介入と絶え間ない指示がテネットを従わせ、テネットとマクローリンがまた、イラク戦争の必要性を信じておらず、大量破壊兵器があるという確信を得ていなかったＣＩＡ局員たちを従わせてしまった。[122]脅威を大きく見積もる政権首脳に対し、官僚の側が「脅威が存在しないこと」の確証を与えるのは難しい。実際、国家情報評価（ＮＩＥ）が、イラクがＷＭＤを保有し核開発をしているという根拠の薄い主張を展開した背景には、この問題を国防総省で検討していたファイスに止まらず、叩き上げのＣＩＡ局員の中にもイラクがＷＭＤを将来開発することへの恐れを抱くものがいたことが影響していた。[123]九・一一とイラクとの結び付きをそれほど信じていなかった勢力ですら、行動しないことのリスクを非常に高く見積もり、予防戦争こそが正しい道なのだという確信を得ていった。[124] 開戦の理由になりさえすれば、疑いの濃い情報を強調し、ときには加工してもよいというほどにまで、ホワイトハウスやそのイラク問題グループ(White House Iraq Group: WHIG)のモラルは低下していた。

9 開戦決定

ブッシュ政権は、二〇〇二年秋に議会決議を取り付け、中間選挙に勝利し、かなり難渋はしたが解釈しだいで戦争の根拠となりうる国連安保理決議一四四一号を取り付ける、という三つの難題を克服した。だが、サダム・フセイン政権が査察に「重大な違反」をしない限り、この国連決議は開戦理由にはならない。従って、一一月から三月の開戦にいたるまでブッシュ政権にとってはまだ困難な日々が待ち受けていた。戦争計画は確かに長い時間をかけて練られていたが、戦後の占領計画策定には十分な時間が割かれておらず、部隊を密かに展開したり、各国の協力を取り付けたり、石油市場を安定化させるための処置など、やるべきことはいくらでもあった。イラクで戦うときの天候の問題などの軍事的要請と政治的要請の双方を擦り合わせた開戦時期の検討も重要だった。政治的観点からは、議会決議から戦争開始が長引けば長引くほど、大統領の指導力が問われたり国内の支持が揺らいだりする可能性が出てくる。その一方で、国際的には開戦の支持を得るには時期尚早であったし、軍事的には三月以降の開戦が適していた。

開戦の決定は一二月中には最終的に固まっていたといえるだろう。一二月の会議で、ブッシュはパウエルが戦争は避けられると解釈していると指摘し、自分は戦争を避けられないと考えていると宣言したからである。[125] そして一月一三日にパウエルをホワイトハウスに呼んで、イラク侵攻の決断を告げて協力を求め、パウエルは大統領の要請に従って戦争容認の立場へ転換した。[126] 一月二七日のブリクスによるUNMOVICの報告書が出される前からこうして政権内を戦争の選択肢に固めたことは、査察の強化が戦争の目的でないことを表している。二〇〇三年の年頭教書演説と二月五日のパウエルの国連演説は、戦争に眼を据えた政権の戦争正当化の試みの最終打だった。大部分の国民は、八月後半から続いた戦争の正当化の試みや、国連の査察が機能していないと主張する政権の宣伝の後に、年頭教書演説でイラクの酸化ウラン購買疑惑を告げられ、さらにパウエルによって査察の前にイラクがWMDを隠していた兆候や、生物兵器・化学兵器を保有している疑いが濃厚だと告げられて戦争を支持した。リベラルで知られていた『ワシントン・ポスト』紙のメアリー・マクグローリーなどでさえ、予防戦争が必要だと納得した。[127]

いまでは、酸化ウランの購買疑惑の情報自体が甘く見ても情報の過大評価以上のものではなかったことは分かっている。[128] 二〇〇四年に上院の情報委員会が発表したWMD情報調査委員会報告は、結論としてイラク戦争前の情報評価の誤りや不確実な情報の過大評価は政治的圧力によるものであるという証拠は見付けられないとした。WMD保有疑惑が信じ込まれていたのは事実で、イラクに対する脅威感が政権のメンバーの心理を完全に支配してしまっていたと解釈することは仮説としては可能だろう。だが、開戦理由がサダム政権を取り除くことならば、それは予防戦争か民主化のための独裁政権打倒に他ならない。[129] 予防戦争のロジックと世界の民主化によってこそ平和が得られるというロジックは、独裁政権に対する戦争の正義という極限において重なりあう。

査察の強化だけでは満足できず、WMDが存在しないのではないかという指摘を受け入れなかったブッシュ政権が、イラク戦争を避け得た最後の機会は、二〇〇三年二月にサダム亡命案が浮上したときだったといえるだろう。エジプトがサダム一族の亡命先として名乗りを上げ、サウジアラビアやヨルダンを始めとする中東諸国が同意したこの亡命案は、ブッシュに却下された[130]。エジプトの使者であるムバラク大統領の息子に向かい、ブッシュは「サダムはテロリストだ」と言明してテロリストをかくまう国は好意的に見ないといい放ち、サダムが戦争犯罪人として処断される可能性があることを示した。

ブッシュが開戦を急ぐ背景には、大統領選を見据え、外交、国内政治、軍事のすべての戦争準備が整って気運が最高潮に達したときに始めなければならないという理由があった。だが、戦争準備の観点からは開戦は最低二月以降、できれば三月一日以降でなければならなかった[131]。大統領を交えた長官・副長官級のＮＳＣ会議では、戦争準備が整う前に世論の期待値を上げてしまうことで批判が集中することを避けるため、最後通牒に等しいイラクが「重大な違反」(material breach)を犯した、という言葉を早期に口にしないことを決めたという[132]。

軍幹部は相変わらず蚊帳の外におかれており、政治的に無力だったが不安を募らせていた。退役将校たちは、議会に残る戦争批判派のナンシー・ペロシやカール・レビン、アイク・スケルトンやエドワード・ケネディらと同様、政権に対して最後の反撃に出た。シンセキ陸軍参謀総長は開戦直前の二月、議会でイラクの占領政策には数十万人の兵力が必要だと発言した[133]。さらに、中央軍司令官退任後にブッシュ政権で中東特使を務めたジニも、戦争阻止のため議会と政府双方に再度働きかけた[134]。けれども、彼らの意見はそのとき世界中で行われていたイラク戦争反対抗議行動と同様に、ブッシュ政権の怒りを買うことはあっても聞き届けられることはなかった。政治統制は、軍に対しても、情報機関に対しても完璧に機能していた。

残るのは開戦決定の公表であった。ラムズフェルドがサダムに四八時間の猶予を与えるように主張し、三月一七日に四八時間猶予の最後通告を演説で突き付けることになった[135]。最後の懸案であったイギリスのブレア政権の議会動議が通過したのを見届け、ブッシュは三月一九日に国民に向け作戦開始を告げた[136]。

第八章　占領政策の失敗と泥沼

一群のモスクと工場街が向こうの方に不気味に姿を現した。それは醜い眺めだった――モスクは昔ながらの原理主義の占める領域であり、いまや社会の底辺をさまようイスラム原理主義者たちによって占拠されている。（中略）――ひどく汚いところだ。ファルージャにとってその老朽化した工場街はいわば冷戦期の東側諸国の側面だ。

――Kaplan（2004）から訳出。

1　失敗の原因

イラク戦争における軍事的な失敗は、ホワイトハウスが世論や議会への宣伝活動を重視した結果としての、占領政策の躓きにあった。省庁を横断した政策を監視するはずのホワイトハウス・イラク問題グループは戦争反対派に対抗する宣伝戦にばかり精力を傾け、ＮＳＣ会議で長官たちの調整を行うべきライス大統領補佐官は国内外に対する宣伝政策の観点から表層的な部分にばかりこだわっていたとされる。[1]そしてホワイトハウスによる総コスト抑制の圧力は、ラムズフェルドを介して国防総省や中央軍に浸透し、兵力見積もりを過小評価させた。また政権はバグダッド占領後、民主化の原理原則や正義にこだわるあまり、ウォルフォウィッツやファイスらイラクについての知識が不十分で理念が先走っていた人々や、現地の情報を軽視したジェリー・ブレマー特命大使によるイラク国軍解体や脱バース化を推進させてしまう結果をもたらした。[2]

占領政策の検討に注がれた時間も労力も不十分だった。総コスト抑制を軍に押し付ける一方で、野心的な低コスト・ハイテク作戦案に大部分の時間を奪われて、ラムズフェルドが占領計画を十分に指示監督できない状態が生まれていたせいもある。バグダッド陥落後に占領政策を修正する機会はあったものの、ブレマーが大統領特使としてラムズフェルドを介さずに大統領と直接話すことを好み、また現地の軍司令官やORHA(復興人道支援室)を率いるジェイ・ガーナー退役陸軍中将の意見をことごとく軽視したために、現場で状況に向き合っている人々による、穏当な脱バース化に留め国軍を維持させるべきだとした助言はホワイトハウスには届かなかった。[3]ガーナーはブレマー「総督」任命に反発して辞任してしまい、ラムズフェルドが二〇〇二年九月に占領計画担当に指名したファイス次官は、脱バース化計画を推し進めたばかりか、中東やイラクの実情に暗く、実際的な政策立案能力に欠けていた。[4]国防総省と他の組織とのあいだの戦後の官僚主義的な管轄争いや面倒な仕事の押し付け合いも、ブレマーに誰も介入できないという状態を悪化させた。

フランクスは、イラク戦争計画について政権に発言権を認められたほぼ唯一の軍人であったといっても過言ではない。彼は、結局は軍に難問がはね返ってくることが明白であったにも拘わらず、占領政策はファイスの問題だとして自らを欺き、政策形成に積極的に関わらなかったのだと思われる。[5]その理由には、彼が実

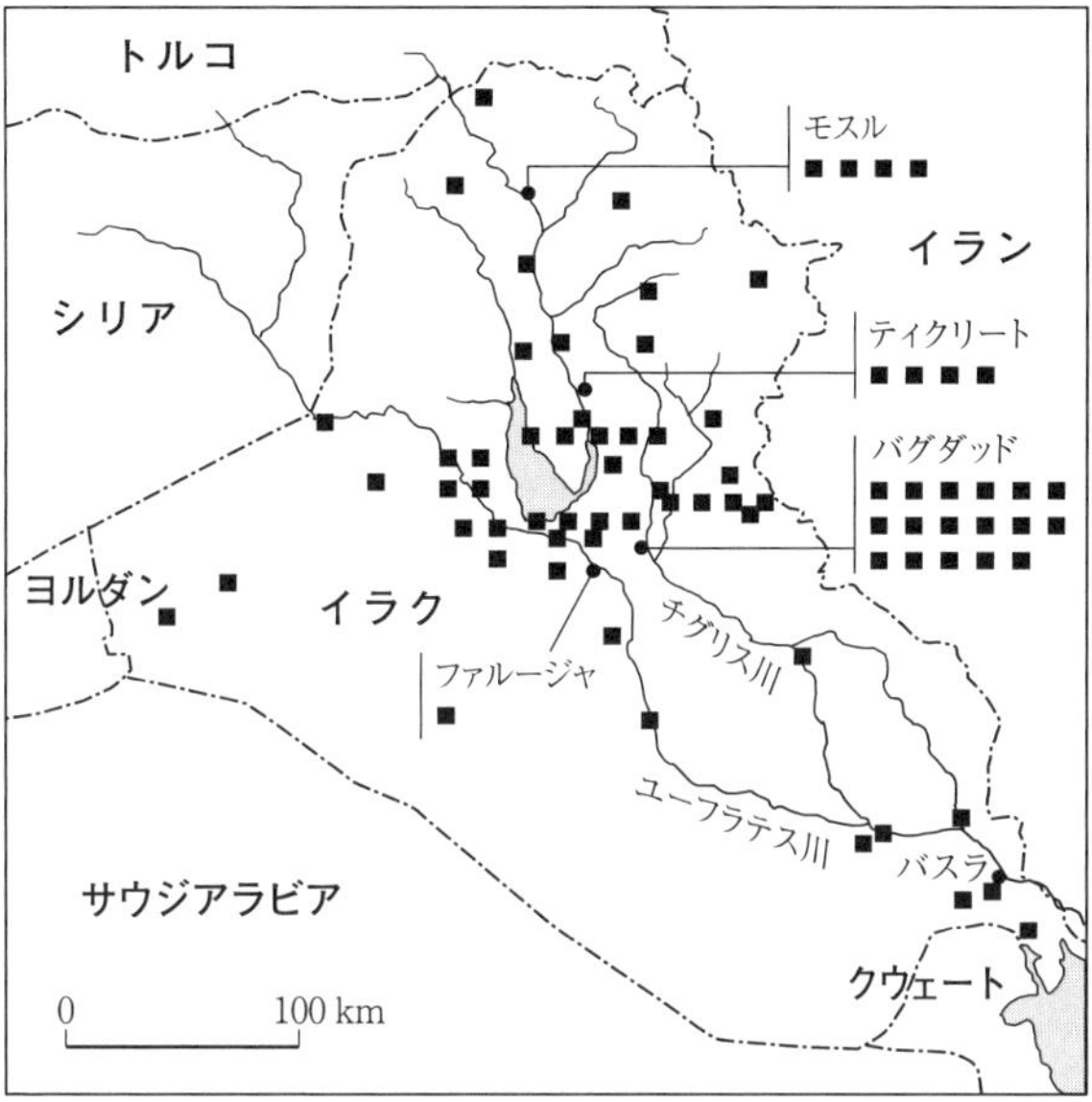

イラク戦争地図

イラク戦争(四角い印は駐留軍基地). 出典：*NYT* 掲載のものを改変.

際の戦争に比べ占領統治に情熱を持っていなかったこと、前任のジニに比べて中東の歴史や政治にも疎かったために楽観的過ぎたこともあろう[6]。加えて、ブッシュがフランクスにアフガニスタン戦争を遂行させている中でイラク戦争の立案を求め、計画を急かしたことも原因だった。これは二つの中・大規模な戦争とその後の占領統治とを一つの統合軍に負わせ、しかも短期に低コストで徴兵制なしにこなせと要求することだったから、どれほど困難なものだったかは想像できる。フランクスは戦争計画と作戦執行で燃え尽き、二〇〇三年七月には司令官職をジョン・アビザイドに譲って退役した。穿った見方をすれば、栄光を一身に受けて、一番辛い仕事を後任に丸投げしたともいえる[7]。後を引き受けたアビザイドと、フランクス指揮下から残ったデービッド・マキアーナン連合軍地上部隊司令官も、当初治安維持の問題を自軍の問題として捉えていなかった。[8] それは、マキアーナンらがもともとイラク戦争計画自体に反対しており、また増派が見込めないことを分かっていたからである。[9] 国防総省が見積もった予想兵力は地上戦闘部隊に開戦当初一八万五〇〇〇人、開戦後数カ月の九万人増強で二七万五〇〇〇人に達する見込みであった。もともと大量兵力投入に消極的だったラムズフェルドとウォルフォウィッツ、ファイス、そして事態を楽観したフランクスが統合参謀本部の意向に反して九万人の増強を取り消すことを大統領に進言した。[10] ブッシュは後にこの決断が最大の誤りであったことを認めている。[11] イラク駐留アメリカ軍は結果的に増派まで約一五万人程度しかいなかった。

2 占領の泥沼

ラムズフェルドの軍再編構想に基づいたイラク戦争の当初の計画は、首都バグダッドを陥落させるという点に限っては成功したといってよい。[12] ブッシュは五月一日に空母エイブラハム・リンカーンの上で華々しく軍事作戦終了を宣言した。サダムとWMDは見つからず、イラクの人々はライフラインの破壊や失職で混乱していたが、当初の見込みはかなり楽観的だった。それが、六、七月に入ると、イラクのニジェールでのウラン購入疑惑が信頼に値しないというジョセフ・ウィルソン大使の報告を政権が無視したことがしきりに報道され、開戦理由のWMD疑惑について国民に嘘をついたのではないかと追及され始めた。この事件はすぐにウィルソン大使の妻のCIA職員の身元漏洩事件(プレイムゲート)に発展した。チェイニーはWMDが見つからないことに業を煮やしてさらに頻繁に情報機関へ介入するようになったが、調査団が現地で詳細に調査した結果、イラクにWMDはなかったことが分かる。[13] しかも、パウエルはWMD備蓄がないと分かっていたら政治的計算も答えも違っていただろうと『ワシントン・ポスト』記者に答えてブッシュ政権を危機に陥れてしまった。二〇〇四年初頭から四月には、イラクのアブグレイブ刑務所でアメリカ兵がイラク人捕虜を組織的に拷問虐待していたことが明らかになってニュースを賑わせた。拷問に反感を覚えた現地の軍人から内部告発があいつぎ、CIAからさえリークが出るなど捕虜虐待問題はブッシュ政権の第二期にいたるまで尾を引くことになった。[14]

さらに、ブレマーが進めた脱バース化と国軍の解体に対する元イラク将校の抗議運動とイラク人によるアメリカや国連への武力攻撃が日ごとに激化し、アメリカの占領に対するイラク人の失望が広がっていった。二〇〇三年の夏以降、ブッシュ政権は早期主権移譲と撤退を目指して逃げ腰になり始めた。[15] むしろ悪夢はこれから始まろうとしていた。サダムは二〇〇三年末に発見・収監されたが、占領後に続いていたイラクの武装勢力との抗争がサダム一派との戦いに止まらないことは、二〇〇四年三月末のファルージャ事件で明らかになっていた。[16] この事件では、民間軍事会社のアメリカ人傭兵四人が反政府ゲリラによって殺され、その黒焦げの遺体が吊るされた場所でファルージャの民衆が踊り騒ぐ光景がテレビや新聞、インターネットで報道された。反サダム勢力であったファルージャの民衆が、いまや占領軍に真っ向から敵対していることが白日の下に晒されたのである。アメリカ軍は、十分な占領統治予算を与えられなかったせいでファルージャのゲリラ掃討作戦すら難しい状況に陥っていた。ファルージャ事件を知った占領軍には衝撃が走った。多くの軍人や従軍ジャーナリストが、市街地のゲリラ戦や人質事件、いつ起こるか分からないテロ攻撃と死体損壊などの事件を通じてイラク人に憎しみを覚えるにいたり、一部はイスラムを象徴するものにまで嫌悪を覚えるようになっていった(17)。

そもそも、短期に決定的な問題解決を図る戦争として始まったイラク戦争を早期に終わらせようという圧力は相当強く働いていた。ブレマーは就任当初から、アメリカ軍が長い間駐留し続けることになるという見通しを示していたが(18)、ブッシュ政権にはその負担を負うだけの覚悟は定まっていなかった(19)。ラムズフェルドや軍上層部は、自軍の犠牲を嫌って、イラクに展開する多国籍軍のアメリカ軍比率を早々に低めてイラク軍を作り出そうとしていたが、その成果は乏しかった(20)。質の低い戦後計画でイラク全土の安全を確保するという困難な状況に放り込まれたリカルド・サンチェス陸軍中将はブレマーとの関係が悪化し、本国から無能な司令官だとレッテル貼りされたうえ捕虜虐待事件の責任を押し付けられて、二〇〇四年秋には当時陸軍参謀次長だったジョージ・ケーシーと交代させられた(21)。しかし、問題の本質はむしろリーダーシップというより兵力そのものが圧倒的に不足していたことだった(22)。

イラク戦争のアメリカ側死者数は、ベトナム戦争でのアメリカ軍死者数には遠く及ばない。その意味では、ベトナムと同じ泥沼だという指摘は当たらない。だが、勝利と出口が見えないという同じ感覚が現場と政権の双方にあった。とうとうベトナム戦争の亡霊が、新聞と政権の中にも徐々に現れ始めた(23)。ラムズフェルドやピーター・ペース統合参謀本部議長を始めとする強い反対にも拘わらず、大統領選を前に死に物狂いのブッシュは何とか成果を把握可能な形で示すべく、二〇〇四年夏ごろから敵の死者数カウントを始めたのである(24)。「ベトナム」から脱するには、積極的な軍事攻勢とともにニクソンが南ベトナムの政権に戦争を肩代わりさせたように、イラクの政権に統治を担わせる「ベトナム化*」の手法がある。そこで政権は主権移譲や選挙を急ぐと同時にイラク国軍解体の失敗を認め、増派を目指す戦略を検討し始めた[25]。ところが、本国の軍上層部はいまやゲリラ戦と化した戦争に自軍の部隊を送りたがらず、中央軍司令官やイラク駐留アメリカ軍司令官らもほとんどが戦線の拡大に消極的だった[26]。

3　増派

二〇〇五年から二〇〇六年は、占領軍に対する武力攻撃がエスカレートしてアメリカ軍死者数が増大した。大統領とイラク戦争に対する国民の支持は急落し、中間選挙での敗北でブッシュ政権はいよいよ危機に瀕した[27]。この頃までには、戦争に批判的な共和党穏健派や民主党の外交政策通の中から、増派こそが正しい道だというメッセージが出されていた[28]。だが、ラムズフェルドとケーシー駐イラクアメリカ軍司令官は最初の軍事戦略にこだわったからばかりではなく、徴兵制のない中で兵士に何度もイラクに派遣される圧迫がかかるという理由のために増派に反対していた[29]。戦死者数がウナギ登りになるにつれ、退役将校の戦争批判の動きもさらに活発化した。この頃までには、イラク戦争はムスリムの若者がテロリスト集団の勧誘に応じる格好の動機になっていることが明らかだったから[30]、悲惨な戦争と占領とを一刻も早く終わらせるために増派することには大きな意味があった。けれども、増派に賛成することはこの戦争の意義をある程度共有することを意味するために、もはや戦争の妥当性自体に疑問が呈されるようになった段階では論点は政治化されてしまっていた[31]。増派は同時に、多くの兵士が精神的肉体的に追い詰められて規律も綻び、組織として負荷が限界に達しつつある軍がより多くの負担を負うことをも意味した。政権は二〇〇七年一月に増派の方針を明らかにしたが、増派問題はしだいに大統領選に絡んだ政治色を濃く帯びるようになり[32]、軍人による政権やラムズフェルド批判もいよいよ加熱した[33]。激しい議論の末に実現した増派は結局、二〇〇八年にはおおむね成功してブッシュの後に政権に就いたオバマ大統領もそのことを認めるにいたった。

増派問題は、フセイン政権打倒後に跋扈したゲリラ勢力に対し勝利を目指すべきか否か、イラクのためにどれだけ働くべきか、兵士らにどれだけの負担をかけることが許容されるかをめぐって、軍人や退役軍人のあいだの考え方の食い違いを映し出した。軍全体が、必ずしもベトナム戦争のように拡大と徹底的な勝利を志向したわけではないことはとりわけ留意に値する。軍に占領を任せるのが正しいとばかりはいえないが、指揮系統の混乱と軍の軽視は明らかに間違った結果を生みだした。アメリカ軍の死者数は撤退完了後の二〇一二年二月現在で四五〇〇人弱、多国籍軍全体で約四八〇〇人に上り、負傷者は公式の統計だけで三万三〇〇〇人を超えている。NPOの「イラク・ボディ・カウント」によれば、アメリカ軍の関わらない内乱による死者を含めれば、イラク民間人の犠牲者は約一一万四〇〇〇人に達する[34]。

第九章　戦争推進・反対勢力のそれぞれの動機

憲法は、すべての政府の歴史が表しているように、行政府こそが三権の中でもっとも戦争に関心を抱き、そしてもっとも戦争に積極的であることを想定しています。それゆえ、このような研究に基づき、戦争を始める権限は注意深く立法府に委ねられているのであります。

——ジェームズ・マディソン(1)

アメリカでは大統領が軍事行動に積極的になる危険が意識され、議会の党派性、無責任さや意思決定の遅延がもたらす害がそれに対置されている。だが、大統領が議会に比べて常に攻撃的だとするのは、米西戦争の例があるように必ずしも正しくない。そして、ここまで政策過程を観察してきたイラク戦争のように、ブッシュ政権が頑強に戦争を推進した場合でさえ、議決を通じて戦争を容認した議会の責任は回避され得ないだろう。

政治家や官僚、市民といっても、それぞれの内部に異なる性格を持つ集団を含んでいることはいうまでもない。例えば、国防専門家の叩き上げ官僚と、大統領や国防長官に任命された政治任用の高官とでは忠誠心のおきどころや立場、見解も異なろう。個人の性格や信条の違いなどの要素が最後まで影響を与えることは確かだが、ある程度は職務経験や現在の職務の属性に従って人々の態度は説明できるのである。以下では政府内のシビリアンのイラク戦争への態度がその政治性と専門性の度合に基づいて異なっていたことを説明しよう。

1　アメリカ政府とイラク戦争

a　政権上層部

行政府の中でもっとも政治が支配するところであるホワイトハウスでは、上層部やスタッフのほとんどが戦争推進派であった。省庁や委員会などの他の行政機構では、パウエルやオニールなどを除く長官たちの多くが戦争を支持し、彼らの補佐に当たる政治任用高官の多くが同様の攻撃的な政策志向を取った。NSCや国防総省の中の政治任用高官はイラク戦争やその計画過程を牽引する役割を担い、亡命イラク人のアフマド・チャラビの重用や極端な脱バース化計画など問題がある政策を生み出した(2)。政権上層部に注目してアイデンティティを分析すると、今までどのようなキャリアを歩んできたかということと、政策過程で何を重んじるかという意識の違いが戦争への態度に反映されていたことが分かる(表2参照)。

チェイニー副大統領は、湾岸戦争時の国防長官時代とは打って変わって理念先行型ないし独断型の人間になったと評価されることが多い(3)。その変化の背景には、副大統領としての彼に備わった民意を反映した正統性と権力があった。チェイニーはホワイトハウスのスタッフ、大統領次席補佐官、首席補佐官としてキャリ

表2　ブッシュ政権メンバーの特性がいかにイラク戦争への態度を左右したか

政権メンバー	職務経歴	戦争への態度(転換点)
チェイニー副大統領	議会スタッフ，ホワイトハウス(スタッフ，次席補佐官，首席補佐官)，下院議員，国防長官，AEI，ハリバートン CEO	一貫して推進
ラムズフェルド国防長官	海軍(3年)，議会スタッフ，政治家(下院)，経済機会局長，ホワイトハウス(大統領顧問，首席補佐官)，NATO 大使，国防長官，サール(製薬会社) CEO，ケーブル会社 CEO，ボブ・ドール大統領選選対部長，ミサイル防衛委員会委員長	政権転換を目標とせず→推進(9.11 テロ)
パウエル国務長官	陸軍将校(ベトナム戦争，国防総省)，ホワイトハウス・フェロー，国防長官軍事補佐官，国家安全保障担当大統領補佐官，統合参謀本部議長	反対→容認(2003 年初頭)
オニール財務長官	ホワイトハウス(職員，行政管理予算局(OMB)局長)，アルコア(鉄鋼・アルミ) CEO，財政諮問会議委員	反対→解任(2002 年秋)
ライス国家安全保障担当大統領補佐官	学者，シェブロン取締役，複数大会社取締役・相談役，政治任用官僚(NSC)	曖昧→推進(9.11 テロ)
ウォルフォウィッツ国防副長官	学者，シンクタンク，政治任用官僚(軍備管理軍縮局，国務省，国防総省)	一貫して推進
アーミテージ国務副長官	海軍(ベトナム戦争)，国防総省サイゴン事務所職員・顧問，国防次官(東アジア・国際安全保障)，特任大使(欧州，中東)，シンクタンク	反対→容認(2003 年初頭)
テネット CIA 長官	議会情報関係スタッフ，政治任用官僚(CIA)	中立→支持(2002 年秋)

*筆者作成

アを積み、政治家として出馬して保守派の下院指導者になり、また国防長官に任命されるというホワイトハウスの政治任用高官・議会政治家の混合キャリアを歩んできた。副大統領になったチェイニーは、すでに自立した支持基盤と正統性をもつ政治家であったということができるだろう。そのうえ、チェイニーはブッシュの政治的対抗者ではなかったこと、両者の目的が一致しただけでなく、関係が親しかったことも彼の政策上の影響力を増大させただろう。

一方、ラムズフェルドは過去に大統領を目指したこともあるが、このときすでにブッシュの政治的競争者ではなかった。ラムズフェルドは若かりし頃、大統領首席補佐官として活躍し、国防長官も務めたが、製薬企業の経営者としても、人脈を活かして政府機関との折衝を有利に進めたり、大胆なコストカットを行ったりして成功を収めている。彼は政治的忠誠心や利害で動く、まさに政治家であった。[4] しかも同輩が多数いる議員ではなくトップを求める傾向があり、彼は常に自分が大統領である場合に国防長官に求めるものを意識して行動していたといわれる。[5] 実際、これまで見てきた彼の行動や思考からは、大統領の推進する戦争が現実的に可能ならばそれをいかに実行するかという問題に集中すべきであって、戦うべきか否かという必要性の議論は重要ではないと考えていたことが窺える。同時に、彼はイラク戦争を彼の目的である米軍再編の推進力として利用することにもやぶさかではなかった。

政権内の反対者の人物背景を探ると、軍人を含めたプロフェッショナルとしての側面が強かったことが分かる。パウエルは軍のトップであった経験から指導者の座にも馴れた軍事プロフェッショナルであり、また党派色は薄く、強い倫理観を持っていた。[6] オニール財務長官もインタビューで政治的忠誠心よりも大事なものがあると明かしているように、[7] もともと政治家ではなく官界と経済界に属する人間であって、予算と経済のプロフェッショナルであり合理主義者である。彼は外交政策の中での優先度と財政規律の観点からイラク戦争に反対していた。外交・安保ではタカ派に分類しうるアーミテージも、軍人としてベトナム戦争を戦い、国防総省の文官や顧問、政治任用の国務次官補や次官として引き続きベトナム戦争、中東、東アジア、欧州などに関わった長いプロフェッショナルのキャリアをもつ。アーミテージはパウエルよりも理念重視の政治活動を行ってきたが、政治任用官僚としての忠誠心はブッシュではなくパウエルに向かい、軍事キャリアに影響を受けた思考方法を持っていたことも確かである[8]。

開戦にいたる政策過程途上で、パウエルより前にイラク戦争賛同へと態度を転換し、CIAの分析に圧力をかけたテネットには、情報機関の官僚としては十分なキャリアがない。彼は情報関係の議会スタッフとして政治任用官僚のキャリアを積んできたからである。テネットは九・一一後は、イラク戦争の必要性を信じていなかったにも拘わらず、しばしば大統領の命に応じて情報を柔軟に解釈した[9]。テネットとしばしば対立し、また大統領へのアクセスをめぐっても競争心を露わにしていたといわれるライスの行動は、理念というより機会主義的な動機に基づくものだったと評価できるだろう[10]。彼女は学者出身だが、大統領への個人的な忠誠心がずば抜けて高く、またスタンフォード大学でのキャリアの途中でも複数の大会社の相談役になるなど、キャリアは政治任用官僚そのものである[11]。最後に、ウォルフォウィッツは自分の理念のために政治の世界で働く理念先行型の政治任用官僚だったが、彼の場合は目標がブッシュやチェイニーとたまたま一致していたといえるだろう。同じ政治任用官僚でも忠誠心のおきどころと、自らの理念と政治的な利害に基づく選好に対する優先順位によって、行動が異なることが分かる。

これらの特性・属性が重要な理由は、忠誠心の対象と政治的な利害の意識、コストを意識または実際に負担するか否かが、しばしば政治家・文官たちの政策に対する態度を左右していたからである。本書がこれまで見てきた政治指導者の開戦の動機は、コスト意識の低さとともに国内政治における権力闘争での利害得失に影響を受けたものであった。イラク戦争の事例からは、最高政治指導者の決断をより容易にし、支えた政権チームがいたことが分かった。彼らの開戦支持の理由を見れば、大統領と似た低いコスト意識と政治的利害に基づく思考過程を辿ったことが指摘できるだろう。一般に政治家、政治任用官僚は自分を任命したトップに対する忠誠心が高く、政治任用官僚は、自分の推進した政策が政権の路線と合っていた場合には、失敗しても必ずしもその報いを受けるとは限らない。逆に個人の政治的利益は政権の路線と合っていないと発揮されない。すでに政財官界の大物として個人的な政治資産があったオニールやパウエルは独立した思考を持つ傾向にあり、ブッシュに対する忠誠よりも自らの国家に対する責任感を優先する傾向を持っていた。しかし彼らは、戦争が始まる前に辞任に追い込まれるか、政権の中枢から外されることになった。

b　プロフェッショナルな官僚たち

ブッシュ政権では、軍人以外の叩き上げ官僚たちもイラク戦争に絡んで幾人かが辞任している。NSCのテロ対策特別補佐官だったリチャード・クラークは、テロやアルカイダ対策に取り組もうとせずにイラク戦争に向けて邁進する政権やライスに反対して異動した。その後任のウェイン・ダウニング退役陸軍大将はもとからサダム政権打倒を唱えていた人だったが、そのさらに後任である外交官出身のランディ・ビアーズは、情報を曲げて解釈してイラクと九・一一を結び付けようとする政権の態度に反感を覚えて、着任して数カ月後のイラク戦争開戦数日前に辞任した。[12] 辞任こそしなくとも、軍人とシビリアンとを問わず官僚や専門家の中にはイラク戦争開戦に当たって反対した者が少なくなかった。例えば、CIA局員は上役のテネットとマクローリン、そしてホワイトハウスとチェイニー、ラムズフェルドにWMDの存在をより明確に立証する資料を出せとの圧力を受け抵抗したが、押し切られた。開戦を支持していたわけではないが、サボタージュせず準備を怠らなかったNSA長官のマイケル・ヘイデン空軍中将も、WMDに関して情報を過大評価したNIEには批判的だった。[13] 一九九〇年代に国連査察団でアメリカ人の査察官として活動し、イラクのWMD問題に詳しい外交官、チャールズ・ドュエルファーは二〇〇二年にイラクには大規模な脅威を及ぼしうる武器備蓄は残っていないと言明したが、政権に黙殺された[14]。

開戦や戦争の遂行を命令する立場と命令を実行させられる立場という軸で人々の態度を観察してみると、その違いは明確である。国防総省文官の中でも上層部、大統領府やNSCでも上層部に近付けば近付くほど、つまり政治化されればされるほど政治理念の違いを乗り越えてイラク戦争を支持していた。これまで観察してきた軍人の反対を考え合わせれば、意思決定者と実行者のあいだのイラク戦争に対する態度の違いは明白であろう。政治任用高官の攻撃的政策志向と叩き上げ官僚の抑制的態度との対比に見られるように、軍とシビリアンの対立軸だけでは捉えきれない態度の違いがあるのは、コスト・ベネフィットに関する認識やその享受と負担の度合が人々の過去の職務経験や現在の職務上の立場によって左右されることに起因している。つまり、イラク戦争で、軍に限らずプロフェッショナルな文民官僚の多くにも抑制的態度が見られたことは、プロフェッショナリズムの発展が政治主導の戦争に軍が抑制的になる動機付けを与えるという本書の主張を強化するものであったことになる。

2　議会とイラク戦争

次に議会に目を移してみよう。上下両院では、共和党勢力のイラク戦争反対派はごく少数で、民主党の中は賛成派と反対派がほぼ真っ二つに割れた(表3参照)。

イラク戦争に反対した議員の中には、財政均衡の観点からの反対もあったし[15]、ごく少数だが、イラク人民

表3　上下両院のイラクに対する軍事力行使を許可する決議の投票結果

上院	賛成	反対	棄権
共和党	48	1	0
民主党	29	21	0
無所属	0	1	0
合計	77	23	0

下院	賛成	反対	棄権
共和党	215	6	2
民主党	81	126	1
無所属	0	1	0
合計	296	133	3

*投票結果に基づき筆者作成

への犠牲や武力による政権転覆という意図そのもの、予防戦争や先制攻撃の概念に理念として反対する議員もいた。けれども、合同決議に反対票を投じた下院民主党の大部分は大統領に完全に政治的な勝利を収めさせまいとする党派的な投票であった。いずれにせよ、中間選挙が迫っている中で個人の当選を気にかけるあまり、反対票を投じた議員の大多数が早くイラク関連の議論を終わらせようとして、積極的な反対行動を手控えていた。

与野党の違いは投票行動を分けた一番大きな違いであったが、個々の議員の行動の違いを説明するのに有用なのは、軍事委員会や外交委員会、情報委員会などに所属する議員の専門性と関心の所在に加え、軍人キャリアや徴兵制による従軍経験という要素であった。

下院で最終的には賛成票を投じたが反対意見を述べた民主党議員のうち、外交・防衛畑の議員としては、軍事委員会古参のアイク・スケルトン下院議員、ジョン・スプラット下院議員らがいた。イラク占領計画に不安があると述べていたスケルトンは、代々軍人を輩出してきた家系であり、息子二人は現役の軍人である[16]。スプラットは退役将軍らとの懇談を通じてイラク戦争の必要性や占領のコスト、民主化の可能性に対する疑念を抱くようになり、議会で反対意見を述べた[17]。反対票を投じたデイヴ・オベイ下院議員は、国務省の官僚から情報を得ており、イラク戦争後の占領期の計画やコスト見積もりがあまりにひどいと反対した[18]。退役兵としての見解から戦争に不安や疑念を呈した下院議員には、ジョー・バカ、故ジャック・マーサ、エイモ・ヒュートンらがいた。[19] ところがこれらの意見は民主党を積極的な反対に導くことができず、大統領がイラク戦争を始めるためには別に開戦決議が必要だという条項を入れ込もうとしたスプラット付帯条項は二七〇対一五五で否決された。[20] 下院の民主党全体と共和党の造反組および棄権票を足せばスプラット付帯条項が通ったかもしれないことを考えれば、大統領の開戦を阻もうとする下院民主党の動きは鈍かった。

上院では、議会全体で最古参の民主党の大物で長らく軍事委員会にも所属していた故ロバート・バード上院議員がとりわけイラク戦争に批判的で、議会の開戦権を重んじ、かつ占領のコストを恐れる立場から付帯条項を付けようとしたが、民主党の指導者でありながら自党の上院議員を味方に付けることはできなかった。[21] 民主党長老で軍事委員会委員長のカール・レビンは、国連の新たな決議を執行する範囲内でのみ軍事力行使を許可するという付帯条項を付けようと試みたが、これは国連からの制約を忌避するアメリカの議会には受け入れられなかった。[22] 同じく軍事委員会の故エドワード・ケネディも反対票を投じた一人で、戦争直前の三月七日、上院軍事委員会でサダムは査察に協力しており、軍事侵攻する必要はないと訴えた。[23] 上院外交委員会、情報委員会の中にも、バーバラ・ボクサーやラス・フェインゴールド、ディック・ダービン民主党上院院内議員総会幹事（二〇〇四年には上院院内幹事）、ダイアン・ファインスタインらをはじめ慎重な意見や反対はあったが、ボブ・グラハム情報委員会委員長やトム・ダシュル院内総務の行動に見られるように、結果としてはイラク戦争に賛成することになる。ダービンは決議に反対し、ＷＭＤに焦点を絞るという付帯条項を付けようとしたが、これも三〇対七〇で否決され失敗した。[24]

3　メディアとイラク戦争

政権とメディアの連動も国民への宣伝戦において重要な役割を果たした。ホワイトハウスの報道官を務めたスコット・マクレラン自身が、任期を通じて選挙活動を行うパーマネント・キャンペーンと呼んでその姿勢を批判している通り、政権の宣伝戦略は巧みで、情報の開示の仕方や意図的なリーク、政権の方針に反する情報漏洩や意見表明への罰則を駆使して、メディアの論調、ひいては世論を巧みに誘導した。[25] その実状は、長官級NSC会議などで常に議論の進行の筋書きがこしらえられていたとされることや、大統領側近とチェイニーのあいだで密室の政治が行われたこと、[26] メディアとの間でもしばしばやらせ質問やシナリオが構成されたことに象徴される。[27]

TVやラジオの主要メディアはほとんどが、開戦まで戦争を一般的に支持しており、議会の決議に対する反対意見はほとんど報道されなかった。主要紙は戦争理由に懐疑的な論説も載せてはいたが、同時に攻撃的な論調も多く、批判のトーンは概して控えめだった。戦争直前にアメリカの大都市で抗議行動が行われたときも、群衆の参集人数は極端に少なく見積もられて報道されたばかりか、戦争反対派は『ニューヨーク・タイムズ』紙に広告料を払って意見広告を載せざるを得ないほどであった。[28] 遠慮のない開戦反対派であったことから、政権に徹底的に冷遇された最古参のホワイトハウス記者、ヘレン・トーマスが孤独な戦いを強いられたことに見られるように、メディアではなぜ戦争をしなければならないのかについて問う声は弱かった。[29] それればかりか、『ニューヨーク・タイムズ』のジュディス・ミラーのイラクのWMD開発告発報道などに見られる政権とべったりの関係ゆえに、記者倫理に反して政権に都合のよい情報を流してしまい、その結果前述のプレイムゲート事件が起こり、〝スクーター〟・リビー副大統領首席補佐官が大陪審で裁かれる連邦犯罪スキャンダルにまで発展した[30]。

メディアに寄稿したシンクタンク研究員やコラムニスト、右派系のメディアの編集者の存在も無視できない。リチャード・パールとともに『悪の終わり』を著したデヴィッド・フラムはブッシュの特別顧問として二〇〇二年まで経済関連のスピーチライターをしていたが、その後超保守派の論客としてタカ派の政策を唱導した。保守系の『ウィークリー・スタンダード』誌は、ブッシュさえも抑制的に過ぎるとして攻撃するなど、圧力を発揮した[31]。

保守系のメディアの活動はともかくとして、主要メディア、中道系のメディアまでがこうした姿勢を取った理由は何だったのだろうか。その理由の一部は、イラクやそのWMDへの脅威認識、政権による情報操作、開戦に関する情報を一秒でも早く手にしたい記者たちと政権との馴れ合いに求められるだろう。だが、それだけではメディアの姿勢を十分に説明できない。湾岸戦争後、多数のメディアがブッシュ(父)政権やクリントン政権の封じ込め政策を批判してきた。メディア自身、理念に基づく報道姿勢に立つことが多々あるし、またはっきりとした白黒をつけることや明快な勝ち負けの構図を求めること、また政権に対して早期に結果を出すことを求めがちであることも否定できないだろう。戦争の「正義」は、このような報道姿勢に加え、視聴者に分かりやすいストーリーを求めるメディアの特性と親和性があったと考えられる。ブッシュ政権の「正義」を多用するレトリックは政権に確実に力を与えたし、彼らの広報戦略はメディアの、外交や戦争に関して善悪の価値を重んじる傾向なしには成功しなかったろう。

だが戦争が長引き、好ましくないニュースや映像が増えていくにつれ、CNNでもイラク戦争の放送割合が減っていった。開戦に賛同した保守系のFOXニュースはイラク戦争の戦況が特に悪化した二〇〇六年末から二〇〇七年半ばにかけ、イラク戦争報道の占める割合が低迷した。[32] CNNはイラク戦争報道の中でも現地におけるニュースを三割近くは報道していたのに対し、FOXの現地報道はイラク戦争報道の中でも二割にとどまった。[33] イラク戦争を支持したメディアは、戦況の悪化によって無関心へと移行してしまったのである。

4　国民とイラク戦争

では、アメリカ国民はどの程度戦争を支持していたのだろうか。世論の戦争支持に当たっては、アメリカにテロの被害者としての意識を与え、従来の安全保障の認識を覆した九・一一同時多発テロは重要な事件だった。だが同時に、国民の大部分はサダムが攻撃してきているのではないことを理解した上で二〇〇三年三月の開戦を支持していたのである。世論調査から読み取れるのは、共和党支持者や無党派層に限らず、民主党支持者も戦争を支持していたこと、さらに分析を加えると民主党支持者には特にアメリカの単独行動に対する隠された誘惑があったことである。世論調査の結果からは、政権が強調し続けたWMDに対する脅威認識が幅広い層に浸透しており、戦争のきっかけとしてもっとも大きい効果を上げたことも分かる。独裁政権だからすぐに倒してしまおうという主張にまではアメリカ国民は同意していなかったが、WMD保持・開発の疑いはアメリカ国民に予防戦争を支持させる十分な理由となった。そして、戦争へ向けて機運が上昇すればするほど、より多くが戦争に興味を抱くようになり、開戦を支持し、また勝利に熱狂したのである。以下、具体的に世論調査を見ていくことにしよう。

九・一一後すぐ、二〇〇一年一一月には国民の七八％がイラク戦争を支持しており[34]、九・一一から時間がたつとしだいに低下したものの、二〇〇二年一〇月初頭においてもまだ六割以上がイラク戦争を支持していた[35]。また、同年一一月の査察プロセスが始まる前の世論調査では、イラクのＷＭＤ保有を原因とした開戦の支持率は七割にまで上昇した[36]。この時点でイラクは査察協力を表明しており、査察はまだ始まってすらいない。サダムの信用性に対するネガティブ・キャンペーンが功を奏したのだと見ていいだろう。

興味深いのは、戦前の世論調査では大多数の国民の戦争正当化の根拠がイラクのＷＭＤ保有疑惑であるのに、バグダッドが陥落し、ＷＭＤが見つからなかったときに、回答者全体の六〇％弱までもが、ＷＭＤがなかったとしてもイラク戦争は正当化できると考えていたことである[37]。そして、ブッシュ政権自体がＷＭＤはイラクに存在しなかったことを明らかにし、九・一一とイラクの関係も証拠付けることはできないとした後でさえ、多くの人々が、戦争を正当化するために九・一一とイラクの間には何らかの関係があると思いこもうとしていたことである[38]。

また、議会決議直前の一〇月の調査では、回答者のうち民主党員には、反ブッシュの姿勢が影響しない問いでは攻撃的政策志向が現れており、イラク問題について自国に批判的な諸外国への強い反発とナショナリズム、国連への不信感があり、単独行動に対する誘惑に駆られていたことが世論調査への回答から浮かび上がる[39]。共和党支持者では大多数、民主党では約四割の人々が、サダム・フセイン政権が存在する限り脅威であるという政権の説明を受け入れていた[40]。同世論調査では、開戦前のアメリカ国民が想定されるイラクの民間人犠牲者に対して比較的冷たい態度をとっていたことも窺える[41]。

戦争に反対する人々は、戦争前に大規模なデモを繰り広げた[42]。だが、開戦後は政権に対してというよりも現地で戦っている兵士への支援や敬意を表わさなければならないという道徳観念も手伝ってか、大規模な反対行動は起きなかった。それが、二〇〇五年に入ると、犠牲者の増大とともに戦争直前に匹敵する規模の、抗議デモが始まった[43]。そして、二〇〇六年にラムズフェルドの信用が完全に失墜し、現役の軍人の中からも反対の声が高まると、二〇〇七年、二〇〇八年には、抗議デモはブッシュを再選させるのに貢献したブルーカラー層にまで拡大し、その輪にはイラク帰還兵も加わった[44]。

それでも、犠牲者の増加による戦争の支持率低下は緩やかだったし、アメリカの栄光を損なったことや税金負担に対する反感は広がっても、兵士に対する同情はあまり高いとはいえない。二〇〇八年の大統領選のテーマもイラク戦争から金融危機へとすぐに移行し、イラク戦争に対する関心は急速に低下してしまった。困難だと思われた戦争に比べ、楽に勝てると思われていた戦争は期待値とのギャップゆえに失敗が許容されにくい。戦況がはかばかしくなくなって初めて世論は批判に転じたのであって、決してもとから平和的な勢力であったとはいえなかった。

5　アメリカ軍とイラク戦争

イラク戦争の前後を通じて政治と軍のあいだに大きな摩擦が生じたことは、報道や公の抗議活動などを通じて巷に知れ渡っていた。そのイラク戦争が失敗した結果、一九九〇年代の人道的な軍事介入に消極的だったことで「戦いを渋る兵士」(reluctant soldier)として揶揄されたり、ゲイ入隊問題をめぐって軍が非難を浴びたりした頃からは打って変わり、戦争を批判する退役将校の意見が社会でより重んじられるようになったとはいえるだろう。だが、アメリカ政治における党派的な対立はプロフェッショナルな意見に基づいた議論に色を付けてしまう。ジニ退役将軍は、開戦前から戦争に反対し、開戦後は増派に賛成した数少ない大物退役将校だが、そのことからも分かるように、政策の妥当性や効率性に関するプロフェッショナルな意見を党派性抜きで訴えて、しかも実現させるのは難しい。ましてや、デモクラシーでは現役軍人の政治的党派性は忌むべきものと考えられているために、現役軍人の反対は政策の実行手段に傾注しがちである。従って、軍がなぜ戦争に反対したのかについては、兵力規模という戦争遂行の手段に注目が集まってきた。確かに、兵力規模はシンセキ陸軍参謀総長が公に提起した優先度の高い懸念であり、戦争失敗の原因でもあったことは間違いない。だがより深奥に目を向ければ、軍人がそもそもイラク戦争は政策として妥当でないと政権上層部に進言することがシビリアン・コントロールの名の下に許されなかったこと自体、問題だったといえないだろうか。実際には、軍上層部はリークや政権内部の会議を通じて、イラク戦争を戦う必要性が低いこと、占領期のコストが高くなるであろうこと、国際的に広く支持を取り付けることなしに戦争を始めることの危険性について語っていたし、彼らに比べれば自由な言論が許される先輩たち、退役将校にそうした情報を流し続けていたのである。

a　イラク戦争の必要性に対する疑い

イラク戦争の必要性に対する軍の疑いは、封じ込め政策は機能しており、九・一一やテロリストとサダム・フセインとは何の関係もない、という確信から生じた。九〇年代を通じたイラク封じ込め政策で、兵士や下級将校たちは任務の長期化にうんざりしていた。だが、それは帰国への願望に繋がりこそすれ、いっそサダム政権を覆してしまえという圧力に転化したわけではない[45]。サダム政権打倒を訴えていたのは湾岸戦争の栄光を忘れられなかったごく一部の退役一般兵卒であって[46]、その後の封じ込め任務に携わった多くの将校は、退役した後、むしろイラク戦争批判の急先鋒になった。無論、ごく少数の退役軍人が議会の体制転換派とともにサダム政権打倒のための反乱支援計画を練っていたことは事実だが、圧倒的多数の高位の退役将校や軍高官、国防総省やランド研究所、国防大学の軍事専門家らはウォルフォウィッツが主導していた反乱支援案に否定的で、公然と攻撃していた[47]。また中央軍の上層部は一貫して、イラクの政権を転覆しようという気がまるでなかった。しかし、軍人はイラクの反政府勢力や人民の苦しみに関心がなかったのだという、ネオコンによりしばしば寄せられた批判は必ずしも正しくない。人道的見地からするイラクでの小規模作戦を考案し、また指揮官や参謀、司令官として担当した高級軍人の多くが、人道的見地からの限定的介入を支持しながらも後にイラク戦争を批判したからである[48]。

ここで、当時中央軍がおかれていた状況を振り返らなければならない。中央軍はそもそもカーター政権期に、当時同盟国だったイランとソ連のあいだに紛争が生じた場合に備えて、いわば骨組だけの即応展開統合機動部隊として組織された[49]。シュワルツコフの指揮による湾岸戦争によって一躍重要な統合軍の座に就いた中央軍は、その後の作戦で重い負担を負い続け、中東和平、アフガニスタン情勢からアフリカの角までの地域を担当していた。この中央軍の司令官の任務を、中東各国を飛び回り首脳と交渉するシャトル外交官的な位置にまで押し上げたのはジニであった。彼は近年の中東をよく知る立場にあった軍人で、封じ込め政策を実行し、徹底的な空対地作戦として「砂漠の狐作戦」を立案して指揮した。ジニは、就任後間もなくアフガニスタン戦争を戦わされたフランクスとは異なり、中央軍司令官となってからはアラビア語を勉強したり、各国の首脳と会うために飛び回ったりして軍の外交を牽引した(50)。このようにジニが地域情勢や文化をよく知る軍人だったことも、彼がイラク戦争に反対した重要な理由だったといえるだろう。ジニは二〇〇二年秋の中東研究所の講演で、中東問題ではパレスチナ問題の解決が優先事項であり、イラクは封じ込められておりそれほどの脅威ではない、と述べていた(51)。

ジニの認識は、同様の情報と認識を共有していた中央軍、統合参謀本部や各軍の上層部、他の統合軍の司令官らの立場に繋がっていた。後任のフランクスによる「サダム・フセインの地域覇権の野望は封じ込められてはいない」という二〇〇二年二月末の下院軍事委員会での証言は、前任のジニ中央軍司令官とは異なる考えを示しているかに見えるが(52)、実際にはブッシュ大統領就任直後の上院軍事委員会で、ジニもサダムが地域覇権を目指していることを認めている(53)。だが当時のサダム・フセイン政権がおかれていた環境はむしろ、敵対国からの侵攻を恐れ、また国内統治強化にすべての力を傾けざるを得ない状態であり、それは新任のフランクスとて理解していた。だからこそ、各地に展開しているアメリカ軍から九・一一後にさまざまな対テロ戦争計画が寄せられても、その中にイラク戦争計画は含まれていなかったのである。フランクスがイラク攻撃を考案ないし進言したわけではないことは重要なポイントである。イラク戦争計画の進行が軍内部で明らかにされた時、各統合軍の司令官や参謀はなぜイラクなのかと統合参謀本部に詰め寄ったほどであった(54)。

b 抑え付けられた軍人たち

これら反対意見があったにも拘わらず、イラク戦争の計画段階から初期段階まで、軍に対するシビリアン・コントロールはかつてないほど完全だった。イラク戦争に反対だったグレゴリー・ニューボルド統合参謀本部作戦部長は、軍幹部が立ち上がって大々的なイラク戦争阻止の行動に出るとは考えられなかったために辞任したとされているが、軍幹部の中でイラク戦争に反対して辞任したのは彼ひとりである。[55] ジョーンズ海兵隊司令官は結局辞めることなく、NATO軍司令官へ転任した。議会証言した陸軍参謀総長のエリック・シンセキは、イラク戦争の途中に任期満了したが次の任期へ更新されず、ラムズフェルドらとほとんど接しないままに退任した。ラムズフェルドの圧力を直接的に受ける立場にあったマイヤーズ統合参謀本部議長は、シビリアンに対して弱腰だとして軍内部では半ば同情され半ば侮られており、後任のピーター・ペースはさらにシビリアンのイエスマンとみなされた。[56] ラムズフェルドが仮に軍との反目を意図していなかったとしても、統合参謀本部議長のなり手がなかなかいなかったこと、陸軍参謀総長に退役将校を持ってきたのはいかにも異常事態であった。[57] ラムズフェルドとその部下に打ち負かされた統合参謀本部上層部が、高位の将校としての自制心からそれなりの沈黙を守ったのに対し、当時国防総省に勤めていた多数の上級将校が匿名ないし実名で戦争批判と情報操作に関する告発をすることになった。[58]

ブッシュ政権の中ではこうした現状に対し、軍の意見に耳を傾けることよりもシビリアン・コントロールを強化しなければならないという意識の方が支配的だった。保守系の『ウィークリー・スタンダード』誌は、安全保障上の要請よりもシビリアン・コントロールを常に重視するべきであり、軍の政策的助言から日常的な発言にいたるまでの行動に関し、政治によるコントロールを強化すべきだとする立場を取るエリオット・コーエンの本を援用して、イラク戦争に関して政治に従わない軍を攻撃した。[59] 国防総省の政治任用高官らは、さらに極端な軍上層部の抑圧と介入政策を取った。[60] 文官でも叩き上げの中東専門家は戦争に懐疑的であったが、現役の軍幹部が一貫して戦争やその方法に反対したことは疑いようのない事実である。ラムズフェルドとの関係が悪くはなかったキーン陸軍参謀次長でさえ、戦後イラク統治の検討が不十分だとしてラムズフェルドに迫り、また意思決定過程から外されてはいなかった中央軍のアビザイド司令官も、戦争の遂行方法についてラムズフェルドや政治任用高官と激しく対立した。[61]

c　困難に直面した現場の軍人たちによる反対

イラクで戦闘を指揮した指揮官たちを見れば、さらに強いフラストレーションが伝わってくる。例えば、地上軍司令官だったマキアーナン陸軍中将はフランクスと衝突したあげく、フランクスが去った後に困難な戦いを強いられ、政府の再建は自分の仕事ではないと訴えた。[62] イラクで第一歩兵師団を指揮していたジョン・バティスト陸軍少将は、これ以上信条を犠牲にしてまで上のキャリアを目指さないとし、二〇〇五年に早期退役したのちラムズフェルドの戦争計画やリーダーシップのスタイルを糾弾し、さらに国民の軍に対する支援が低いことを批判した。WMD対策とその捜索を担当した〝スパイダー〟・マークス陸軍少将も、WMDに関する誤った情報や戦争計画について国防総省文官上層部を攻撃した。[63] 同様に、第八二航空師団を指揮していたチャールズ・スワンナック少将、イラクに新設した国軍の訓練にあたったポール・イートン空軍少将、陸軍の参謀本部にいたジョン・リッグス少将らは退役後、ジニやニューボルドらとともに公にラムズフェルド解任を訴えた。[64] イートンは、多くの退役将校が自制心からラムズフェルドのみを批判するに止めた中で、ブッシュ大統領にまで批判を広げた点で急進的であり、後述する退役兵らによる「退役兵に投票を!」(Vote Vets)運動の広告にも登場している。[65] 彼らのようなイラク戦争退役将校による批判に対し、退役するまで声を上げなかったのはなぜか、イラク戦争の戦況が悪くなったことはラムズフェルドにのみ責任があって、軍に責任はないのか、と一部のメディアは批判的な論調を見せたが、[66] これはアメリカの軍隊の特性を十分に理解していない意見であるといわざるを得ない。バティストがインタビューで明らかにしているように、軍では不文律によって現役将校が公に政治的発言をすることは禁じられており、軍内部でも直接の上官にしか意見はいえず、軍人同士で相手を公に批判すること自体もタブーとされている。現に、リッグスは開戦前に陸軍参謀本部でウォルフォウィッツと兵力レベルをめぐって激しく争ったために、過去の過ちをほじくり出されて中将から少将に降格し退役させられているし、[67] シンセキは懲罰的な意図で任期が更新されなかったのである。

d　大物退役将軍たちによる軍援護

イラク戦争開戦前の時点ですでに現役ではなかった大物の退役将軍たちが、二〇〇二年秋になるまで大っぴらに発言をしなかったのにも似通った理由がある。まず、安全保障の専門家である彼らは、あらゆる戦争に反対するような平和運動家とは立場が異なることを認識しておかなければならないし、キャリアを上層部にまで極めたものは軍人としての自制心の伝統からあまり大統領や後輩たちを批判しない傾向にある。加えて、ブッシュ政権が情報統制に努め、ラムズフェルドとフランクスとその部下数名以外を極力政策過程から締め出していたため、彼らは二〇〇二年八月の戦争抑制派と政権との応酬や、後輩たちの意見や情報を伝え聞いた段階で、ようやく問題が深刻であることに気付いたのである。

先駆けて行動したのは、当時中東和平に尽力していたジニであった。ジニは二〇〇二年八月のチェイニーのナッシュビル演説を聞き、アメリカの脅威ではないはずのイラクに政権が戦争をしかけようとしていることに驚愕した。[68] ジニは、国務省の中東特使として、また前中央軍司令官としてCIAや国防総省などさまざまな情報機関から協力を求められ、また情報を閲覧できる立場にいたため、存在すると主張するための具体的な根拠がないはずのWMDについて、それがあると副大統領が断定していることに気付いたのである。そこでジニは二〇〇二年秋以降、退役将軍としてはもっとも激しく戦争に反対するようになった。同様にブッシュ政権の政策過程の内幕を知り、九・一一テロ直後まで統合参謀本部議長として関わってきたシェルトンは、九月一日の『ワシントン・ポスト』紙の記事で、イラクとの戦いはテロとの戦いにおいてむしろアメリカに不利な状況をもたらすと考えていることを明かした。[69] 湾岸戦争を指揮したことでイラク問題についてはジニと同じくらい重みのある発言をしたのはシュワルツコフだった。彼は自制心が強くあまり政治的発言をしてこなかったが、陸軍参謀本部の将校連からイラク戦争に対する懸念を伝えられ、とうとう戦争直前の二〇〇三年一月に、主力部隊の陸軍を軽視しているラムズフェルドへの懸念と戦争を早まるなというメッセージをメディアで訴えた。[70]

戦前、戦後を通じ、イラク戦争への反対を表明した大物退役将軍を挙げれば、ほとんど、歴代中央軍司令官やアメリカの軍指導者の生き残りの名簿といっていいような錚々たる面々が並ぶ。まず軍指導者としては、一九八〇年代前半に第一〇代統合参謀本部議長を務めたジョン・ヴェシー、つづくウィリアム・クロウ第一一代議長、パウエル第一二代議長、ジョン・シャリカシュビリ第一三代議長、そしてブッシュ政権の前半に第一四代議長を務めたシェルトンと、存命の元統合参謀本部議長全員が挙げられ、加えて、ユーゴ紛争介入に大きな役割を果たした、ウェズリー・クラーク元NATO軍司令官兼在欧統合軍司令官、トニー・マックピーク元空軍参謀総長、一九七〇年代にNATO南欧連合部隊司令官を務め、元CIA長官でもあるスタンスフィールド・ターナー、一九八〇年代にNSA長官だったウィリアム・オドム、クローディア・ケネディ元陸軍参謀本部情報部長なども挙げられる[71]。中央軍の司令官としては、湾岸戦争の司令官としてイラク情勢に詳しいシュワルツコフ第三代中央軍司令官、イラクの封じ込め作戦を続けたジョセフ・ホーア第四代中央軍司令官、そしてジニ第六代中央軍司令官と、湾岸戦争以降のフランクスの前任までの司令官ほぼ全員である[72]。これら退役将軍の面々を見れば、イラク戦争の必要性や戦争計画の妥当性をめぐって党派や出身軍種を問わず、いまだかつてない広範な反対運動が起きたことが分かるだろう[73]。

戦前も、戦争の正当化についてはシビリアンより軍人や主だった退役将校の方がよっぽど慎重であった。ウェズリー・クラークの議会証言や、ジニ、マイヤーズらの意見を見ると、軍人が外交を力によってのみ理解しがちだという思い込みは裏切られるだろう。クラークは二〇〇二年九月に下院軍事委員会で、アメリカがもし単独行動で、または国連などでの合意による正統性なしにイラクを攻めたりすれば、また、もし有力で広範な連合を形成できず、効果的な宣伝戦ができない状態で戦争に突入すれば、アルカイダの要員があふれ出るほどにリクルートされるようになる状況と向き合わねばならないだろうと述べていた[74]。クラークは同時に、イラクの核兵器開発疑惑について、チェイニーが採用しなかった軍やCIAの分析に言及しつつ、すぐにでもイラクが核を保有する危険があるというブッシュ政権の主張を退け、戦争の必要性を疑問視した。

ジニは中東和平を進めるうえでもテロと戦う上でも、イラク戦争はマイナスの効果を生むと発言し、マイヤーズ統合参謀本部議長もイラク戦争の話が出た時点から多国間協力を築かなければならないと発言している。対照的に、ブッシュ政権は先制攻撃のブッシュ・ドクトリンを生みだし、国連を気にする議員を愛国心が欠けていると攻撃し、「われわれ」か「やつら」かいったいどちらにつくのか、というスタイルでの外交を推し進めたのである。

e　コストをめぐる政軍間の対立

最後に、コストをめぐる政府と軍の対立について考えてみよう。軍人の見込みが常に正しいとは限らないし、ときに楽観的に過ぎることもある。だが、イラク戦争の開戦決断に際しては、文民指導者と比べて占領統治のコストを大きく見積もっていた軍人の方が正しかったといえるだろう。その悲観的な見込みの理由の一つに、国民からの戦争支持が極度に低下し、軍への反感が増したベトナム戦争のトラウマが挙げられる。(75)

議会や国民の明確な支持なしに始められた戦争、長引いて犠牲が多い戦争、相手国の民間人犠牲者が多い戦争には国民の支持が低下する傾向があり、犠牲を払っている軍そのものがその過程で責められることになるという考えがパウエルを始めとするベトナム戦争の退役軍人に根付いていた。その結果、陸軍は大統領がコスト見積もりを過小評価することのないように、ある程度以上の規模の戦争には必要となる工兵を現役から予備役に移しておき、戦争をする際には予備役招集という政治的コストを大統領が負わなければならないように仕向けた。(76)ベトナム戦争の経験は、政権にいるシビリアンと、軍人やその応援団だった退役将校のあいだに、政治信条に拘わらず異なるコスト感覚を生みだした。これは湾岸戦争直後の人道作戦を設計し中東和平に尽力していたジニだけでなく、PNACのサダム・フセイン政権転覆提言に署名したがイラク戦争開戦には慎重だったアーミテージと、一貫して戦争を唱導したウォルフォウィッツとのあいだの違いにも見ることができる。[77]

イラク戦争計画立案過程では、まさにコストの過小評価をめぐってシビリアンと軍が正面から対立した。ジニの議会証言はもとより、シンセキ陸軍参謀総長のイラク戦争直前の議会証言も、中央軍の中で練りあげられジニが完成させた「砂漠縦断計画」(Desert Crossing)――サダム・フセイン政権打倒が命じられた場合の作戦計画――に基づいていた。これは、パウエルの残した大量介入原則に基づく湾岸戦争の作戦に倣い立案された、三五万人の兵力によるイラク侵攻案であった。フランクスが作戦立案に着手したときには、陸軍上層部、実際に戦闘を指揮したマキアーナン、中央軍の情報アナリストのグレゴリー・フーカーなど多数がジニ案を支持していた。だが、ジョン・アゴーリア中央軍作戦部副部長も回想しているように、フランクスと作戦立案者たちの間では当初からジニ案はほとんど一顧だにされなかったし、ジニが伝え聞いた軍内部の情報によれば、ラムズフェルドこそが統合参謀本部が提案したジニ案を蹴ったのだという。[78] 確かに、湾岸戦争からイラク戦争にいたるまでのあいだにアメリカの軍事技術は飛躍的に進歩したし、イラクの軍事力は継続的な空爆と大規模な「砂漠の狐作戦」で崩壊の危機に瀕していた。[79] そこで、中央軍作戦部はそれらの状況を反映させるべく、別個の小規模兵力による侵攻案を練ったが、そこにおいてさえも、ラムズフェルドの意を受けたフランクスとマキアーナンら中央軍幹部とのあいだにコストと兵力規模や戦略に関する対立が生じていた。[80]

統合参謀本部の作戦部も自分たちの提案が却下された後、手をこまねいてばかりいたわけではない。その後イラク戦争に反対し辞職したグレゴリー・ニューボルド統合参謀本部作戦部長やマーク・ハートリング統合参謀本部運用計画部長らも、作戦計画を修正させるべく働いていた[81]。また、他の統合軍や各軍の上層部も、ラムズフェルドとフランクスの秘密主義にも拘わらず必死に作戦内容を探り、政策提言を書き送ったり問い合わせたりしたと語っている[82]。

ここで、当然の疑問が生じるだろう。なぜ、フランクスはこのような自軍に災厄の振りかかりかねない野心的な戦争計画を推したのだろうか。まず、ブッシュとラムズフェルドの指示によって兵力規模とコストが決まってしまっており、国防総省のウォルフォウィッツやファイスら政治任用高官による作戦の細部への介入で、フランクスは大規模兵力投入などまったく考えられない状況におかれていた。それに加え、彼は自認するとおり軍官僚が性に合わず、「戦士」(warrior)型の人間であったために、陸軍でありながら陸軍上層部を忌み嫌っており、統合参謀本部の助言も取り入れようとしなかった[83]。彼は陸軍軍人としてのパウエルの威光を認めてはいたが、パウエルの懸念には前時代的なものを感じていたこともあった[84]。そのためイラク戦争立案においてラムズフェルドと統合参謀本部の中間の立場を取ったのである。フランクスの行動の裏には、占領計画を自分が負担しなくてよいという認識、コスト見積もりを低くしろという政権からの圧力、さらには首都さえ落とせば勝利だという彼自身の誤った軍事作戦観があった[85]。そのためバグダッド陥落までは見積り通りの少ない兵力で成功を収めたが、彼の後任は占領期にとてつもない規模の問題に少数の兵力のみで取り組むことになった[86]。

f　現場の兵士たちから沸き起こった反対運動

現場に派遣された若い兵士たちは、ベトナム戦争に従軍した経験もなく、多くが九・一一同時多発テロにより愛国心をかきたてられていた(87)。だが、いざイラクに派遣されると、ゲリラ戦の惨状や過酷な任務に耐えかねて、また、一般兵卒には理解できない特別な法律により、当初の契約に反して任務期間を終えた兵士を戦地に再度送り返すことができると定める「ストップ・ロス制度」に追い詰められて、脱走兵が続出した(88)。二〇〇三年から二〇〇九年三月までで脱走兵の数は一万五〇〇〇人に達しており、ベトナムのときより受け入れが厳しくなったものの、数百人がカナダに密かに逃れるのに成功したといわれる(89)。愛国心や経済的理由から州兵や陸海空軍・海兵隊に志願した兵士が苦難に追い詰められたことは、国民の関心をあまり呼んでいない。例えば、評論家が高く評価した映画『ストップ・ロス――戦火の逃亡者』(*Stopp-Loss*)は興行的には大失敗に終わり、戦時中にも拘わらず、その他のイラク戦争映画・反戦映画も興行成績が軒並み悪く、PTSDを含む傷病兵や、日常生活に復帰できずホームレスになった退役兵たちに対する関心も低い(90)。

世間における関心の低さとは対照的に、退役兵や現役兵の中では互いの支援活動や戦争反対運動が勃興した。イラク戦争やアフガニスタン戦争に従軍中の、ないし従軍後退役した兵士全体とその家族、支持者らのために設立された「退役兵の声」(Vet Voice)は、政治家による強引な開戦、失敗した戦争方法や国内の支持の低下に対して意見を発信し続けており、主要紙にも取り上げられている(91)。またほぼ同様の目的で、イラク戦争の実状に問題意識を覚えた退役軍人たちが、戦争反対の声を政治に届けようと退役軍人自ら候補者として政界に進出することを目的とした「退役兵に投票を!」(Vote Vets)という政治運動を立ち上げ、今ではアフガニスタン戦争にいたるまで対象を広げて撤退を呼び掛けている(92)。そしてイラクに派遣された七名の兵士によって立ち上げられた「戦争に反対するイラク帰還兵」(IVAW)というイラク戦争反対、ストップ・ロス制度反対を訴える兵士や退役兵中心の組織は千七百名以上の会員を抱え、ネットや反対集会を通じて戦争反対の意見を表明するほか、彼らが抱えている何度も戦地に送られるなどの問題や精神面の問題などを互いにサポートし合っている[93]。もっと以前の一九八五年に設立された「平和を求める退役兵」の会は、新しい組織であるIVAWを支援してともに大会を開くなど協力関係にあり、兵士の家族の声を政治に届けたり、イラク、アフガニスタンで戦っている志願兵や州兵を国に返そうと訴えたりして運動を続けている[94]。

イラク戦争計画は、ラムズフェルドが描いた新時代のコンパクトな戦争としてある程度までは成功したが、それは占領と国家建設とゲリラ戦という、イラク人と協力しながらアメリカ軍兵士が働かなくてはならない戦後に対応したものではなかった。ハイテク兵器で武装したアメリカ軍兵士とて、イラクの地に降り立った後は生身の人間であり、しかも中東についてはほとんど知らない貧しい若者たちに過ぎなかった。上官殺し(fragging)の発生は、ベトナム戦争のときの悲劇を思い出させる[95]。彼らは終わりがないかに見える市街地でのゲリラ戦に倦み疲れ、しばしばイラクで盗みや暴行、殺戮に手を染め、帰国した後は多くがPTSDを病むことになった。

終部　シビリアンの正義と打算

これまで、「シビリアンの戦争」の複数の事例に言及し、また五つの事例研究を通じてその内実を掘り下げることによって、政府、国民、軍それぞれの態度を浮かび上がらせてきた。そこで、第一〇章では、取り上げた各事例を横断して検討することによって、戦争を推進した政治指導者と消極的だった軍それぞれの動機を説明し、どのような動機がどの時点で重要な要因として働いたのかについてある程度の類型化を試みることにしたい。

そして最後に、本書全体の結論として、このような事象が生じるにいたった国内の背景を振り返るとともに、「シビリアンの戦争」とはいったい何であったのか、どのようにして防ぐことができるのかについての論考を述べることにしたい。

第一〇章　浮かび上がる政府と軍の動機

1　戦争の動機と人命コストの軽視

それぞれの戦争には、その具体的なきっかけとなった「事件」――シノープの海戦でのロシアに対するトルコ艦隊の惨敗や、反PLOパレスチナ人勢力によるイスラエルの駐英大使襲撃事件、ヒズボラによるイスラエル兵士の誘拐、アルゼンチンのフォークランド諸島占領、アルカイダによる九・一一同時多発テロ――があった。だが、事件は実際にも、また政治指導者の認識上でも、相手国の脅威と常に直接関連していたわけではない。事件の存在は大きいが、その前に存在していた戦争の動機を理解することなしにこれらの戦争を説明することはできないだろう。攻撃的戦争を推進した政治指導者には、しばしば共通する願望や欲求が観察された。任期中に歴史的使命を遂げたいという願望、正義感、支持率や来る選挙での得票率を上げて国内における個人的な権力を維持・拡大したいなどという欲求である。

a　歴史的使命感

歴史的使命感は、ベギンやシャロンの大イスラエル建設、ヨルダンへのパレスチナ移設構想や、ブッシュの中東民主化構想などに表れているように、自らの任期中に歴史的な、輝かしい実績を残すことへの意欲である。フォークランド戦争はアルゼンチンの攻撃的行動に対する反応であったため、歴史的使命感の要素はこの二つの事例に比べて遅く働き始めたといえようが、それでもサッチャーの大英帝国の栄光を担う指導者としての矜持、または自由と民主主義の陣営を代表して戦うという大掛かりな使命感がなければ、外交的手段による解決を受け入れるか否かに関しての結果は違っていただろう。人質事件に対する対応として始まった第二次レバノン戦争では、これらの事例に比べれば任期中に歴史的使命を果たすという側面は弱かったものの、長らく手を焼いていたヒズボラを根源的に叩くという目標をオルメルトが設定し、それまでの政権の対応とは一線を画すというメッセージを正面から打ち出したことは見逃せない。こうした使命感が強く意識されることは、その当時政治指導者がおかれていた国内政治状況と無縁ではない。例えば、サッチャー政権とブッシュ政権は特に戦争前の時期、内政で実績を上げていたとはいい難いし、シャロンの倒れた後を継いだオルメルト政権の基盤は脆弱だった。ベギンの経済政策、資本主義に基づく改革は機能していたが、イスラエルにとって安全保障政策の優先度が特に高いことと、長らく国防に携われなかったリクード党を率いるベギンのおかれた状況を無視することはできない。いままで国防を牛耳ってきた労働党ではなくリクード党がエジプトと和平を進展させ、ＰＬＯを打ち破って安保環境を根源から変えることができるならば、それはイスラエル政治史に金字塔を打ち立てるほどの意味があるからである。

なお、開戦当時に政権の首班ではなかったために以上の例と同じような構造ではないものの、パーマストンの軍事力を通じた大英帝国の栄光へのこだわりや自ら先頭に立って戦争を指揮したいという意図、ラッセルの力ずくの砲艦外交や海軍に対する賛美の態度からも、こうした使命感と相通ずる要素が感じられる。

ここでの政治指導者の使命感は、国家の栄光と政治指導者自らの栄光とをともに達成することに向かっているといえよう。指導者個人が重視している思想の実現は、個人の栄光の達成を伴う。戦争とそこにおける政治的動員、勝利は、国家と政治指導者双方の栄光を同時にもたらすのである。

b　正義感

一方、正義感は、多くの場合「事件」のインパクトと当初の政治指導者の欲求や意思とを結び付けるものとして働いていた。「熊」ロシアからの「乙女」トルコの救出、レバノンキリスト教勢力の保護、イスラエル国防軍兵士人質の奪還、フォークランド島民保護とアルゼンチンの圧政に対する非難、サダム政権打倒と中東民主化は、いずれも開戦に当たって強く働いた正義の動機であった。中でももっとも強く政治指導者が正義感を打ち出したといえるであろう事例は、サッチャーのフォークランド戦争とブッシュのイラク戦争だった。政治指導者の性格による影響も排除できないが、それのみによって違いを説明できるわけではない。ベギンも理念的な性格が強い政治家であったのに、第一次レバノン戦争の正義の戦争としての宣伝の度合はこの二つの戦争よりも弱かったからである。

第一次レバノン戦争に正義の戦争としての側面が弱かった理由には、もちろんこの戦争の正義自体が弱かったことがある。PLOを追い出すために、レバノン政府に対して戦争をしかけることの正当性は疑問が残るし、大イスラエル構想は領土拡張を含んでいるから、防御的な軍事行動とはいえない。だが、PLOや他のパレスチナゲリラによるテロの恐怖に晒されているイスラエルでは、正義や大義を動員しなくとも防御的なレトリックだけで国内に向けた戦争の根拠は十分だったということもできる。イスラエルをゲリラ攻撃してきたPLOやヒズボラは、確かにレバノン領内に根拠地を構えていたからである。

裏を返せば、防衛的な意図を持つフォークランド戦争、攻撃的なイラク戦争がともに正義の戦争の性格を色濃く帯びた理由の一端には、半ば逆説的だがもっとも国の安全保障の根幹に影響を与えることのない戦争だったことがあるといえるだろう。無論、フォークランド戦争はアルゼンチン側の軍事占領を抜きにしては考えられない。イギリスは攻撃を受けたではないか、これは自衛戦争である、という意見には、確かに正しい部分があるかもしれない。だが、同じ西側陣営に属しアメリカと深い関係にあった両国の関係は、戦争中でさえアメリカを介してそれなりの対立に止まることを保証されていたといえよう。さらに、手放すことを検討していた僻地の主権係争地の占領は、イギリスの安全保障が懸かった問題とは必ずしもいえなかったことは、当時のイギリスの世論、軍や防衛省、外務省などの意見からも窺い知れる。イラクに関しても、サダム政権がアメリカの国防にまったく影響を与えないと考えられていたわけではない。WMDも、開戦前までその脅威レベルはともかく、どこかにあるだろうと信じていた人が多かった。だが、戦争を支持したラムズフェルドも、イラクが与えている現実の脅威はむしろ飛行禁止区域におけるアメリカ軍パイロットに対する攻撃の方だと考えており、ブッシュにしてもイラクがアメリカを攻撃する可能性があるとまで考えていたわけではない。WMDのテロリスト組織への流出可能性という観点からいえば、北朝鮮やパキスタンなども同様に戦争の対象になりえたはずである。脅威認識については後に恐怖の分析で再度触れるが、現実の脅威がより少ないとき、政治指導者自身にとって、また指導者が国内向けに発するメッセージにおいて、正義が戦争の動機のより中心に躍り出る傾向にあることが例証されたといえるだろう。

c　政治指導者の受けるコスト・ベネフィット

選挙での得票率増大や内政での権力強化を目指す政治指導者の選好が開戦決定に影響を及ぼすのには、二通りの経路があった。デモクラシーではほとんどの政治指導者は得票率や支持率増大を目指しているという仮定をおくこと自体は妥当だろう。この選好は、国民にアピールするような正義を貫くことや、歴史的使命の達成を通じて国民の支持を得たいと思う政治指導者のそもそもの動機にまず影響している。またこの選好は、被害者意識や正義感を刺激するような事件が起こったときに、第一次レバノン戦争やイラク戦争のように事件以前から開戦を目論んでいた政治指導者にさらに国内政治上の利益を自覚させ、また外交によるしばしば決定的ではない解決を取りにくくさせる要因として働くし、クリミア戦争の時のようにそもそも戦争に消極的だった政治指導者を開戦判断に踏み切らせる要素として働くことがある。前者の場合にはベネフィットが強く認識されているが、引き返すことのリスクも同時に認識されているだろう。後者の場合には、開戦しなかった場合に政治家個人や与党が負う国内政治上のコストが強く認識されたといえよう。

支持率やこうした選好による影響が突出していたのは、オシラク爆撃で再選されたベギン、開戦前に支持率がはかばかしくなかったオルメルトやサッチャー、アバディーンの政権内対抗者であったパーマストンやラッセル、大統領再選を見据えたブッシュら、いずれも自ら開戦を決定した政権の最高指導者か、消極的な政権首班を戦争へと押し込んだ当事者であった。内政の成果が挙げられないなどで支持率の観点から困窮している指導者であればあるほど、戦争が成功した場合の支持率の伸びに魅力を覚えるだろうことは想像に難くない。選挙や支持率を意識していたほかの政権内アクターも、戦争をしない場合の国内批判を意識し、戦勝によって来る選挙で与党として議席を増やし、現在の職に留任できるなど利益を受けることを意識していた。政治的利益というよりも、戦争をしない場合の国内批判による政治コストの影響が大きかったのは、シノープの海戦の後に世論の開戦要求に押し流されたアバディーン、アルゼンチンによる占領後にメディアと議会から厳しい批判を受けたことで態度を変えたノットらが挙げられる。

事例研究の中で、選挙にとって絶好のタイミングに軍事力行使の時期を合わせることができたのは、ブッシュ政権のイラク戦争のみであった。それでも、ベギンがオシラク原子炉爆撃を選挙前の好都合なタイミングに行ったことも併せて思い起こせば、政治指導者はときに開戦時期を選挙に有利なように選べる場合があることも明らかになった。ベギンはオシラク爆撃の成功で選挙に大勝し、サッチャーもフォークランド戦争の戦勝を保守党勝利に繋げ、ブッシュはイラク情勢があまり悪化していなかった頃に大統領選挙史上最高の得票を得て再選され、クリミア戦争参戦を主導したパーマストンは国民の人気を集めて首相に就任した。実際には失敗して政治指導者の支持も急落した二次にわたるレバノン戦争でも、開戦当初の国内ではイスラエルの勝利が予測されており、第一次レバノン戦争では戦況が好調であった初めのうちはベギン政権を支持する声が拡大した。フォークランド戦争では事実上戦勝の見込みは立っていなかったことを考えると、サッチャー政権が危ない橋を渡った理由に彼女の受けるコスト・ベネフィットが作用していたとするのは疑問が残るとする向きもあるかもしれない。だが、それは戦争をしないことの国内政治的リスクが大きかったことを勘案すればより容易に理解できるだろう。むしろ軍事的な合理性が危ういなかでのサッチャーの開戦判断は、一国のコスト・ベネフィット計算ではなく、政治家一個人のコスト・ベネフィット計算に基づいて判断していたことの証左となり得よう。

d 「事件」の持つ効果と恐怖の要素

続いて、これまで「事件」というかたちで言及してきた要素の持つ効果について考えてみたい。「事件」は正義感を高め、または浮上させる要素として働き、当初政治指導者が抱いていた野心的な政策を実行に移すことを可能にさせる要素として働いていた。同時に、開戦を目論んでいた政治指導者にも消極的だった政治指導者にも、戦争をしないという選択肢を取ることの国内政治的なリスクをもたらした。

だが、こうした分析だけで済ませるのは不十分だろう。開戦判断における恐怖の要素も無視できないからである。恐怖の要素は各事例によって差が大きいため、順に見ていこう。

まず実際に主権係争地フォークランドを占領されたイギリスを見てみよう。フォークランドを占領される前までは、ある程度の、何が起こるかについての予測不可能性による恐怖が観測された。だが、逆に開戦直前にはほとんど恐怖の要素は働いていなかったといってよい。占領時にイギリス側には犠牲は出なかったし、国際社会の注目する中、島民が虐殺されたり虐待されたりする危険性は低いことが分かっており、国連に加えて両国に多大な影響力があるアメリカが仲介していたからである。アルゼンチンの目的が主権係争地のフォークランド諸島に限定されていたことからして、イギリスの他の領土や在外の海軍などが攻められる危険もなかった。

それでは、黒海における覇権争いに限ってはロシアによる実際の脅威があったと考えることもできるクリミア戦争はどうだろうか。事例の中で述べたように、本来イギリスの海軍力にとって真の脅威であったのは、限られた海軍力しかもたないロシアではなく、むしろ蒸気船を建艦し始めていたフランスであった。通商関係やトルコ宮廷への政治力という意味での権力争いに関しても、ロシアがそこまで脅威であったとはいえない。英仏の参戦前にはロシア側はトルコへの要求と駐留している軍隊とをすでにある程度後退させていたからである。だが、パーマストンやラッセルのロシア恐怖症は、見せかけのものではなかった。シノープの海戦の重要性は、トルコが負けてロシアの影響下に入ってしまう恐れや、イギリスが訓練していたトルコ艦隊をほぼ全滅させたロシア海軍の予想外の強さへの警戒感をパーマストンらに呼び起こしたことにもあるだろう。ただし、だからといってこの事例をイギリスがロシアの勢力伸長への恐怖に駆られて開戦した事例として理解するのは無理がある。これまで見てきたように、トルコを救うという正義感、国内政治での権力拡大の思惑、戦争を通じた栄光への渇望といった要素が大きく影響を与えていたし、パーマストン、議会政治家らが開戦当初この戦争を楽勝と捉えていたことをも勘案するべきだからである。

続いて、レバノン領内のゲリラから攻撃を受けていたという意味では実際の脅威があった第一次・第二次レバノン戦争を検討してみよう。シャロンはレバノンの無秩序が存続することをいたく懸念していたし、ベギンはイスラエル北部への攻撃に強く反応しており、またホロコーストの悪夢をキリスト教系勢力への虐殺に重ね合わせていた(1)。しかし、第一次レバノン戦争当時はアラブの大国であるエジプトがまさにイスラエルに歩み寄っていた時だったし、戦争計画が長い間じっくり練られたうえで小さなきっかけを捉えて引き起こされたことを考えると、恐怖の要素は割り引いて考えなければならない。世論の脅威認識についても同様で、アモス・オズが当時のイスラエル国内の安穏として期待に満ちた雰囲気を指摘しているとおり、強い恐怖感は漂っていなかった。第二次レバノン戦争でも、ヒズボラが勢力を伸長していたことに対する脅威感はあったろうが、人質事件に対する感情としては恐怖よりも怒りや正義こそが、ふさわしい表現であろう。ヒズボラが思いのほか強かったことが政界と世論に理解されたのは開戦前ではなく、戦争が泥沼化した後だった。

最後に、イラク戦争はWMD保有・開発の疑いに基づいて開戦された予防戦争であり、脅威が低いはずの相手に対して行われた戦争であったが、イラク戦争開戦において九・一一のもたらした心理的効果を無視することはできない。チェイニーはWMDへの恐怖を強く抱き、その思い込みに基づく情報分析の誤りは開戦に大きく影響した。それでも、恐怖からイラクが攻撃対象に選ばれたとするのには無理がある。サダム政権はアメリカに敵対的な独裁政権ではあったが、ブッシュ政権自体の認識からいっても、大きな脅威というより、滅ぼすことが可能な存在という方がふさわしかったからである。

このように、恐怖はしばしば開戦をもたらす要素として働いているものの、それだけでは開戦の動機を説明できない。戦争を主導した政治指導者が使命感や正義感、個人や政権のコスト・ベネフィットに基づいて行動していたからである。事件はすべての事例で正義の要素を拡大して政治指導者の受けるコスト・ベネフィットを開戦に有利な方向へと動かし、ときには当初からの政治指導者のアジェンダを可能にするきっかけを提供していた。

e　政治指導者の人命コストへの許容性

戦争におけるコストの側面は、多くの開戦判断において重要な位置を占めてはいなかった。軍事的な観点からなされた戦争に懐疑的な意見や助言は、全事例を通じて開戦決定が下される過程にはあまり影響を及ぼしておらず、下された後は一貫してシビリアン・コントロールを侵食する軍人の反抗、従わせるべき少数意見として受け止められた。軍事問題の優先度が高いイスラエルにおいて、軍事的経験の乏しいオルメルトとペレッツが地上軍投入をためらう軍を従えたこと自体がよい例である。

軍の意見が軽視できた理由には、先進工業国として軍事力に対する自信もあっただろうが、軍の払う人命コストに対するシビリアン側の許容性が支配的な要素だったと考えられる。[2] 軍事専門家による死傷者見積もりを受けても開戦の判断を変えない理由は、自らの政治的コスト・ベネフィットや正義の達成など、戦争をすることの価値を足し合わせたものに比べて、死傷者コストが耐えられないほど高いものではないと考えたのでなければ説明がつかないからである。政権も勝利の見通しについて楽観的だったとはいえないフォークランド戦争で、なぜ「賭け」が通ったのかを考えてみれば分かりやすい。「賭け」が通った理由には、むろん大前提としてアメリカの支持を獲得していたこと、限定戦争であることが対戦国双方にとって共有された認識だったことも挙げられるだろうが、この戦争は決してリスクがない戦争であったとはいえない。多くの死傷者が出ることも予想されていた。サッチャー自身の正義感と国内からのバッシングを恐れる気持ちの方が、敗北の恐れや人命コストへの忌避感を上回っていたと考えてよいのではないだろうか。すでに指摘した、サッチャーがアルゼンチンの侵攻に際し、海兵隊員に犠牲が出ることよりも、彼らが十分に戦わず犠牲も出さずに降伏をすることの方を恐れていたという逸話に象徴されるだろう。

攻撃的戦争は、国際政治上の要因だけでは説明がしにくい戦争である。これらの戦争では、客観的な脅威は戦争を引き起こすのに十分ではない場合が多く、また戦争をすることによる国益などのコスト・ベネフィット計算も、十分な説明能力がない。そうした戦争に対し従来試みられてきた、コスト計算間違いや脅威見積もりの誤り、相互の意図の誤解などに基づく説明では、本書で取り上げたいずれの事例についても開戦決定や政治指導者の動機を十分に説明できない。政治指導者個人に着目した場合のコスト・ベネフィット計算や、戦争の正義や歴史的使命感、また先進工業国の持つ軍事力の規模が開戦の判断を支えていたからである。

2　「戦いを渋る兵士」の動機はどこからくるのか

ここでは、軍の反対についても事例を通じて浮かび上がってくる傾向を検討するとともに、開戦後の軍の行動についても論じることにしたい。軍が当初から反対していた戦争において、当初のシビリアンの見積もりや判断が誤っていたことが判明した後、軍がどのように行動したのかを見ることは興味深いだろう。

軍上層部が開戦に反対した理由には、大別して人命コスト、失敗の可能性とその責任問題、戦争の必要性の三つがあった。人命コストは、陸軍が上陸作戦を拒否していたクリミア戦争でも、国防軍幹部が一斉に地上戦に反対した第二次レバノン戦争でも、当初から多数の犠牲が想定されていたフォークランド戦争でも、コスト見積もりをめぐる政軍間の争いがあったイラク戦争でも、軍の反対の大きな理由であった。クリミア戦争中には、戦場で次々と双方の将兵が斃れていくさまや猖獗を極める伝染病の悲惨さに耐えかねて、戦意を喪失する兵士が続出した。サッチャー政権下のイギリスでは高位の将校であるほど、諸島の奪還には人命を費やして戦争をするほどの価値があるとは思っていなかった。戦争に賛成したリーチを含め、海軍はそれまでフォークランドを防衛するリスクを負う気さえなかったのである。

戦争の失敗の可能性は戦争に当たっての目標をどれだけ拡大するかによっても異なるが、フォークランド戦争では人命コストとともに、アルゼンチンに負けてしまうかもしれないという恐れこそが、大多数のイギリス軍上層部をためらわせた原因だった。リーチとその他の海軍幹部が取った態度の違いは、戦争に反対した結果として海軍に浴びせられる非難や攻撃への恐れと、戦争に負けた結果として責任を負わされ攻撃されることへの恐れのどちらに従ったかの違いでもあった。クリミア戦争では、大英帝国の海軍力を誇っていた議会に比べて、陸海軍、中でもプロフェッショナルな将校は戦勝を楽観してはいなかった。苦戦したクリミア戦争やフォークランド戦争では、メディアが作戦の細部にいたるまで干渉し、躊躇する軍人や作戦への批判を繰り広げた。こうした経験は、軍が成功の見込みが薄い軍事作戦やコストの高い作戦にさらに慎重になる契機を生むだろう。現に、第一次レバノン戦争の結果起きた国防軍バッシングの教訓から、第二次レバノン戦争開戦当初、国防軍幹部は通常の報復攻撃としてのヒズボラ拠点への限定的空爆以外の軍事介入に激しく抵抗を試みたのである。第一次レバノン戦争のときでさえ、国防軍や対外情報組織の高官はシリアとの対決やゲリラ戦は困難であろうと考えていたが、第二次レバノン戦争のときは、国防軍は現状では地上戦を行ってもヒズボラを取り除く自信がなかったし、レバノンの民間人を巻き添えにした困難な戦争になることで軍の戦意や指揮命令系統が崩壊する懸念を持っていた。実際、懸念は現実化し、失敗は国防軍へ向けた国内の非難としても跳ね返ってきた。イラク戦争では、ほとんどの軍幹部が占領統治と民主化までの野心的な目標の達成は難しく、また文民の推進する計画ではその目標はほぼ実現不可能であると考えていた。アメリカ軍は、軍が政権や議会を押し切って始めたわけではないベトナム戦争が泥沼化して国民の支持を失ったとき、軍に厳しい批判が集まったことを忘れてはいなかった。

戦争の必要性に対する疑いは、攻撃対象が戦争をするほどの脅威か、政策目標を達成するのにその戦争が妥当かといった戦争の合理性への疑いと、外交を通じて問題を解決する余地があるという抑制的な理由の双方から生じていた。クリミア戦争当時のイギリス海軍はフランスのことは脅威だと考えていたが、ロシアはそこまでの軍事的脅威とは捉えていなかったし、ラグランもダンダスもともに外交で問題を解決し、戦争を回避したがっていた。第一次レバノン戦争のときの国防軍や情報組織の上層部は、ベギン政権の不合理な対外政策が国防を不安定にさせかねないという懸念を抱いており、また駐英大使襲撃事件では開戦を正当化できないと考えていた。イラク戦争では、軍高官はほとんどが戦争の必要性を疑っていたし、計画を進めることに積極的に抗いすらした。発言が制限されている現役の将校に代わり、大物退役将校らがその支援に当たった。その中でも多国間協力と外交的解決を重んじる抑制的な意見は、戦争の必要性や正義に真っ向から挑戦するものであった。フォークランド戦争を含め、どの戦争でも現場の将校や兵士が開戦後に、任務が本来の国防目的から離れてしまっていることや、避け得た犠牲の多い戦争を戦わされたことを訴えたり、または人道的に問題のある作戦を告発したりする動きが生じた。

もちろん、軍が常に正しいとは限らない。軍の判断は、過去の戦争の体験や、当時の軍の認識、政権と軍の関係性に左右されることには注意しなければならない。実際、イスラエルでは、政軍関係が良好だった労働党のラビン政権が決定した一九八五年のチュニジア攻撃では、国防軍幹部の反対は確認できていない。けれども、イラク戦争において軍が外交による解決を唱え、フォークランド戦争のように主権が侵害された事例においてすら戦争の必要性に軍から疑問が投げかけられたことを見ても、軍は従来仮定されてきたほど硬直的な思考を持っているわけではないことが見て取れるだろう。むしろ軍事的解決に囚われないという意味で、ときに政治指導者よりも思考が柔軟ですらある。

戦況が悪化した後、または戦線が拡大されたときでさえ、軍が攻撃的な姿勢に転じたとはいい難い。クリミア戦争やイラク戦争のように戦況が悪化した場合でも、政治指導者は考えを変えずに軍を当初の予想よりも困難な任務に従わせ、軍はそれに抵抗を示した。イラク戦争では、軍上層部は現場が要請した増派にまで反対した。軍がそもそも反対していた戦争において占領統治の責任を負わされ、犠牲が拡大することへの抵抗感に加え、徴兵制なしの状態で幾度も戦地に同じ兵士を送り返すことによる軍内部の士気低下と秩序の崩壊を懸念したからである。緒戦の勝利が、政治指導者のみならず政界や国民に広く政策目標の拡大と前進の欲求を生んだ一方で、失敗ののちは拡大の責任が国防軍にあるという非難が集まった第一次レバノン戦争においても、拡大の決断は初めから政治指導者が下していた。当初、政治指導者は限定戦争で政策目標を達成できると思っていたのにうまくいかず、地上戦に突入して泥沼化した第二次レバノン戦争でも、戦線拡大を志向したのは軍ではなかった。空爆作戦のみで済ませようとする国防軍幹部に対し、途中で引き返す政治的リスクを意識していたオルメルト政権や、戦争に圧倒的な支持を与えたイスラエル国民は、苛烈な地上戦への突入を要求したのだった。

これらの事例は、戦線や任務の拡大が成熟したデモクラシー下の軍にとって必ずしも利益ではなく、むしろ不利益な場合さえあることを示唆している。だがそのようなときでさえ、政治指導者は抵抗する軍を従わせることができた。このことからも、戦争をしたがり、しかも拡大したがる軍人というステレオタイプの理解は覆されるだろう。

今日の安定したデモクラシーでは、シビリアンと軍の分断が進むことは、軍の独走などの危険性を生むのではなく、むしろ軍の孤独を深め、リスクを回避させる方向へと働くといってもいい過ぎではないだろう。軍の戦争に対する抑制的態度は制約の多い限定戦争への批判であり、より大規模な戦争を望んでいるのだと主張する人もいるかもしれない。しかし、より深いところで問題を捉えてみると、シビリアン・コントロールの原則が守られている国の抱える真のディレンマに行きつく。シビリアン・コントロールが強い国では、軍はシビリアンの求める戦争に応じない選択肢はなく、シビリアンがやりたがらない戦争をする自由もない。シビリアンの開戦決定権があってこそ、軍の理性的な判断による戦争反対が際立つのだ。それゆえ、シビリアン・コントロールの厳しい国において、「戦いを渋る兵士」(Reluctant Soldiers)という現象が表出するのだといえるだろう。安定型デモクラシーはこの問題を典型的に抱えているのである。

終章　デモクラシーにおける痛みの不均衡

1　デモクラシーと帝国

イラク戦争をきっかけに、アメリカ社会の一部に根を張った、ネオコンと呼ばれる政治の世界に近い知識人や実務家が一躍脚光を浴びた。だが、ネオコン勢力なるものが陰謀をめぐらしてアメリカのような大国を戦争に引きずり込めるものだろうか。この当然の問いに突き動かされ、アンドリュー・バサヴィッチのような歴史研究者は、アメリカ社会の精神性から実利的な点にいたるまで、あらゆる方向に張りめぐらされた新たなミリタリズムの存在を指摘し、アメリカの帝国性を問題視した。デモクラシーと帝国とを結び付けた議論で、藤原帰一は新しい国民から構成される多民族国家アメリカにおいて、正義のレトリックとイデオロギーが統合に大きな役割を果たすことを指摘し、「一方的抑止」、「内政と外交の連続」、「軍の警察化」を帝国秩序の特徴であるとした。同時にアナーキーな国際関係においては法の支配を受けないがゆえに、デモクラシーという理念が対外的には権力に加えられる拘束を解き放ってしまうという逆説が生まれることを指摘する。ブッシュ政権の主張した正義は、アメリカ国民のナショナリズムを高め、熱狂的に受け入れられた。しかも、イラク戦争にはデモクラシーを広め、イラク人民を解放するという理想主義的な表現がふんだんにちりばめられていた。友敵二元論を通じて国民を動員する手法も支配的だった。坂本義和は、九・一一以後のアメリカにおける対テロ戦争の宣言が、アメリカに味方するのか、それとも敵に味方するのかと全世界に回答を迫ったことに対して、「アメリカ・イコール・世界」の独善的な発想があることを指摘した。

イラク戦争は、帝国が一方的抑止を超えて、独自に定義した警察行動に出る場合があることをより明確に示した戦争だった。帝国の能力と軍事的な手段は、他の先進工業国と比べてもはるかに大きい。アメリカの強大な軍事力をもってすればアメリカ側の犠牲は最小限に止められると思われたし、シビリアン・コントロールの強いアメリカでは、軍は疑いや不服を覚えても大統領に従わざるを得ない。これまでの事例を通じ、戦争の正義とそれを強制する手段としての軍事力の大きさ、軍に対する政治指導者の支配力、政治指導者個人にとっての戦争のベネフィットの大きさとコストの少なさ、が政治指導者の攻撃的な戦争を始める誘惑を強める構造が浮かび上がってきた。つまり、デモクラシーの帝国は、これまで見てきたどのデモクラシーよりも攻撃的な戦争を行う動機付けが生じやすい構造を持つといえるだろう。もちろん、指導者個人の信条やおかれた政治状況、政治や政策上の目的がどこにあるのかによって、この構造が意味をもつか否かは異なりうるのだが、その構造が厳として存在することは否定しきれない。

だが、イギリス、イスラエル、そして事例研究の前に取り上げた数々の戦争を見れば、このような現象が帝国ばかりの問題でないことも確認しておかねばならない。戦争の正義を訴える声や、自国の軍事力を恃んで力で解決しようとする動機は、帝国に限らなかった。また定期的に訪れる選挙の存在が、政治指導者にナショナリズムを呼び覚まそうという動機付けを与えた例も少なくない。

政治指導者だけに常に責任を被せることができるわけでもない。米西戦争の時のマッキンレー大統領やクリミア戦争参戦当時のアバディーン首相のように、当初消極的であった指導者が国内の圧力によって開戦決定にいたった事実も無視できないからである。国民は、稀にだが消極的な政治指導者の対抗政治勢力に力を与えることで、開戦に向けた政治的影響力を発揮することもあるのだ。

アメリカを「帝国」と呼ぶとき、その眼差しは外部からのものにならざるをえない。しかし、もし他のデモクラシーにも問題が潜んでいることを直視するのであれば、アメリカのみがあたかも特別な国であるかのように考え、「シビリアンの戦争」から距離をおくことはできない。マイケル・ドイルが、リベラルな国家間に観測される平和を指摘したすぐ後で、帝国アメリカの衰退後のリベラルな国々の行動に留保をおいているように、現代人は、アメリカという「帝国」のいない将来の世界における秩序や行動を仮想することはできても、経験的に証明することはできないのである。

安定型デモクラシーにおいて、シビリアンの攻撃的戦争を促進する状況が常にあるのかといえば、明らかにいい過ぎだろう。デモクラシーにおける平和愛好国家としての自己認識や、活発な経済活動による利益や影響力拡大の方を好むなど、抑制的な動機付けももちろん働く余地はある。日本やドイツのように、第二次世界大戦後は同盟関係に依存することで独自の軍事政策を取らなかった国もある。本書は、ここで取り上げていない複数の、また次元が異なる要因が攻撃的戦争の開始ないし阻止に向けて働く可能性を否定するものではない。しかも、民主的平和論の論者が、デモクラシー同士が戦争をしていない理由として挙げた、規範的な要素の働きについても否定するものではない。けれども、相手方の政治体制が専政かデモクラシーかによってのみ戦争の傾向を説明することは、大ぶりに過ぎる切り取り方である。現実に説明できる事象の数は減ずるし、国内における重要な開戦促進要因が削ぎ落とされてしまう危険がある。

シビリアンによる攻撃的戦争の存在は、政治学が目指してきたシビリアニズムの追求、デモクラシーの追求、軍の封じ込めだけでは、こうした戦争を防ぎ得ないという衝撃的な結論をわれわれに突き付けている。そして現代に起きている重要な戦争の多くに、「シビリアンの戦争」の要素が見て取れるのである。

2　分断されたシビリアンと軍人

イラク戦争では駐留が長引くにつれ犠牲が拡大し、不安定化したイラクではテロが頻発し、アメリカ軍の勝利の糸口が見えないことでアメリカ国内に大きな衝撃と不安を呼び起こした。そこから生じたものは、戦争を始めた政治家や官僚、そして石油の利権に飛び付いた大企業主への怒りであった。巷間に氾濫するこうした不満や怒りにまったく根拠がないとはいわないが、問題の本質を捉えていないといわざるを得ない。ブッシュ政権の、サダム体制の横暴に対する憤りや中東民主化へ向けた歴史的使命感は本物であったと見ていいだろうし、アメリカ国民の多くがイラク戦争を支持したこともまた事実だったからである。戦争を通じてアメリカ社会に表出した本質的な問題とは、ネオコンと穏健派とのあいだの亀裂というよりも、むしろシビリアンと軍のあいだに存在する圧倒的な負担の不公平や、兵士を拠出した多くの貧しい層がおかれている状況とその他の市民がおかれている状況との差が鋭敏に現れてしまったことではないだろうか。

攻撃的戦争に反対し、抑制的な軍事政策を求めた軍人や帰還兵と、多くがそうした戦争を支持した市民社会とのあいだには意識のギャップが拡大していった。イラク戦争やアフガニスタン戦争の最中も、アメリカ国民の大半は戦争や兵士の抱える問題とはほぼ無関係に平穏な日々を過ごすことができている一方で、州兵などの予備役を中心とした兵士が、行くはずのないと思われた戦争に行かされ、強制的な徴兵にほぼ等しいストップ・ロス制度などを通じて否応なく戦地に再派遣されたため、脱走兵が続出することになった。冷戦下の脅威が戦争の正当性や必要性の説得力を高めていた時代とは異なり、今回のイラク戦争では、少なくない数のアメリカ軍兵士が攻撃的戦争への参加を強要する政府の意思決定に疑念を抱くにいたった。彼らは、国民からの支援の少なさと、自分たち兵士だけが犠牲を強いられる構造に抗議を表明したのである。

しかも、イラク戦争において極まったといえるこうした現象は、以前から表出している問題であったことが本書の分析を通じて分かった。一九世紀のクリミア戦争においてさえ、将校や兵士の一部は嫌々ながら戦地に赴き、多大な犠牲を払う一方で、悲惨な戦地を離れたところで国民や政治家たちが戦争に熱狂していることに疑問を表明していた。しかし、残念ながらそうした声が議会や世論に十分に浸透することはなかったといえるだろう。クリミア戦争においてイギリス軍が当初の見込みよりも苦戦したことで、戦後政府や議会は軍に軍制改革を迫り、軍も戦術上の失敗や、将兵の訓練の不備による失敗への自己反省に基づいて内部改革を進める一方、巷間では引き続きジンゴイズムが観察され、政治指導者らは、引き続き一九世紀後半、攻撃的戦争――主なものだけでも清との間のアロー戦争*(一八五六―六〇)、インド大反乱に対する戦争*(一八五七―五九)、第二次アフガン戦争*(一八七八―八一)、エジプト占領*(一八八二)、ボーア戦争*(一八九九―一九〇二)など――を行ったからである。イスラエルの第二次レバノン戦争でも、世論は苦戦や被害について国防軍の責任を問うた。それに対して国防軍は徴兵応召率の低下による一般国民との精神的距離の拡大を問題視し、また彼らを困難な戦争に駆り出した政府に対して怒りを表明している。イスラエルのように徴兵制が存続し、脅威に囲まれた国でも軍と社会のあいだの距離は開いてきている。

国民の愛国・国防精神の低下によって軍が疎外感を抱き、シビリアンに対して反抗する可能性に繋がることを懸念する人々もいるかもしれない。実際、日本の旧軍の貧農階層出身の軍人が社会に対して疎外感を深めたことや、旧軍が非軍人を「地方人」と呼んで蔑視したこと、また皇道派の影響を受けた軍の一部がクーデターを引き起こした二・二六事件などを想起する向きもあるだろう。だが、このような問題意識は現代の安定型デモクラシーの実状にはそぐわない。イラク戦争では軍内部での上官やその命令に対する反抗は観察されたものの、軍上層部はシビリアンの決断や人事異動命令に関して従順だったし、これほどの犠牲を軍が出しても国の統治の安定が揺らぐことはまったくなかった。イスラエルではオルメルト、ペレツに対する批判は民主的手続きを踏み越えた処置を要求してはいなかったし、オルメルトは開戦当初地上戦に反対していた参謀総長を戦後に更迭した後に政権の座に長くとどまり、二〇〇八年末にガザへ侵攻するだけのリーダーシップを維持していた。

本書のように軍のクーデターではなくシビリアンの攻撃的戦争の方を問題視する立場からも、軍とシビリアンのあいだの亀裂は問題として受け止められる。強権的で独善的な政府・政治指導者を仮定せずとも、普通の国民が支持する攻撃的戦争もまたあることをこれまで本書は示してきた。軍とシビリアンのあいだの亀裂は、リアリティやコスト負担の認識が不在なままに国民の大多数の賛成を得て始められる攻撃的な戦争や、軍事力行使が釣り合わない戦争を促進する効果を持つ。そのような戦争の結果として、軍内部において士気や規律が低下したり、困難な戦争において兵士が残虐行為を犯したり、さらには軍事力行使そのものに対する意見を進言し続けることを諦め、むしろ軍事力行使の方法について政権と取引しようとする動機が軍上層部に蔓延したりしてしまうことも問題である。軍事的意見をひたすら抑え付けることによって、自軍種や自らの政策守備範囲だけ問題が生じなければよいとするセクショナリズムが増殖してしまう危険すらある。

3　共和国による平和へ向けて

では、何が国家に攻撃的戦争を自制させ、デモクラシーに抑制的な姿勢をもたらしうるのか。果たして解決策はあるのだろうか。

まず、政治家の抑制的態度が大事であることはいうまでもない。抑制的態度を身に付けるということは、戦争を始める権限を一か所ないし一個人に集中させ過ぎず、必要のない戦争を忌避する文化を政治指導者の間に養うことを意味する。また政治と軍の関係においては、政治がシビリアン・コントロールの確保とは別に、軍の専門的助言を聞き入れることが必要である。さらに、事例研究で示したように軍だけでなく、プロフェッショナルな文民官僚の助言も重要である。冷戦中にも限定戦争というかたちで多くの武力行使が行われてきたが、冷戦構造の瓦解はとりわけアメリカにとって、地域紛争へ介入してもそれが核戦争へ発展する可能性がないという状態を生じさせた。シビリアンの側にこうしたフリーハンドともいうべき状況が生じたからこそ、冷戦後の地域紛争介入に対する軍の消極性を問題視する議論が一九九〇年代のアメリカで展開されたのだといえよう。

政治家の抑制的態度を重んじるアプローチよりも本質的な解決策は、デモクラシーをいわば「共和国」像に近付けることである。ここでいう共和国とは、基本的には現存するデモクラシーの要素に加え、政策決定に対する自由な参加とともにその結果を応分に負担しあうような国家を指す。それはつまり、多元的な自由主義、市民としての平等を担保する民主的な諸制度、ある程度の所得の再分配、安全保障コストの応分負担などを内容とする。こうした発想はこれまでカントの共和国や市民軍の思想に表れてきたものと似通っているように見えるが、ここではプロフェッショナルな軍を否定するものでもなければ、市民の平和的態度を仮定するものでもないし、ましてや国内的な正義を外交や戦争に反映させるためのものでもない。フランスの政治思想でこれまで「帝国」アメリカと比較し対抗して論じられてきた「共和国」概念は現実的というよりも思想的な概念であり、フランスの哲学者レジス・ドゥブレにいたってはほぼ個人の政治思想を指すものになってしまっているばかりか、しばしば自国の正義に基づく攻撃性の可能性を見逃してきた[1]。仮に政府が攻撃的ではなくとも、正義をめぐる国内の政争は、対抗政治勢力に戦争をしない政権を批判する動機を与え、そこでも正義のレトリックが国民に対して説得力を持つことになる。これまで多くの戦争批判が辿ってきた道だが、戦争に国家の統治基盤を強化する効果があることを指摘する立場は、国民がときおり戦争に賛意を表明してきたことを見逃している。つまり、政府が国家の統治強化の欲求や冒険主義的な欲求などに駆られて攻撃的な戦争を行う可能性があるのと同様、国民は稀にだが政府への対抗勢力と結び付いて嫌がる政府を戦争に追いやる力も持ちうるのだ。

共和国概念はアリストテレスやプラトンに遡る問題でもあるが、むしろここでは時代の要請としてまったく新しい共和国思想が求められていることに着目せねばならない。現代の共和国像は、市民と兵士の格差を縮めて軍隊の痛みを分かちあうための共和国、市民と兵士がほぼ同じような権利や思考方法を持つ国家にならざるを得ない。また、国家が肥大化し国民の統合に正義による動員を利用することの危険、ときには国民の攻撃的な姿勢によって必要でない「正義の戦争」が起こる危険がありうることを踏まえたものとしなくてはならない。そのためには、軍がシビリアンの道具であるという認識を修正し、かつ多元的で自由主義的な社会に近付けなければならない。軍は道具であるという発想こそが攻撃的な戦争を生んできたのである。

しかし、情報が氾濫し国民教育が進展した現代の安定型デモクラシーの兵士は、昔のようないつ終わるともしれない戦争で情報も手に入らないままひたすら戦場や塹壕に釘付けになって待つ、特赦された密猟者や職にあぶれた労働者ではないし、そうであるべきではない。もしも現代のアメリカの兵士の姿を捉えようとすれば、脱走兵ジョシュア・キーの自伝で語られたイメージに似通っているだろう。キーはオクラホマのトレーラーハウス出身の貧しい青年で、分厚い契約書にサインして軍に加わり、イラクへ行った。イラクではファルージャで厳しいゲリラ戦に携わり、戦地と彼のいう「ドリームランド」のような豪華な設備付きの基地とを往復した。休暇中に本国の貧しいアパートへ一時帰還が許されると、イラク再派遣を前に耐えかねて、インターネットで「脱走兵」と「支援」の文字をグーグル検索し続けて情報収集し、何とか脱走を成功させたのだという。兵士の生活の向上やある程度の自由さも、共和国がその一員に当然提供しなければいけない権利や福祉なのである。

具体的な「共和国」への道は、緩やかな徴兵制度の復活ないし予備役兵制度の拡充により、国防に関わる軍の経験や価値観をひとりでも多くの国民が体験することを意味している。軍の存在自体を否定するような立場は別として、国防の任務を否定する人は少ない。ただし現状は、国防の任務の軽視と無関心が大勢を占める一方、他方では国民全体に自らのコスト意識なしに専門的な軍を用いて戦争をやらせようという発想がある。この発想がなくならない限り、攻撃的な戦争はなくならない。共和国像に近付けるためには、軍事政策とは関わりのないところでも国内における亀裂や機会の格差を縮めることが必要である。イスラエルにおいてさえ、もっとも原理主義的な右翼でタカ派である超正統派の宗教主義者は、その教義のゆえに実際には兵役を免れている。第二次レバノン戦争後にイスラエルの国民意識が急速に変遷し、熱狂と怒りに続いて無関心が広がっていることは、兵役参加率がより高く、国民が大規模に動員されていた第一次レバノン戦争の時代から現代のイスラエル社会への変化を物語っている。

これらの提言は、デモクラシー以外の国においてもある程度当てはまるが、より必要とされているのはデモクラシーにおいてである。現代の安定したデモクラシーが、経済的な繁栄を謳歌し、市民がそれぞれの自由を心ゆくまで追求していること自体は、先進工業国の自由主義的でかつ社会福祉重視の理念が育んだ果実であろう。ただし、ひとたび対外的な行動に目を向ければ、そのような国による攻撃的戦争はなくなってはいない。

国民国家の境界線が融解し、グローバルで平和な世界が訪れることを期待している人々、また超国家的な制度形成により国民国家や帝国の偏狭さを薄めたいと願っている人々から見れば、本書の提言するような共和国化は受け入れづらいだろう。だが、共和国の思想は超国家的な制度形成を排除するものではないし、共同軍事演習や軍事情報の公開を妨げるものでは決してない。世界中の貧困や専政が消滅し、経済発展した安定したデモクラシーが世界を埋め尽くせば、もしかしたら戦争はなくなるのかもしれない。だが現状では、政治家の抑制的態度と共和国化の提案こそが、攻撃的な戦争を防ぐ最善の解決策だと考えられる。

共和国化の負の側面からも目をそむけてはならないだろう。まず、人件費の拡大とそれによる政府予算の圧迫、国家の市民生活への干渉の拡大は避けられない。しかも軍の人件費に多大な予算をつぎ込んでも、それは大規模な人員を必要とせず専門化した現代のハイテク戦争のスタイルには逆行しているために、安全保障政策上の合理性は低い。ただし、そのためもあって、徴兵制や予備役制度を導入し拡充したからといって他国との間で軍拡競争に繋がるとは考えにくいという点も留意しておくべきだろう。

次に、軍事的なものや力ばかりを賛美するような文化が強まる可能性もある。こちらの方がより深刻な問題であり、軍務によって新たな社会問題が生じ、合理性を欠いた精神主義が市民社会に氾濫する可能性すらある。

それでも、共和国化の負の側面は、徴兵制がなくともすでに存在している社会問題――例えば性差別やゲイなどの少数者差別、過剰なナショナリズムや精神主義など――と繋がっており、それらの問題にわれわれがより真剣に取り組まなければいけない、ということ以上のことを意味してはいない。

先進工業国のデモクラシーでは、攻撃的戦争を防ぐために、共和国とプロフェッショナルな官僚による統制の双方が必要であるが、いま根本的に不足しているのは共和国である。「シビリアンの戦争」は政府の、国民の、攻撃的な戦争である。この問題を解決することなしには、平和を目指す国際政治学の試みは成就し得ない。デモクラシーの生み出したさらなる課題をいまいちど見つめ直す時が来ているのではないか。

用語解説

本書で言及した用語について、簡単な解説を付した。
本文中、これらの語の初出には＊が付してある。

アシュケナージム(単数形アシュケナージ)　離散したユダヤ人のうち、主にドイツ方面に定住した人々の末裔。アシュケナージムがイスラエル建国勢力の中心にいたことで、建国後、長期にわたってイスラエルの労働党／政府を掌握していた。ドイツ語に近いイディッシュ語を話す。

アフガニスタン侵攻(一九七九—八九)　一九七八年の共産革命後、内戦状態に陥っていたアフガニスタンに対し、ソ連は共産主義を根付かせるために軍事介入し、アメリカに接近しつつあったアミーン大統領を殺害した後に傀儡政権を樹立した。ソ連軍は各部族やアメリカから援助を受けたイスラム義勇兵ムジャヒディーンとゲリラ戦を戦ったが、結局撤退した。ソ連軍の死者数は約一万五〇〇〇人、アフガニスタンの死者数は全体で約一五〇万人に及んだ。

アフガニスタン戦争(二〇〇一—)　ソ連の撤退後(→アフガニスタン侵攻)のアフガニスタンでは、ムジャヒディーンの内部抗争を経てパシュトゥーン人のイスラム原理主義勢力であるタリバンが勃興した。二〇〇一年のアメリカ同時多発テロの後、タリバンが国内に潜むアルカイダの引き渡しを拒絶したことから、アメリカを中心とする有志連合諸国が北部同盟(反タリバンの諸部族集団)を援護してアフガニスタンに侵攻した。いったん敗れたタリバンは再結集し、戦闘を続けている。二〇一一年末時点で有志連合側の死者数は約三〇〇〇人、アフガニスタンの民間人犠牲者数は約一万五〇〇〇人に上ると見られる。

アフガン戦争(第二次、一八七八—八一)　イギリスのディズレーリ政権(保守党)が、ロシアの中央アジア進出へ対抗して、イギリスから距離を取ろうとしていたバーラクザイ朝のアフガニスタンを攻めた戦争。イギリスは一八八〇年の「カンダハールの戦い」で勝利を収め、アフガニスタンを保護国化したが、財政負担と自由党のグラッドストンからの批判により、この戦争はかえってディズレーリ政権の足を引っ張る結果となった。イギリスはグラッドストン政権になって一八八一年に軍を撤退させた。

アフリカ植民地化のための軍事侵攻(仏) 一九世紀末から二〇世紀初頭のフランスは、王政・帝政・共和政のいずれの政治体制下でも、アフリカに植民地を拡大しようとするアフリカ横断政策を推進した。一八七一年にアルジェリアを併合して後、次々に北部アフリカ(現アルジェリア、チュニジア、モロッコなど)、西部アフリカ(現ブルキナファソ、ギニア、コートジボワール、マリ、セネガル、ニジェール、モーリタニアなど)、赤道アフリカ(現ガボン、チャド、コンゴ中部、中央アフリカ共和国など)や北東部の現ジブチなどを植民地化ないし保護国化した。

アルジェリア(併合)戦争(一八三〇) フランスのシャルル一〇世(ブルボン朝)がアルジェリアを植民地化するために侵攻した戦争。戦争のさなかの一八三〇年七月革命でブルボン朝は倒れるが、革命後のルイ・フィリップのオルレアン朝は、アブデルカーデル率いるアルジェリアのジハード運動とのあいだで戦争を続けた。アブデルカーデルはフランスの軍事力だけでなくアルジェリアの部族間や教団間の対立にも阻まれ、一八四七年に降伏した。

アルジェリア(独立)戦争(一九五四—六二) フランスからの独立を求めてアルジェリア民族解放戦線(FLN)が一九五四年に一斉蜂起したのに対し、マンデス＝フランス仏首相が鎮圧を決定して始まった戦争。フランス軍はFLN側と見なした住民を虐殺するなど、ゲリラ戦の過程で残虐化していき、一九五八年にはピエ・ノワール(ヨーロッパ系植民者)と軍の一部がクーデターを起こした。その後の第五共和制でド・ゴール大統領はアルジェリアの自決権を認めたが、それに反対するピエ・ノワールが一九六〇年に暴動(「バリケードの一週間」)を起こし、将軍の一部も反乱を企てたが、兵士は将軍たちの反乱に従わなかった。ド・ゴール大統領が和平を呼びかけ、一九六二年に独立が承認された。(→OAS)

アロー戦争(一八五六―六〇) 清朝によるアロー号拿捕事件を口実として始められた、アヘン貿易などの利益のために英仏が清と戦った戦争。パーマストン英首相は派兵に消極的な庶民院に対して解散総選挙を行いフランスとともに派兵し、一八五七年に清と天津条約を締結した。翌年清朝の主戦派が勢力を盛り返して批准を拒否し、英仏全権を撃退したため、翌々年には英仏が再び大規模に侵攻して北京条約を締結した。その結果、イギリスは九竜半島を得るとともに、清との税則会議でアヘン貿易を合法化させた。

イーグル・クロー作戦(一九八〇) 一九七九年に駐イラン米大使館人質事件が起きたことを受け、人質を救出するためにカーター米大統領が軍を派遣して失敗した軍事作戦。陸・海・空軍・海兵隊の四軍を動員したが、投入されたヘリは互いに衝突したり不時着したりして作戦自体が遂行できず、統合作戦失敗の象徴となった。ゴールドウォーター・ニコルズ法制定の一つのきっかけになった。(→ゴールドウォーター・ニコルズ法)

インドシナ戦争(第一次、一九四六―五四) 仏領インドシナのベトナムは第二次世界大戦中、日本に軍事占領されていたが、日本が一九四五年に降伏するとホー・チ・ミン率いるベトミン(ベトナム独立同盟)が蜂起し、民主共和国政府を樹立した。しかし、ド・ゴール臨時仏政府はインドシナを放棄するつもりはないとして連合国を説得した。フランスはベトミンとの協定に違反して傀儡のコーチシナ共和国を樹立し、本格的な戦争に突入した。フランスはアメリカの援助を受けたがゲリラ戦に苦戦し、一九五四年のディエンビエンフーの戦いで大敗を喫した。その結果、撤退を訴えて就任したマンデス＝フランス仏首相が協議を行って撤退し、ベトナムは南北に分割された。

インドシナ併合のための戦争(一八五八―六七、一八八二―八四) フランスのナポレオン三世は阮朝ベトナムで起きた宣教師殺害事件に乗じて、一八五八年にスペインと共同派兵してベトナム南部(コーチシナ)を占領した。そしてサイゴン条約でコーチシナ東部およびサイゴンをフランスに割譲させるなどし、さらに一八六七年にはコーチシナ全域を支配するにいたった。ベトナム側がフランスの支配に対抗して攻撃を試みるもフランスは占領を進め、一八八四年に第三共和政下でベトナムを保護国化した。

インド大反乱に対する戦争(一八五七—五九)　イギリスは東インド会社を通じてインドの植民地化を進めていたが、一八五七年に東インド会社の傭兵(シパーヒー、セポイとも呼ばれる)が宗教的理由に基づいて反乱し、それにムガル皇帝や藩王(半独立の王侯)等、幅広い階層の反英勢力が加わって大反乱が起きた。パーマストン政権下のイギリスはネパールのグルカ兵を起用して鎮圧した。イギリス本国では異教徒の徹底弾圧と残虐な処刑に賛成する論調が大半を占めたが、保守党のディズレーリは反乱の原因はむしろ過剰なキリスト教布教活動にあると批判した。鎮圧後、イギリスはインドを直接支配下に置いた。

インドネシア独立戦争(一九四五—四九)　インドネシアは一七世紀以来オランダの植民地だったが、日本占領下の一九四五年八月に独立を宣言した。しかし、第二次世界大戦後イギリスが進駐し、オランダが独立運動を弾圧したことから戦争が始まった。一九四七年、オランダは再植民地化のための戦争を開始し、国連の仲裁による停戦合意を破ってインドネシア共和国の支配するジャワとスマトラにも軍事進出した。だがアメリカを始め各国はオランダの行動を批判したため、一九四九年の安保理決議に従って、オランダは共和国政府指導者スカルノを解放し、ハーグ円卓会議を経て戦争が終結した。

エジプト占領(一八八二)　エジプトのムハンマド・アリー朝(エジプト総督に就任したオスマン・トルコ帝国の軍人が半独立の王朝を築いたもの)は、一九世紀後半にはスエズ運河建設費の負担などから財政破綻し、英仏の帝国主義的な干渉を受けていた。干渉を受けつつエジプト人を抑圧する副王のイスマーイール・パシャに対し、エジプト民族運動が勃興してその指導者であるアフメド・ウラービー大佐による内閣が成立した。しかし、グラッドストン英政権は暴動をきっかけに軍を派遣して占領し、エジプトを保護国とした。

エチオピア・エリトリア紛争介入（二〇〇〇―〇二）　一九六二年にエチオピア帝国に武力統合されたエリトリアは、独立戦争を戦いつつ、クーデターで誕生したエチオピアのメンギスツ独裁政権打倒をめざす勢力に加わり、一九九一年に独立を宣言した。独立は一九九三年にエチオピアのゼナウィ新政権に承認されたが、承認は必ずしも国内のコンセンサスの結果ではなく、エリトリア側も港湾使用や国境の都市バドメの帰属等に関し対抗姿勢に出たため、一九九八年に両国間で戦争が勃発した。国連は停戦合意遵守を監視するため平和維持部隊（UNMEE）を設置し、二〇〇二年秋まではオランダ軍を主力に展開したが、エリトリアの非妥協的な姿勢を受け、ゼナウィ首相が国内の圧力に晒されて紛争が再発し、国連は二〇〇八年に活動終了を決定した。

エチオピア戦争（第一次、一八九五―九六）　メネリク二世支配下のエチオピアに対し、イタリアが植民地化を目指して侵攻し、敗れた戦争。一八九三年からエリトリア駐留イタリア軍はエチオピアに侵攻していたが、一八九五年末に形勢が不利になった。クリスピ伊首相は決戦を遅らせようとする司令官バラティエリに対し、戦いに突入するよう命じたが、結局「アドワの戦い」で敗れ、国民の批判を浴びて退陣した。バラティエリはクリスピ政権に敗戦の責任を押し付けられ、軍法会議にかけられたが軍は彼を支持した。

エチオピア戦争（第二次、一九三五―三六）　イタリアのムッソリーニ政権が、英仏の承認のもとにエチオピアに侵攻して植民地化した戦争。全面侵攻を前にしてエチオピアは国際連盟に提訴したが国際連盟は行動せず、イタリア軍は短期戦で首都アディスアベバを占領し、エチオピアを併合した。開戦前、イタリア軍のエミリオ・デ・ボーノ司令官やピエトロ・バドーリョ参謀総長はこの戦争に慎重であった。

オシラク原子炉爆撃（一九八一）　イスラエルがイラクの核開発疑惑に対する予防攻撃を行い、イラク中部のオシラクにある原子炉を全壊させた作戦。作戦実施に当たっては、ヨルダンとサウジアラビアの領空を侵犯してイラク防空網を潜り抜け、原子炉に爆弾を投下した。当初秘密作戦のはずであったが、イスラエルのベギン首相は翌日オシラク爆撃の成功を華々しく発表した。

カンボジア侵攻(一九七〇)　アメリカのニクソン大統領がベトナム戦争の一環として、北ベトナム軍とベトコン(南ベトナム解放民族戦線)がカンボジア国内に有する基地や補給庫に対して行った攻撃。アメリカはカンボジアのクーデターを支援し、国境地帯へ空爆を行い、南ベトナム軍とともに同国境地帯へ侵攻した。北ベトナム軍とベトコンの本拠地は発見されなかったが、多くの補給基地を破壊した。

北アイルランド問題　アイルランドは長い闘争を経て一九四九年に独立したが、プロテスタントが優勢な北アイルランドはイギリスに留まった。自治政府はカソリックを弾圧してきたが、一九六〇年代に入って宥和政策を進めた。それに反発したプロテスタントの強硬派が台頭し武力闘争が激化、警察、ＩＲＡ(アイルランド共和軍)暫定派を始め各派の武力組織、イギリス駐留軍のあいだでテロと報復の連鎖が起きた。一九七二年にはイギリス軍がデモに発砲し(「血の日曜日事件」)、報復に晒された。これを受けイギリスは直接統治を行ったが、八〇年代を通じて暴力の連鎖が続いた。一九九八年のベルファスト合意でアイルランドは北アイルランドの領有権を放棄し、北アイルランド議会が再建された。

グリーン・ベレー問題　二〇〇一年にアメリカのシンセキ陸軍参謀総長が、一般兵士の士気を高めるために黒いベレー帽の着用を定めたことで、従来ベレー帽を着用してきたレンジャー部隊(ブラック・ベレー)や特殊部隊(グリーン・ベレー)と退役将兵の一部が反発し、議会を巻き込んで政治化した問題。一般兵士からベレー帽の実用性に関し苦情が相次いで、結局二〇一一年に、標準装備は迷彩のキャップ帽に改められた。

グレナダ侵攻(一九八三)　アメリカのレーガン政権は、クーデターで成立しキューバの支援を受けていたグレナダの革命軍事評議会に対し、共産化を阻止するため、現地のアメリカ人学生の保護を口実として派兵した。この作戦では、弱小国グレナダに対して特殊部隊と四軍からなる相当規模の部隊が派遣され、制圧はすぐに完了したが、陸・海・空軍・海兵隊の対立のため軍事作戦としては拙く、アメリカ側は予想以上の死傷者を出した。グレナダには親米政権が樹立された。

軍産複合体　軍、国防総省、軍需産業、そして地元に基地や軍需産業を抱える議会の国防族などが連合して政策形成や軍需産業の伸長に影響を与える状態を指した言葉。軍と軍需産業間の調達をめぐる癒着を批判するために用いられる場合もある。アイゼンハワー大統領が軍産複合体への懸念を一九六一年の退任演説で述べたことでこの概念が広く知られるようになり、一九七〇年代に盛んに研究された。

ケニアのマウマウ団弾圧(一九五二―五九)　英植民地ケニアでは白人入植者に土地を奪われたキクユ族の中から、教育を受けた青年層を中心に政治運動が起こった。その中の急進派(いわゆる「マウマウ団」)によって農場主や政府機関等に対する襲撃が起きた。イギリスのチャーチル政権およびイーデン政権は、マウマウ団やその支援者とおぼしき人々を徹底弾圧し、強制収容所などを設置したが、ゲリラ戦で苦戦した。この戦争ではイギリス人入植者が最も残虐な行為に出た。ケニアはマクミラン政権下の一九六三年に独立した。

コソヴォ介入(一九九九)　セルビア支配下のコソヴォでは、一九九六年から独立勢力がセルビア軍に攻撃を仕掛けていた。一九九九年初頭には「コソヴォ解放軍」によるセルビア人虐殺事件が国際社会で大々的に取り上げられ、コンタクト・グループ(米英仏独伊露)の仲介でランブイエ会議が行われたが、アメリカがコソヴォ側に肩入れしたためもあって和平合意にいたらなかった。NATOは三―六月にセルビアを空爆し、セルビアのミロシェビッチ大統領はNATO軍主体の治安維持部隊(KFOR)のコソヴォ駐留に同意した。

コートジボワール介入(二〇〇二―〇四、二〇一一)　一九六〇年にフランスから独立したコートジボワールは、経済成長を続け政治的にも安定していたが、民主化の過程でクーデターが起き、二〇〇二年に内戦が勃発した。シラク仏大統領は駐留基地から軍を展開させ、翌年の和平合意を仲介した。しかし翌々年にはコートジボワール政府軍が誤爆とされる攻撃でフランス兵を殺害したのに対しフランス軍が報復したため、民衆蜂起が起き、フランス人が襲撃された。二〇一一年には大統領選をめぐって内戦になり、サルコジ仏大統領が軍を国連平和維持部隊とともに介入させ、バグボ前大統領を国際刑事裁判所へ送致し、事態が収拾された。

ゴールドウォーター・ニコルズ法(一九八六) アメリカで、軍の統合運用(複数の軍種が緊密に連携して作戦を実行すること)の必要性に鑑み、議会主導で軍の指揮系統を再編した法律。国防長官は、統合参謀本部議長や各軍種のトップを介さずに統合軍司令官に指揮命令すると定められ、統合参謀本部議長を従来のような各軍種の調整役ではなく、大統領と国防長官やNSCに対する主要な軍事顧問として位置付けた。このため、統合参謀本部議長が政策上の助言をする権限も拡大した。

コンゴ介入(一九六〇―六一) コンゴ共和国はベルギー植民地を経て一九六〇年に独立したが、その際に国民的人気を得てルムンバ首相が選出された。ルムンバは社会主義寄りだと思われたため、ベルギー政府と独占鉱業権を持つベルギーの会社は、貴重な資源が埋蔵されているカタンガ州を独立させる工作を行った。ルムンバはベルギー駐留軍撤退を要求し国連に部隊派遣を要請したが、ベルギーは部分撤退後も多くの軍人を傭兵としてカタンガの軍に編入した。九月にはモブツ将軍がクーデターを起こし、ルムンバはモブツの命令でカタンガに移送されて、カタンガ軍傭兵などによって拷問・処刑された。これを契機に国連派遣部隊は武力行使に出て外国人傭兵を制圧した。

コントラ ニカラグアの反政府民兵の総称。一九七九年に成立したサンディニスタ左翼政権に対し、隣国ホンジュラスなどに基地を置き、アメリカ軍に全面的に支援されてニカラグアに軍事攻撃を行った。一九八六年には、レーガン政権がレバノン内戦でヒズボラの人質となったアメリカ兵の身代金代わりに、ヒズボラの支援国であるイランへ武器を輸出した代金をコントラ支援に流用していたことが発覚して大スキャンダルになった(「イラン・コントラ事件」)。

シノープの海戦(一八五三)　クリミア戦争の際、戦略上の要衝であるシノープ軍港沖に停泊していたオスマン・トルコ艦隊をロシア海軍の黒海艦隊が全滅させ、軍港を破壊した戦い。トルコ側の守備が未熟であったために艦隊全滅にいたった。英仏ではロシア軍が無慈悲に追撃したとしてセンセーショナルに報道され、「シノープの虐殺」と呼ばれた。

清仏戦争(一八八四—八五)　フランス第三共和政がベトナムを保護国にすると、宗主国の清が反発し、軍事衝突をきっかけにジュール・フェリー仏政権が清との戦争に突入した。膠着した戦況を打破しかけた一八八五年にフランス軍司令官が混乱して国境のランソンを放棄したことで情報が誤って伝わり、フランス軍が劣勢にあると見なされて世論が激高し、クレマンソーらが議会でフェリーを激しく糾弾して政権が崩壊した。同年の天津条約で、清朝によるベトナムの宗主権放棄が定められた。

スエズ動乱(一九五六—五七)　一八六九年に完成したスエズ運河は、一八八二年以来イギリス軍が駐留していたが、駐留はエジプト国民の反発を招いており、王政を打倒して成立した軍政の第二代大統領ナセルは、一九五六年にスエズ運河国有化を宣言した。これに対しイーデン英政権とモレ仏政権、イスラエルのベン＝グリオン政権が密約を取り交わし、イスラエルはシナイ半島へ侵攻、英仏軍も仲介を装って派兵しエジプトを攻撃した。アメリカはこれを支持せず三カ国に撤退を勧告し、国連平和維持部隊が初めて展開した。

政軍関係／政軍関係理論　政軍関係とは、市民と軍との関係、および政府・議会と軍との関係の双方を含む、文民と軍の関係をいう。対外的安全保障のために国家にとって必要な軍が、その組織化された物理的能力から、ときに政府または市民社会を脅かす可能性があることは古くから指摘されていた。そのため、軍に対するシビリアン・コントロール(文民統制)の概念が発展してきた。政軍関係理論は、第二次世界大戦後のアメリカを中心に発展した。

聖地管理権問題　エルサレムの主に二つの重要な教会

の管理をめぐって東方正教会とカソリックの聖職者たちが争ったのに対し、フランスはカソリック側を後押しし、ロシア皇帝は東方正教会側を後押しして、オスマン・トルコ帝国にそれぞれの主張を認めさせようと争った問題。宗教上の利害と列強の間の勢力争いが絡み合って、クリミア戦争へと繋がった。

セファルディム（単数形セファルディ）　離散したユダヤ人のうち、スペイン方面に定住した人々の末裔。イベリア半島のグラナダ陥落後（一四九二）、ムスリムとともにスペインから追放された多数のユダヤ人が地中海諸国や中東へ逃れたため、現在のイスラエルでは中東系のイスラエル人をセファルディムと総称することもある。スペイン語に近いジュズデモ語を話す。

ソマリア介入（一九九二—九五）　イギリス保護領の北部ソマリアとイタリア信託統治領の南部ソマリアは、一九六〇年に一国として独立した。その後、一九八〇年代から内戦が続いていたが、モハメド新大統領とアイディード将軍との抗争が激化し、劣勢となったモハメドの要請に基づきアメリカ軍主体の多国籍軍部隊が派遣された。一九九三年のモガディシュの戦闘でアメリカ軍は当初の見込みを上回る損害を出し、その悲惨な映像が報道されたことによって国内世論の批判が高まり、翌年アメリカ軍は撤退した。国連の平和維持部隊（UNOSOMⅡ）は任務を縮小し、一年後に撤退した。

ソマリア介入（二〇〇七）　内戦が続き混乱しているソマリアではイスラム原理主義勢力が台頭し、エチオピア正教が多数派を占めるエチオピアを刺激して二〇〇六年の介入を招いた。アメリカはエチオピアの介入を支持したが、各国の対応は割れた。アメリカは二〇〇七年に軍を派遣し、アルカイダ幹部が潜むとされるソマリア南部のケニアとの国境地帯を攻撃するなどした。同年ソマリアへはウガンダ軍を主体とする国連の部隊（AMISOM）が派遣された。

大衆社会論　第一次世界大戦後の戦間期には、中産階級や労働者等の不特定多数の集団、いわゆる大衆が政治に与える影響について盛んに議論が行われた。その嚆矢であるオルテガ・イ・ガセットの『大衆の反逆』（*La Rebelión de las Masas;* 一九三〇）は、ナチズムを暴力的な小市民的運動と位置付け、凡庸である権利を主張して少数者や個性、知性に不寛容な大衆の支配する時代、人類が大成長するとともに道徳性が退廃する時代が到来したと論じた。

中越戦争（一九七九）　鄧小平の指導する中国が、ベトナムが中国と対立しているソ連と関係を深める一方で、中国が支援しているカンボジアのポル・ポト政権（クメール・ルージュ）を攻撃したことに対し、懲罰を加える目的で限定戦争を仕掛けて、失敗した戦争。当時、西側諸国は米中接近の後で中国側を支持していた。中国では中越戦争の失敗の教訓から、それまで民兵や人員規模に重点を置いていた人民解放軍の改革と近代化を加速させた。

朝鮮戦争（一九五〇―五三）　一九五〇年、北朝鮮の金日成政権は中ソの承認の下、朝鮮半島の統一をはかって韓国に侵攻し、優勢に進軍した。これに対し、アメリカ軍を中心に多国籍軍（国連軍）が派遣された。多国籍軍は当初出遅れたが、仁川上陸とともに大規模な反攻を実現し、北緯三八度線を北上し、毛沢東の中国の参戦を招いた。翌年、トルーマン米大統領が停戦を検討していたにも拘わらず、マッカーサー将軍は独断で三八度線を再度北上したため解任された。一九五三年に板門店で休戦協定が取り交わされた。

帝国からの撤退　ヨーロッパの元列強が植民地から撤退し、帝国を解体・終焉させる過程を指す。イギリスは一九六八年にスエズ以東から撤退することを宣言した。イギリスは第二次世界大戦後に植民地戦争で敗北することなく帝国からの撤退を実現した例とされる。

「帝国政府は爾後国民政府を対手とせず」（近衛声明）　近衛文麿首相は日中戦争中の一九三八年一月に、ドイツの仲介を受けた国民政府との和平交渉打ち切りを発表した。国民政府が日本が当初出した条件の受け入れを検討していたにも拘わらず、前年末に南京が陥落したのを受けて、近衛首相と広田弘毅外相が和平交渉の条件を吊り上げ、国民政府がその条件を拒絶したためである。条件吊り上げに日本の参謀本部や陸軍は反対し、和平交渉継続を主張していたが、近衛首相、広田外相、米内光政海相、杉山元陸相の四閣僚が押し切った。

ドルーズ派　イスラム教シーア派から分岐したシリア発祥の宗教で、レバノン、シリア、ヨルダン、イスラエルを中心に約一〇〇万人の信徒がいる。イスラム教とは別の宗教として考えられることも多い。一九四二年に聖地ナビ・シュアイブ(イスラエル北部)の管理をめぐりほかのアラブ系ムスリムと対立し、それまでもたびたび迫害されてきたため、ムスリム全体と連帯していない。レバノンでは中部のシューフ山地を本拠地とし、長年マロン派キリスト教徒と対立してきた。イスラエルには約一〇万人のドルーズ派がおり、ほかのムスリムとは異なり徴兵義務を負う。

トンキン湾事件　一九六四年八月に、北ベトナム沖のトンキン湾で起こったと考えられていたアメリカ－北ベトナムの間の二度にわたる武力衝突事件。一度目は米海軍が北ベトナム軍と交戦したが、二度目の北ベトナム軍による米駆逐艦への魚雷攻撃は存在せず、現場の誤認であった。現地調査を行ったアメリカ軍将校が、魚雷攻撃があったかどうかは疑わしいとする報告書を送ったが、ジョンソン大統領はすでに武力行使を決断しており、その情報を隠蔽した。議会は武力行使を支持して北爆が開始され、本格的な地上戦にも突入した。

ラテンアメリカへの数々の侵攻　アメリカはラテンアメリカ諸国に対し、政治的・経済的・軍事的利益に基づき、様々な軍事介入を行ってきた。例を挙げれば、米西戦争(一八九八年)の後キューバにたびたび介入し、パナマ運河をめぐっては一九〇三年にパナマをコロンビアから独立させて一九一四年まで占領した。さらに一九一五―三四年にはハイチを、一九一六―二四年にはドミニカ共和国を占領した。また、一九二六年にはニカラグア、一九五四年にはグアテマラ、一九六五年にはドミニカ共和国、一九八一年にはエルサルバドルの内戦に介入した。反共や親米であるという理由で、残虐な国内弾圧(「汚い戦争」)を行う独裁政権を援助することも多かった。

ニカラグア作戦(一九八三)　アメリカは、基地をおくホンジュラスでホンジュラス軍とともに大規模な軍事演習を繰り広げるとともに、隣国ニカラグアのサンディニスタ政権に対する空爆支援やCIAの秘密作戦を通じ、コントラの軍事攻撃を大々的に支援した。実は、当初レーガン大統領は直接の軍事侵攻作戦を軍に求めていた。アメリカ軍が反対した結果、表向きには軍事演習の体裁が保たれ、正規軍による本格的な侵攻にはいたらなかった。アメリカ軍は後に、軍事演習は抑止的効果を持っていたと評価している。

ハイチ介入(一九九四)　ハイチでは一九五八年以来、残虐なデュバリエ独裁政権が続いていたが、一九八六年にクーデターで崩壊した。アメリカ軍の監視の下、選挙が行われたが、政情は安定しなかった。一九九一年の二回目の選挙では、広範な支持を得たアリスティドが大統領に選出された。アメリカは他の候補を推していたが、アリスティドがクーデターのため亡命すると、一九九四年に安保理決議に基づいて軍事侵攻し、軍事政権を退陣させた。

パナマ侵攻(一九八九—九〇)　一九〇三年にコロンビアから独立したパナマでは、一九八三年以来、独裁者ノリエガがアメリカから支援を受けて権力の座に就いていた。しかし、ノリエガはアメリカとも対立するにいたり、民主化運動を弾圧し、大統領選挙を実施しても対立候補の当選を受け入れなかった。こうした状況を踏まえ、アメリカ議会でもパナマに侵攻すべきだとする主張が盛んになったので、ブッシュ(父)政権が侵攻を命じ、ノリエガを逮捕して新大統領を就任させた。パウエル統合参謀本部議長を始めアメリカ軍は必ずしもこの侵攻に乗り気ではなかった。

ヒズボラ　一九八二年のイスラエルの第一次レバノン侵攻を受け、イスラム教シーア派の過激派がイランの支援を受けて形成したレバノンの武装政治集団。内戦後のレバノンを影響下に収めたシリアはヒズボラ支援に回り、イランもまたヒズボラ支援を通じてレバノンでの影響力を増大させた。ヒズボラは一九八三年に駐レバノン米大使館を爆破し、またベイルートの米海兵隊宿舎に自爆テロ攻撃を行い、アメリカ軍を撤退させた。イスラエルの殲滅を掲げて頻繁に攻撃を仕掛けており、二〇〇六年の第二次レバノン戦争でもイスラエル国防軍に敗れなかった。

ピッグス湾攻撃（一九六一）　アメリカのケネディ政権が、ＣＩＡが提案した作戦に基づいて亡命キューバ人を組織し、アメリカ軍とともにキューバのカストロ政権を駆逐するために軍事侵攻を試みた事件。侵攻は、大統領、ＣＩＡ、アメリカ軍による様々な判断・計画ミスや、キューバとの圧倒的な投入兵力の差などの理由から三日間で失敗に終わり、むしろカストロ政権がソ連に急接近する結果を招いた。

日比谷焼打事件（一九〇五）　日露戦争終結後のポーツマス条約の講和条件に反対した日本の群衆が、九月五日に日比谷公園に結集して戦争継続と閣僚処断などを主張し、内相官邸やアメリカ公館の焼き討ち等の暴動を起こした事件。報道により日本軍の圧倒的優勢を信じていた国民の、巨額の賠償金を得られるという期待が裏切られたために起こった。大手新聞などが、講和条約を締結した桂太郎内閣に厳しい批判を繰り広げたこともその背景にあった。結果として桂内閣は総辞職に追い込まれた。

兵営国家(garrison state)　ハロルド・ラスウェルが、一九四一年の論文("The Garrison State," *The American Journal of Sociology* 46, No. 4(January): 455–468)で提起した、内外へ暴力を振るう能力に長けた全体主義国家の概念。彼の定義においては、国家社会主義と軍官僚による強権支配、プロパガンダと大衆動員、軍事の最優先と好戦性といった要素が混在していた。ラスウェルは、兵営国家が世界に次々と現れ、その対外的脅威を前にアメリカさえも兵営国家へと変貌していくことを恐れていた。

米西戦争（一八九八）　スペイン植民地のキューバは、一八六八年以来、三〇年にわたって独立戦争を戦っていたが、アメリカ政府はそれに直接軍事介入していなかった。だが、アメリカ国内では商業利権を持つ人々、スペインによるキューバ人弾圧に反対する人々、それに便乗した大衆紙などが開戦を唱え、米軍艦メイン号の爆発事故を契機に、世論と議会がマッキンレー大統領に圧力をかけ、スペインの戦争回避努力にも拘わらず戦争に突入した。四カ月足らずでアメリカが勝利し、フィリピンなどの旧スペイン植民地を購入し、キューバを保護国とした。

米比戦争（一八九九—一九一三）　スペイン植民地であ

ったフィリピンは、米西戦争の戦場となった。アメリカは海戦でスペインに圧勝し、上陸作戦では亡命先の香港から帰還した独立運動家アギナルド率いる一万のフィリピン人独立勢力がスペイン軍に対して果敢に戦って勝利に貢献した。だが戦後、アメリカのマッキンレー政権はフィリピンを植民地化することを定めたため、米比間で戦争が勃発した。戦争はゲリラ戦と化し、フィリピンの民間人数一〇万人がアメリカ軍によって虐殺された。

米墨戦争(一八四六—四八)　メキシコ北部にはアメリカ系移民が多く入植し、なかでもテキサスは独立戦争を起こしてアメリカに併合された。アメリカはさらにカリフォルニア、ネバダ、ユタを始めとする地域の獲得を望んでメキシコ政府と交渉していたが進展せず、メキシコとテキサスの境界紛争を利用して、小規模な軍事衝突から戦争へと突入した。戦争はアメリカがメキシコの首都を制圧して終わり、メキシコの約三分の一の国土がアメリカへ廉価で割譲された。

平和の配当　国家予算の中で防衛費の削減分が、経済投資や社会福祉など非軍事分野の支出に回ることを指し、冷戦終結後各国で大幅に防衛費が削減されたことからよく使用された言葉。

ベトナム化　アメリカのニクソン大統領が、ベトナム戦争が泥沼化したことを受けて、栄光ある撤退を図るために、戦争遂行の役割を担う主体をアメリカ(軍)から現地の南ベトナム(軍)へと移し換えようとした政策。

ベトナム戦争(一九六四—七五)　インドシナ戦争後、南北に分割されたベトナムで、ホー・チ・ミンの率いる北ベトナムが、ベトコンとともに国土統一のために南ベトナムの政府やアメリカを始め各国の軍と戦った戦争。アメリカは、アイゼンハワー政権が派遣した軍事顧問団をケネディ政権が増大させて徐々に介入を強め、ジョンソン政権期にはトンキン湾事件をきっかけに本格的な戦争へと突入した。一九七三年のパリ協定を経てアメリカ軍は撤退し、一九七五年に南ベトナム政府は北ベトナムに降伏した。

ボーア戦争(第二次、一八九九—一九〇二)　オランダ系植民者のボーア人がアフリカ内地に建国したオレンジ自由国(一八五四)とトランスヴァール共和国(一八五二)では、新しく鉱山が発見され、ケープ英植民地やイギリスから大量に移民が流入していた。イギリスは第一次ボーア戦争(一八八〇―八一)でトランスヴァール併合に失敗し、またケープ植民地首相のセシル・ローズが一八九五年に同じく併合を試みて失敗した。一八九九年にソールズベリー英内閣が再度戦争を決断し、多大なコストを払って両国を併合した。

ボスニア紛争介入(一九九五) 一九九一年のユーゴ連邦解体を受け、ボスニア=ヘルツェゴビナでは独立をめぐってセルビア系、クロアチア系とムスリムの三民族間で対立が起こり、一九九二年に内戦が始まった。セルビアとクロアチアが介入し、NATOは空爆を行ったが、一九九五年には国連が指定した安全地帯においてセルビア人がムスリム虐殺(「スレブレニツァの悲劇」)を行った。四〇〇人余りの国連保護軍(UNPROFOR)のオランダ兵では民族浄化を防げなかったことが注目を浴び、NATO軍はセルビア勢力への空爆を強化した。一九九五年末にデイトン合意が調印されてボスニアは分割された。

マラヤ共産主義運動抑圧(一九四八―六〇) 日本軍の英領マラヤ侵攻(一九四一―四五)に際して、華人共産勢力(後のマラヤ共産党)が抵抗し、イギリスも日本に対抗するためそれを利用したが、戦後になると立場を翻した。イギリスは一九五七年にマレー人を優遇したかたちでマラヤ連邦を独立させ、排除されたマラヤ共産党はマレー人への暴力行為を展開した。非常事態宣言とともに内戦が開始され、イギリス軍とマラヤ政府は約四〇万人の華人集落の強制移住を行い共産勢力への補給を断つとともに、密林でのゲリラ戦を行った。一九六〇年に非常事態は解除されたが、武力紛争は一九六九年まで続いた。

ミズラヒム(単数形ミズラヒ) 主にアフリカ・中東系のユダヤ人。またミズラヒムは、アシュケナージムやセファルディム以外のその他のユダヤ人の総称としても用いられる。用いる言語は多様。

民主的平和論(Democratic Peace Theory) デモクラシー(ないし自由主義的諸国)は互いに戦争はしていないという指摘や、その理由を理論化しようとする一連の研究を指す。デモクラシー同士の二国間関係における戦争の不在の指摘と、その理由の解明を試みるに止める研究も多いが、論者の中にはデモクラシーそのものの平和的志向を論じるものもあり、国際関係論や政治学における議論に止まらずデモクラシーの国々に広く受け入れられている仮説であるといえる。

六日間戦争(一九六七)　紛争の発端は、水利用をめぐるイスラエルとヨルダン、シリアとの対立と、ヨルダンに基地を置き、シリアの支持を受けていたPLOのイスラエルに対するゲリラ攻撃にあった。エジプトのナセルは対立していたヨルダン王家と和解してイスラエル包囲網を形成し、チラン海峡封鎖を宣言して対立をエスカレートさせた。これを受け、イスラエルのエシュコル政権は三カ国に先制攻撃をしかけて六日間で全面的な勝利を収め、シナイ半島、ゴラン高原、ヨルダン川西岸地区、ガザ地区を占領した。

モロの火口虐殺(一九〇六)　モロ人(ムスリム)はスールー諸島を中心にミンダナオ島の一部にスールー王国を築いており、スペインも完全には実効支配していなかった。アメリカは米西戦争の結果、王国を米領フィリピンのモロ州として統合したが、モロ人はアメリカ軍政に頑強に抵抗を続けた。モロ州を統治したレナード・ウッド准将は掃討を続け、ダホ山の砦攻略を命じた。派遣部隊は婦女子を含む数百人のモロ人が立てこもったダホ山火口に集中砲火を浴びせ、モロ生存者は六名に止まった。遺体の山の写真が配信された結果、アメリカ国内でも虐殺だとして一部から批判が寄せられた。

ヨム・キプール戦争(一九七三)　エジプトのナセルの後継者サダトは、一九七三年のヨム・キプール(贖罪日)にシリアなどとともにイスラエルに先制攻撃を加え、緒戦では大勝した。イスラエルとエジプトが共に互いの首都に進軍できたにも拘わらず抑制したことで、互いの殲滅を意図しないという意思表示に繋がり、両国は一九七八年に和平を達成した。イスラエルでは戦後、先制攻撃を予測できなかったゴルダ・メイア政権が退陣に追い込まれた。

ラオス侵攻(一九六四—七三)　一九五三年にフランス

から独立した後、内戦状態にあったラオスは、北ベトナムがラオス内にホーチミン・ルート(北ベトナムから南ベトナムの解放民族戦線への陸上補給路)を設けたため、ベトナム戦争に巻き込まれた。一九六二年のジュネーブ合意でベトナム戦争に関しラオスの中立を定めていたので、アメリカはCIAや特殊部隊等を用いて秘密戦争といわれる戦争を戦った。さらにアメリカはラオスの共産勢力に対抗するため、山岳部族を訓練して共産勢力と戦わせた。一九七一年には南ベトナム軍を中心に北ベトナムの補給路を断つためラオスに侵攻したが失敗し、北ベトナムによる南への本格的な攻撃であるイースター攻勢を招いた。

リビア介入(二〇一一) 一九六九年からリビアの権力を握ってきた独裁者カダフィは、二〇〇一年のアメリカ同時多発テロ後に反米路線から転換した。しかし二〇一一年、国内で民主化を求める「中東の春」で反政府運動が激化した。カダフィはこれを弾圧し退陣を拒否したものの、離反者が続出した。カダフィを非難する国連安保理決議に続き、サルコジ仏大統領の主導で米英仏を中心とするNATO軍が七カ月間に及ぶ空爆を行って、反政府軍が勝利した。

リビア戦争(一九一一―一二) ファシズム台頭直前の自由主義体制のイタリアでは、ヨーロッパ諸国のアフリカ分割の動きに呼応して、カソリック保守派や右派勢力を中心に、トルコ領トリポリタニアとキレナイカの割譲を求める動きが高まった。そこで、ジョリッティ政権は一九一一年にトルコに対して戦争をしかけ、当該地域をリビアとして併合した。この戦争では多額の戦費と人命が費やされ、ムッソリーニは当時リビア戦争を激しく批判した。

ルール占領(一九二三―二五) フランスとベルギーは、ドイツの第一次世界大戦の賠償金の支払い延滞を理由にドイツのルール工業地帯を占拠した。ドイツはすでにハイパー・インフレを起こしていたが、ルール占領はそれを飛躍的に加速させた。ドイツは賠償軽減のためにアメリカに協力を求めたが、アメリカは戦勝国に多額の戦時公債を発行していたため利益が相反し、早期には要請に応えなかった。結局、連合国側はドイツの返済額を当面下げることにして投資が行われたほか、賠償額も軽減されて占領は終了した。

ルワンダ介入(一九九〇―九四)　ルワンダは一九六二年に多数派のフツ族を中心とする形でベルギーから独立し、支配層で少数派のツチ族は多くがウガンダに逃れた。ウガンダで結成されたツチの民兵(RPF)が一九九〇年にルワンダに進軍し、内戦が始まったのを受け、フツ政府に軍事協力していたミッテラン仏大統領は軍を展開した。一九九四年、ルワンダ大統領暗殺事件をきっかけとしてフツ過激派の民兵がツチや穏健派フツを数一〇万人虐殺した。安保理決議を受けフランスが同年行った作戦は、RPFからフツを守るものでありジェノサイドを看過した、と内外から批判された。

レバノン内戦(一九七五―九〇)　レバノンでは、マロン派キリスト教徒、ドルーズ派、イスラム教スンニ派やシーア派などの多様な民族・宗派が権力を分有していたが、一九七〇年にヨルダンがPLOを追放すると、多数のパレスチナ難民が流入し、PLOが南部に「解放区」を築いてイスラエル攻撃の拠点としてから不安定化した。これに対し、殊にマロン派がPLOに敵対して住民同士の衝突が内戦に発展し、各派が民兵組織を形成した。シリアはイスラエルのラビン政権とのあいだで、シリア軍展開の地理的範囲を限定する代わりにイスラエルがシリアのレバノン内戦介入を黙認するという、「レッド・ライン秘密協定」を結んで軍事介入し、内戦終結のため当初PLOを弾圧したが、イスラエルの介入を企図したマロン派がシリア軍を攻撃した。イスラエルで政権交代が起きると、ベギン政権は一九七八年のリタニ作戦でレバノン南部を攻撃して緩衝地帯を設けた。さらにレバノンでの親イスラエル政権の樹立とPLOの退去等を目指して一九八二年に本格的に侵攻し、シリアを攻撃したうえ首都ベイルート包囲戦を行った。PLOはベイルートから退去したが、レバノンの各武装勢力がイスラエル国防軍に対して蜂起し、内戦はかえって激化した。国防軍が南部緩衝地帯へ撤退した後には、シリア軍が支配することで一九九〇年にいったん内戦終結を見た。

ロシア革命介入(一九一八―二〇)　第一次世界大戦さ

なかの一九一七年、ロシアで一〇月革命が起こり、レーニンのボリシェビキ政権が誕生してドイツと単独休戦した。日米英仏は連合国を離脱したボリシェビキ政権への攻撃と反共を目的にソ連に派兵した。日本は七万人以上の軍を送り、一九二〇年に他の連合国が撤退した後も、一九二二年までシベリアに駐留した。シベリア出兵は本野一郎外相を始め寺内正毅内閣主導で行われ、陸軍省は積極的であったが参謀本部は派兵に消極的で、徴集兵の不満や戦いの意義への疑いも多かった戦争として知られる。

湾岸戦争（一九九一）　一九九〇年八月にイラクが産油国クウェートに侵攻し併合を宣言したのに対し、国連安保理決議の授権を得て、アメリカを始め多国籍軍が翌年一月に空爆に続く大規模な地上戦で攻撃し、クウェートを解放した戦争。イラクのクウェート侵攻直後は、米英仏軍がサウジアラビア防衛のために同国に展開した。アメリカのブッシュ（父）政権は、冷戦終結後の国際協調を背景に広範な国際協力を取り付けた。多国籍軍側の死者が少ないハイテク戦でもあった。

ＯＡＳ（Organisation armée secrète; 秘密軍事組織）　一九六一年に結成されたアルジェリア独立阻止のための武装結社。フランスやアルジェリアでテロを繰り返し、アルジェリアの民族自決を表明したド・ゴール大統領暗殺未遂事件を起こした。一九五八年までアルジェリア駐留軍を指揮していたラウル・サラン退役将軍が指導者であった。サラン自身は比較的穏健派であったが、ＯＡＳは政治家やピエ・ノワール（ヨーロッパ系植民者）、将校などの寄り合い所帯であり、ピエ・ノワールを中心とする過激派は見境のない暴力を振るった。ＯＡＳはアルジェリ独立後もテロ活動を続けたが、一九六〇年半ばには逮捕や殺害などで組織が消滅した。

あとがき

イラク戦争は私が研究を志すきっかけとなった事件だった。ジョージ・W・ブッシュ大統領の主要戦闘終結宣言後、楽に勝利すると思われた戦争は手に負えなくなっていった。インターネットや新聞、雑誌上では多くの軍人や退役将兵が戦争を批判していた。その批判には、戦争の戦略・戦術や人員規模などの専門的な意見を超え、戦争の大義や必要性についての反対意見が含まれており、日ごろ自らが縛られていた軍の傾向に関する「常識」を塗り替えられる感覚を覚えた。第二次世界大戦にいたる日本の経験やナチスドイツの攻撃性などの歴史を踏まえて、軍や独裁が危険であるという教訓は、私自身を含めた現代人に深く植え付けられてきた。だが、果たしてシビリアンは、そしてデモクラシーは、攻撃的な戦争を始めてこなかっただろうか。

シビリアンが推進し、また軍人が反対する戦争とはいったい何なのだろうか。この問いは、見かけよりもはるかに深遠なものだ。デモクラシーが国民の賛意の下に攻撃的な戦争を始めることがあるという事実は、すでに現代の私達にとっては身近な、実感のある現象といってよいだろう。それでも、この問いに正面から答えた研究はこれまでなかった。本書は、わずかなりともこうした大きな問いに対する答えを提供できたのではないかと思っている。

軍が平和的だと仮定するのも、シビリアンが常に攻撃的だと仮定するのも誤りだが、シビリアンの戦争という問題のカテゴリーが存在することは事実である。民主的平和論が主張するように、デモクラシーが世界中に広まった暁には、世界は真に平和になるのかもしれない。しかし、いまだそうなっていない以上、政治学は現存する問題とその出来事の因果関係を説明するべきではないだろうか。本書において示したのは、デモクラシーだから抑制的だとか、デモクラシーだから非デモクラシーに対して攻撃的だとか、または帝国だから攻撃的な戦争をするといった、一面的な切り取り方では見落とされてしまう攻撃的戦争のメカニズムである。戦争と平和の歴史の中で、われわれはいまいかなる時点に立っているのか、本書だけでは到底明らかにすることはできない。自身の今後の研究課題でもあるが、同時に、本書を通じて示した研究分野がしかるべき注目を集めることを願っている。

本書の問題提起に関わる研究課題は膨大である。「シビリアンの戦争」はソ連や中国など、より現代的な非デモクラシーにも観察された現象だった。今後、こうした非デモクラシーにおいて起きた「シビリアンの戦争」とデモクラシーによる「シビリアンの戦争」との共通する性格を探る余地も残されているだろう。「シビリアンの戦争」という課題が極めて現代的な事象であることを考えると、非デモクラシーで見られたそうした現象は、結局は本書で語られた「シビリアンの戦争」に行きつく問題なのかもしれない。そうだとすれば、本書の試みはそうした研究の核となる部分を提供したことになる。本書は民主的平和論に対する反論ではないが、政治体制による戦争への姿勢の違いについての認識をある程度相対化する方向にも貢献しうるだろう。

また、軍がどのような状況下で戦争に反対するのか、軍の戦争に対する認識に焦点を当てる研究も必要だろう。本書では、軍が攻撃的戦争のなかでも多くの損害が見込まれ、政治による制約の多い戦争に反対しがちであるという経験的な分析を述べたが、同時に、戦争の必要性に対する軍の批判も観察することができた。この点を安全保障上の脅威に対するシビリアンと軍の考え方の違いと結びつけて論じることも可能だろうし、また例えば人道的な政策目的とその目的達成に見込まれる死傷者数などの比較考量において、両者の間で考え方が異なると考えることができるかもしれない。今後こうした問題について検討を加えることは有益だろう。

さらに、デモクラシーの内部に目を向け、これまでの戦争に対する世論の動向や、経済成長と徴兵制の廃止がもたらした社会の変化などに焦点を当てた研究を行うことで、国民の傾向をより掘り下げて検討する課題も残されているだろう。民主的制度やシビリアン・コントロールの拡充だけでは「シビリアンの戦争」は防ぎえないという点、また、シビリアンの優越が軍の戦争反対をもたらしている点に、ディレンマの本質があった。であるならば、問題とともに解決策を社会の構造に求めることが可能かもしれない。結論において示したように、その解は新たな「共和国」像にある、と私は考えており、今後引き続き研究に取り組んでいきたい。

本書の執筆を終えての所感も記しておきたい。執筆を通して、あらためて、人間であれば誰しも「ダークサイド」を持っているというだけでなく、善意であっても結果的に害をなすことがあり、他者の苦しみに驚くほど冷淡になれるということを考えさせられた。戦争に関して、例えば被占領者の悲しみ、または兵士の苦しみ、あるいは指導者の後悔のいずれかに共感することは比較的簡単にできる。しかしその一方で、そのほかの人々の苦しみをいとも簡単に無視したり軽視したりしてしまうことができるのだ。その意味では、本書は自分の配下の兵士を、過酷な、かつ自分の信じていない戦いに送らざるを得なかったエリート軍人や、前線に送られた兵士の父母などに共感を寄せている分だけ、ほかの人々の苦しみ、殊に被侵攻地の人々の犠牲や、彼の地において戦前に弾圧されていた人々の苦境を軽視しているという批判を受けるかもしれない。だが、軍人の苦しみが真のものでないとは、誰にもいえないだろう。誰かを糾弾することはたやすいが、対立する立場の双方を理解し、共感を寄せることがいかに難しいことか。同じことは日本の左右陣営の対立にもいえる。われわれは、ヒューマニズムと想像力の翼をもっと広げる努力をしなくてはならない。

だが、もう一つの救いの道も示されている。仮に相手側の犠牲者に思いを馳せることができなくとも、「見合わない」戦争をしてはならない、という教訓は共有できるだろう。「シビリアンの戦争」の多くで、指導者にとっても想定外の自軍の損害を出し、または政策目的を遂げられなかったことは、そろそろ学ばれていい教訓だろう。それによってすべての攻撃的戦争が防げるわけではないが、まずは最低限のところで合意することから始めてはどうだろうか。

人間の善悪と向き合って悩むよりも、構造的に理解する方が物事に光を照らしてくれることがある。むしろ物事の構造に無知であることが、善意に対して仇をなす場合も多い。本書は国際政治学の多くの構造的分析手法とは異なり、国内構造からの説明を試みている。つまり、国内政治構造に着目すれば、現在の安定型デモクラシーには、「シビリアンの戦争」を引き起こす危険が潜んでいるのであり、国際政治学や政軍関係研究を含む政治学はそのことを無視してはならない、ということだ。

本書は多くの方々に支えられて出来上がった。まずは、ずっと温かく辛抱強くご指導下さった藤原帰一先生に深く感謝したい。疑問の見付け方などあらゆる点において導いていただき、難問やさらなる課題を投げかけてもいただいた。五十嵐武士先生には本書の骨格からイラク戦争の事例にいたるまで、貴重なご指導をいただいた。田中明彦先生には本書の元になった博士論文の主査をしていただき、お会いするたびに本質的なご指導をいただいた。久保文明先生には論文審査の副査をしていただき、アメリカ国内政治の観点から貴重なご指導を賜った。高原明生先生からは、本書の全体に関して東京大学法学部比較現代政治研究会での発表の機会を賜り、博論の口頭試問でも鋭いご指摘とご助言をいただいた。眞柄秀子先生、小野耕二先生には、日本比較政治学会での発表の際のコメンテーターとして、理論的骨格に関し眼の開かれるコメントをいただいた。政軍関係研究の第一人者でいらっしゃる三宅正樹先生には鋭いご指摘と同時に、励ましもいただいた。石田淳先生には、分厚い博論をお読みいただき、今後の研究の方向性についてご助言をいただいた。交流協会と川島真先生には、本研究の前身である政軍関係理論の研究を台湾にて発表する機会をいただき、川島先生は折に触れてそのお人柄で支えてくださった。日本比較政治学会での発表の折には竹中千春先生と酒井啓子先生を始め、諸先生方から貴重なご意見を賜り、政治史研究会の発表の際には、茂田宏先生、塩川伸明先生、前田康博先生から重要なコメントをいただいた。茂田先生には、本研究を志す最初のきっかけとなったシビリアン・コントロールについての小論文の執筆を温かくご指導いただいたことも忘れられない。理系の学部に在籍していた私に、初めに社会科学の面白さを教えてくださったのは、船橋洋一先生だった。農学部時代の指導教員の佐藤洋平先生は、未熟な筆者を信頼し続けてくださった。権威主義体制の戦争を研究された林載桓さんは、毎回刺激に満ちた議論に付き合ってくださった。同じ門下生の皆さんには進捗報告会を始め、大変お世話になった。また、本研究は、ＪＳＰＳ科研費１９・８０３０（特別研究員奨励費）、２３８３０

016（研究活動スタート支援）の助成、および、日米協会、松下幸之助記念財団の寛大な助成を受けた。最後になったが、筆者の未熟さから多大なお世話をおかけした岩波書店の大橋久美さんには、本書の刊行に当たりきめ細かいコメントをいただき、大変勉強になった。皆様に心より御礼申し上げたい。本書のいたらない部分はすべて私に責任があることはいうまでもない。

苦しみを乗り越えることで生み出しうるものの大きさを教えてくれた、亡き娘、珠《たま》に本書を捧げる。

二〇一二年八月

三浦瑠麗

戦争と権力——国家、軍事紛争と国際システム
ポール・ハースト
佐々木寛訳
四六判二一四頁
本体二五〇〇円

イラク危機はなぜ防げなかったのか
——国連外交の六百日
川端清隆
四六判二四〇頁
本体二七〇〇円

デモクラシーの帝国
——アメリカ・戦争・現代世界
藤原帰一
岩波新書
本体七六〇円

シリーズ　日本の安全保障1
安全保障とは何か
遠藤誠治
遠藤乾編
四六判三一八頁
本体二九〇〇円

日本は戦争をするのか
——集団的自衛権と自衛隊
半田滋
岩波新書
本体七四〇円

人道的介入——正義の武力行使はあるか
最上敏樹
岩波新書
本体七八〇円

岩波書店刊
定価は表示価格に消費税が加算されます
2020年11月現在

三浦瑠麗(Lully Miura)
シンクタンク山猫総合研究所代表.
1980年茅ヶ崎市生まれ. 東京大学農学部卒業, 公共政策大学院修了(専門修士), 法学政治学研究科修了, 博士(法学).
日本学術振興会特別研究員, 東京大学政策ビジョン研究センター講師を経て, 2019年より現職. 2020年より東京国際大学特別招聘教授, 一般財団法人創発プラットフォーム客員主幹研究員.
著書に『21世紀の戦争と平和――徴兵制はなぜ再び必要とされているのか』(新潮社, 2019年), 『私の考え』(新潮新書, 2020年), 『あなたに伝えたい政治の話』(文春新書, 2018年)などがある. フジサンケイグループ「正論新風賞」(2017年)ほか受賞多数.

シビリアンの戦争
――デモクラシーが攻撃的になるとき

2012年10月18日　第1刷発行
2020年11月5日　第8刷発行

著　者　三《み》浦《うら》瑠《る》麗《り》

発行者　岡本　厚

発行所　株式会社 岩波書店
〒101-8002 東京都千代田区一ツ橋2-5-5
電話案内 03-5210-4000
https://www.iwanami.co.jp/

印刷・三陽社　カバー・半七印刷　製本・牧製本

ISBN 978-4-00-025864-7　Printed in Japan

登場人物一覧

本書で取り上げた「シビリアンの戦争」の5つの事例に登場した人物について，名前のカタカナ表記，英字綴，役職などを記し，グループ別に名前の50音順に並べる．キャリアの変遷は本書での記載に関係する範囲で記載する．役職の在任期間は，閣僚交代や戦争が長期にわたるなどの理由で必要な場合に記載し，本文に登場した爵位や軍の階級と最終的な称号が異なる場合は括弧内に記載した．なお，イギリスに関し日本語でファーストネームの表記がないものは爵位を持つ人の称号であり，苗字ではない．イスラエルの軍人には，イスラエルでの階級の名称を括弧内に記載した．

クリミア戦争

▼イギリス王家・アバディーン政権

ヴィクトリア／アルバート(Queen Victoria and Prince Albert)　イギリスの女王夫妻．

アバディーン(George Hamilton-Gordon, 4th Earl of Aberdeen)　首相，ピール派．

パーマストン(Henry John Temple, 3rd Viscount Palmerston)　内相，1855年2月から首相，ホイッグ党．

ラッセル(John Russell, 1st Earl Russell)　庶民院院内総務兼枢密院議長，ホイッグ党党首．

クラレンドン(George William Frederick Villiers, 4th Earl of Clarendon)　外相，ホイッグ党．

ウィリアム・グラッドストン(William Ewart Gladstone)　財相，ピール派．

ジェームズ・グラハム(Sir James Robert George Graham(2nd Baronet))　海軍大臣，ピール派．

ニューキャッスル(Henry Pelham Fiennes Pelham-Clinton, 5th Duke of Newcastle under Lyme)　陸軍大臣，ピール派．

ストラットフォード・ド・レドクリフ(Stratford Canning, Viscount Stratford de Redcliffe)　駐コンスタンティノープル大使．

ヒュー・ローズ(Hugh Henry Rose(Baron Strathnairn))　駐コンスタンティノープル代理大使．

▼イギリス議会政治家

ダービー(Edward George Geoffrey Smith Stanley, 14th Earl of Derby)　保守党党首，貴族院議員．

マームズベリー(James Howard Harris, 3rd Earl of Malmesbury)　保守党貴族院議員．

エレンボロー(Edward Law, 1st Earl of Ellenborough)　保守党貴族院議員．

クランリカード(Ulick John de Burgh, 1st Marquess of Clanricarde)　ホイッグ党貴

族院議員.
フィッツウィリアム(Charles William Wentworth Fitzwilliam, 3rd Earl Fitzwilliam) 急進的自由主義者，貴族院議員.
グレイ(Henry George Grey, 3rd Earl Grey) ホイッグ党貴族院議員.
ベンジャミン・ディズレーリ(Benjamin Disraeli(Earl of Beaconsfield)) 庶民院保守党指導者.
リチャード・コブデン(Richard Cobden) マンチェスター派庶民院議員.
ジョン・ブライト(John Bright) マンチェスター派庶民院議員.

▼イギリスその他シビリアン

ジョン・デレイン(John Thadeus Delane) 『タイムズ』紙の編集長.
アルフレッド・テニソン(Alfred Tennyson(1st Baron Tennyson)) 詩人.

▼イギリス軍人

ジェームズ・ダンダス(Vice Adm.(Adm.)Sir James Whitley Deans Dundas) 1854年10月まで地中海艦隊司令官.
ラグラン(Lt. Gen.(Field Marshall)FitzRoy James Henry Somerset, 1st Baron Raglan) 陸軍総司令官.
ライオンズ(Rear Adm.(Vice Adm.)Sir Edmund Lyons(1st Baron Lyons)) 1854年10月から地中海艦隊副司令官，ダンダスの後任の地中海艦隊司令官.
ボールドウィン・ウォーカー(Post Captain(Adm.)Sir Baldwin Wake Walker(1st Baronet)) 海軍本部の艦艇監督官・勅任艦長.
カーディガン(Maj. Gen.(Lt. Gen.)James Thomas Brudenell, 7th Earl of Cardigan) 陸軍少将，バラクラヴァの戦いを指揮.
ジョン・ヘイ(Post Captain John Hay(Lord John Hay)) 地中海艦隊の勅任艦長.
チャールズ・ネイピア(Adm. Sir Charles Napier) 英バルチック艦隊司令官.

▼外国の元首・政治家

ナポレオン3世(Louis Napoléon Bonaparte, Napoléon III) フランス皇帝.
ニコライ1世(Nikolai I Pavlovich; Tsar) ロシア皇帝(ツァー).
カール・ネッセルローデ(Count Karl Robert Nesselrode) ロシアの外相.
アレキサンダー・メンシコフ(Alexander Sergeyevich Menshikov) ロシアの海軍大臣.

第1次・第2次レバノン戦争

《第1次レバノン戦争まで》

▼第1次・第2次ベギン政権

メナヒム・ベギン(Menachem Begin) 首相，兼国防相(1980年5月～81年8月)，リクード党党首.
アリエル・シャロン(Ariel Sharon) 政権第1期農相，第2期国防相，元南部軍司令官，リクード党.
エゼル・ワイツマン(Ezer Weizman) 1980年5月まで国防相，元参謀次長，リク

ード党(後に労働党).

モーシェ・ダヤン(Moshe Dayan)　1979年10月まで外相，元参謀総長・国防相，労働党.

シマハ・エルリッヒ(Simcha Ehrlich)　政権第1期財相・副首相，政権第2期農相・副首相，自由党(後にリクード党へ合流)党首.

イツハク・シャミール(Yitzhak Shamir)　1979年10月から外相，1986年10月から首相，リクード党.

イガエル・ヤディン(Yigael Yadin)　政権第1期副首相，元参謀総長，ダッシュ党・民主運動党党首.

モーシェ・アレンス(Moshe Arens)　1983年2月から国防相，リクード党.

▼野党

シモン・ペレス(Shimon Peres)　労働党党首.

▼国防軍

イツハク・ホフィ(Maj. Gen.(Aluf)Yitzhak Hofi)　モサド長官，元参謀総長代理.

シュロモ・ガジット(Maj. Gen.(Aluf)Shlomo Gazit)　1979年2月までアマン長官.

イェホシュア・サギ(Maj. Gen.(Aluf)Yehoshua Saguy)　1979年2月からアマン長官.

ラファエル・エイタン(Lt. Gen.(Rav Aluf)Rafael Eytan)　1983年4月まで参謀総長，陸軍中将.

ダヴィッド・イヴリ(Maj. Gen.(Aluf)David Ivry)　空軍司令官.

モーシェ・レヴィ(Lt. Gen.(Rav Aluf)Moshe Levi)　1983年4月から参謀総長，陸軍中将.

エリ・ジェバ(Col.(Aluf mishne)Eli Geva)　任務放棄事件を起こした陸軍第211装甲旅団長.

▼中東

ヤセル・アラファト(Yasser Arafat)　PLO議長.

アブ・ニダル(Abu Nidal)　反アラファトのパレスチナ系武装勢力指導者.

バシール・ジェマイエル(Bashir Gemayel)　レバノンのファランヘ指導者.

アミン・ジェマイエル(Amine Gemayel)　バシールの兄，バシール暗殺後に大統領就任，親シリア派.

サアド・ハッダード(Sa'ad Haddad)　イスラエルが用いていたレバノン人将校.

アンワール・サダト(Anwar el-Sadat)　エジプト大統領.

▼アメリカ

ロナルド・レーガン(Ronald W. Reagan)　大統領.

アレキサンダー・ヘイグ(Alexander M. Haig Jr.)　国務長官，退役陸軍大将.

ジョージ・シュルツ(George P. Shultz)　ヘイグの後任の国務長官.

フィリップ・ハビブ(Philip C. Habib)　大統領特使.

モーリス・ドレイパー(Morris Draper)　特命中東大使.

《第２次レバノン戦争》

▼オルメルト政権

エフード・オルメルト(Ehud Olmert)　首相，カディマ党党首.

アミール・ペレツ(Amir Peretz)　国防相，労働党党首.

ツィピ・リヴニ(Tzipi Livni)　外相，カディマ党.

ギデオン・エズラ(Gideon Ezra)　環境保護相，カディマ党.

▼野党

ヨシ・ベイリン(Yossi Beilin)　左派政党のヤハド党党首.

▼国防軍

ダン・ハルツ(Lt. Gen.(Rav Aluf)Dan Halutz)　参謀総長，空軍中将.

ウディ・アダム(Maj. Gen.(Aluf)Ehud "Udi" Adam)　北部軍司令官，陸軍少将.

モーシェ・カプリンスキー(Maj. Gen.(Aluf)Moshe Kaplinsky)　参謀次長，北部軍に対する参謀本部代表，陸軍少将.

▼２つの事例を通じそのほかの登場人物

ゼエヴ・ジャボティンスキー(Ze'ev Jabotinsky)　労働党シオニズムへの対抗シオニズムを標榜し，過激派軍事組織のイルグン運動を率いた.

ゴルダ・メイア(Golda Meir)　労働党の元首相，ヨム・キプール戦争を受け退陣.

イツハク・ラビン(Yitzhak Rabin)　6日間戦争時の参謀総長，元首相(第2次政権ではオスロ合意を実現).

エフード・バラク(Ehud Barak)　労働党の元首相，レバノン南部から撤退.

エフライム・ハレヴィ(Efraim Halevy)　モサド叩き上げの元モサド長官.

アハロン・ブレグマン(Ahron Bregman)　歴史家，第1次レバノン戦争に従軍.

アモス・オズ(Amos Oz)　ピース・ナウの指導者，著名な作家.

モーシェ・ヤアロン(Moshe Ya'alon)　ハルツの前任の参謀総長.

アリ・シャヴィット(Ari Shavit)　『ハアレツ』紙コメンテーター.

ダヴィッド・グロスマン(David Grossman)　著名な作家，息子が第2次レバノン戦争で戦死.

イェホシュア・ソボル(Yehoshua Sobol)　著名な作家.

A. B. イェホシュア(A. B. Yehoshua)　著名な作家・劇作家.

ヤギル・レヴィ(Yagil Levy)　政軍関係研究者.

フォークランド戦争

▼イギリス政府

マーガレット・サッチャー(Margaret Hilda Thatcher(Baroness Thatcher))　首相，保守党.

ピーター・キャリントン(Peter Alexander Rupert Carrington, 6th Baron Carrington)　1982年4月まで外相，保守党貴族院議員.

リチャード・ルース(Richard Napier Luce(Baron Luce)) 1982年4月まで外務政務次官，保守党.
ジョン・ノット((Sir)John William Frederic Nott) 防衛相，保守党.
ジェリー・ウィギン((Sir)Alfred William "Jerry" Wiggin) 防衛担当国務相，保守党.
ウィリアム・ホワイトロー(William Stephen Ian Whitelaw(Viscount Whitelaw)) 内相，保守党.
フランシス・ピム(Francis Leslie Pym(Baron Pym)) 1982年4月から外相，保守党.
ハンフリー・アトキンス(Humphrey Edward Gregory Atkins(Baron Colnbrook)) 1982年4月まで国璽尚書，保守党.

▼イギリス議会

ジム・キャラハン(Leonard James Callaghan(Baron Callaghan of Cardiff)) 労働党の元首相，下院議員.
デニス・ヒーリー(Denis Winston Healey(Baron Healey)) 労働党副党首，下院議員，元防衛相.
マイケル・フット(Michael Mackintosh Foot) 労働党党首，下院議員.
ジョージ・トーマス(George Thomas(1st Viscount Tonypandy)) 下院議長，労働党.
タム・ディーエル(Sir Thomas "Tam" Dalyell Loch, 11th Baronet) 労働党下院議員.

▼イギリス軍

テレンス・ルーウィン(Adm. of the Fleet, Sir Terence Lewin(Baron Lewin)) 参謀総長，海軍.
ヘンリー・リーチ(Adm.(Adm. of the Fleet)Sir Henry Leach) 第1海軍卿.
エドウィン・ブラモール(Gen.(Field Marshall)Sir Edwin Bramall(Baron Bramall)) 陸軍参謀総長.
マイケル・ビーサム(Gen.(Marshall, RAF)Sir Michael James Beetham) 空軍参謀総長.
"サンディ"・ウッドワード(Rear Adm.(Adm. Sir)John Foster "Sandy" Woodward) 空母戦闘群を指揮.
ジョン・フィールドハウス(Adm.(Adm. of the Fleet)Sir John Fieldhouse(Baron Fieldhouse)) 海軍ナンバー・ツー，機動部隊司令官.
ピーター・ハーバート(Vice Adm.(Adm. Sir)Peter Geoffrey Marshall Herbert) 原潜部隊を指揮.
ジェレミー・ムーア(Maj. Gen. Sir John Jeremy Moore) 海兵隊のトンプソンの上官.
ジュリアン・トンプソン(Brig. Gen.(Maj. Gen.)Sir Julian Thompson) 海兵隊の上陸部隊を指揮.

▼イギリス・その他

ハロルド・ウィルソン(James Harold Wilson, Baron Wilson of Rievaulx)　労働党の元首相.

エドワード・ヒース(Sir Edward Richard George Heath)　保守党の元首相.

レックス・ハント(Sir Rex Masterman Hunt)　フォークランド諸島総督.

ローレンス・フリードマン(Sir Lawrence Freedman)　フォークランド戦争の公式史家.

ジョージ・ボイス(David George Boyce)　歴史家.

ヒュー・ビチェノ(Hugh Bicheno)　イギリス系アメリカ人(帰化)の軍事歴史家.

▼アルゼンチン政府

レオポルド・ガルティエリ(Lt. Gen. Leopold Fortunato Galtieri Castelli)　大統領, 陸軍司令官.

ニカノール・コスタ＝メンデス(Nicanor Costa Méndez)　外相.

ホルヘ・アナヤ(Rear Adm. Jorge Isaac Anaya)　海軍総司令官.

ラミ＝ドーソ(Brig. Gen. Basilio Arturo Ignacio Lami Dozo)　空軍司令官.

▼アメリカ政府

ロナルド・レーガン(Ronald W. Reagan)　大統領.

アレキサンダー・ヘイグ(Alexander M. Haig Jr.)　国務長官.

ジーン・カークパトリック(Jeanne Kirkpatrick)　国連大使.

イラク戦争

▼アメリカ政府

ジョージ・W・ブッシュ(George W. Bush)　大統領, 共和党

ディック・チェイニー(Richard “Dick” Cheney)　副大統領, 共和党.

ドナルド・ラムズフェルド(Donald H. Rumsfeld)　国防長官, 共和党.

コリン・パウエル(Colin L. Powell)　政権第 1 期国務長官, 第 12 代統合参謀本部議長, 共和党.

コンドリーザ・ライス(Condoleezza Rice)　国家安全保障担当大統領補佐官, 政権第 2 期国務長官, 共和党.

ポール・オニール(Paul H. O’Neill)　政権第 1 期初期の財務長官(解任), 共和党.

ジョージ・テネット(George J. Tenet)　CIA 長官, 民主党.

カール・ローヴ(Karl C. Rove)　大統領次席補佐官・選挙対策大統領顧問, 共和党.

ポール・ウォルフォウィッツ(Paul D. Wolfowitz)　国防副長官, 共和党.

リチャード・アーミテージ(Richard L. Armitage)　国務副長官, 共和党.

スティーブ・ハドリー(Stephen “Steve” Hadley)　国家安全保障担当大統領次席補佐官, 共和党.

ダグラス・ファイス(Douglas J. Feith)　政策担当国防次官, 共和党.

ステファン・カンボーン(Stephen A. Cambone)　国防長官室プログラム分析・評価部長, 後に情報担当国防次官, 共和党.

ジョン・マクローリン(John E. McLaughlin)　CIA 副長官(CIA の叩き上げ).
アリ・フライシャー(Ari Fleischer)　ホワイトハウス報道官，共和党.
スコット・マクレラン(Scott McClellan)　フライシャーの後任の報道官(副報道官より昇任)，共和党.
リチャード・クラーク(Richard A. Clarke)　NSC テロ対策特別補佐官，共和党.
コーファー・ブラック(Joseph Cofer Black)　CIA，対テロリズム・センター所長，共和党.
リチャード・ハース(Richard N. Haas)　国務省政策企画局長，外交官.
ウェイン・ダウニング(Wayne A. Downing)　クラークの後任のテロ対策特別補佐官，退役陸軍大将，共和党.
ランディ・ビアーズ(Rand "Randy" Beers)　ダウニングの後任のテロ対策特別補佐官，海兵隊出身の外交官.
ジェリー・ブレマー(L. Paul "Jerry" Bremer III)　大統領特使，連合暫定施政当局(CPA)文民行政官，外交官，共和党.
ジェイ・ガーナー(Jay M. Garner)　復興人道支援室(ORHA)局長(2003 年 1～5 月)，退役陸軍中将，共和党.

▼議会

トム・ダシュル(Thomas "Tom" A. Daschle)　上院の民主党院内総務.
カール・レビン(Carl M. Levin)　民主党上院議員，軍事委員会委員長.
エドワード・ケネディ(Edward Kennedy)　民主党上院議員，軍事委員会に所属.
ロバート・バード(Robert C. Byrd)　上院仮議長等を務めた最古参民主党上院議員，軍事委員会に所属.
バーバラ・ボクサー(Barbara L. Boxer)　民主党上院議員，外交委員会に所属.
ラス・フェインゴールド(Russell "Russ" D. Feingold)　民主党上院議員，外交委員会，情報委員会に所属.
ディック・ダービン(Richard "Dick" J. Durbin)　民主党上院院内議員総会幹事，後に上院院内幹事，外交委員会に所属.
ボブ・グラハム(D. Robert "Bob" Graham)　民主党上院議員，情報委員会委員長.
ダイアン・ファインスタイン(Dianne G. B. Feinstein)　民主党上院議員，情報委員会に所属(後に委員長).
ディック・ゲッパート(Richard "Dick" A. Gephardt)　下院の民主党院内総務.
ナンシー・ペロシ(Nancy Pelosi)　下院の民主党院内幹事.
アイク・スケルトン(Isaac "Ike" Newton Skelton IV)　民主党下院議員，軍事委員会に所属(後に委員長).
ジョン・スプラット(John M. Spratt)　民主党下院議員，軍事委員会に所属.
デイヴ・オベイ(David "Dave" R. Obey)　民主党下院議員.
ジョー・バカ(Joe Baca)　民主党下院議員，ベトナム戦争に従軍した陸軍退役兵.
ジャック・マーサ(John "Jack" P. Murtha Jr.)　民主党下院議員，ベトナム戦争に従軍した海兵隊退役大佐.
エイモ・ヒュートン(Amo Houghton)　共和党下院議員，第 2 次世界大戦に従軍し

た海兵隊退役兵.

▼**その他**

ニュート・ギングリッチ(Newton “Newt” L. Gingrich)　元下院議長，共和党.

ブレント・スコウクロフト(Brent Scowcroft)　ブッシュ(父)政権の国家安全保障担当大統領補佐官，共和党.

ジェームズ・ベーカー(James Baker III)　ブッシュ(父)政権の国務長官，共和党.

チャールズ・ドュエルファー(Charles A. Duelfer)　UNSCOM 委員長代理，外交官.

トニー・ブレア(Anthony “Tony” Charles Lynton Blair)　イギリス首相.

ド・ビルパン(Dominique de Villepin)　フランス外相.

アフマド・チャラビ(Ahmed Abdel Hadi Chalabi)　亡命イラク人のイラク国民会議(INC)代表.

ハンス・ブリクス(Hans Blix)　UNMOVIC 委員長，スウェーデン元外相.

ウィリアム・クリストル(William Kristol)　保守派の『ウィークリー・スタンダード』紙編集者.

ヘレン・トーマス(Helen Thomas)　最古参のホワイトハウス記者.

メアリー・マクグローリー(Mary McGrory)　『ワシントン・ポスト』紙記者.

ジュディス・ミラー(Judith Miller)　『ニューヨーク・タイムズ』紙記者.

リチャード・パール(Richard N. Perle)　国防政策諮問委員会委員長，民主党の保守派論客，ロビイスト.

デヴィッド・フラム(David Frum)　大統領特別顧問，共和党の保守派論客.

エリオット・コーエン(Eliot A. Cohen)　アメリカの政軍関係研究者.

▼**アメリカ軍**

ヒュー・シェルトン(Gen. Henry “Hugh” Shelton)　第 14 代統合参謀本部議長，陸軍大将.

リチャード・マイヤーズ(Gen. Richard B. Myers)　第 15 代統合参謀本部議長，空軍大将.

トミー・フランクス(Gen. Tommy R. Franks)　第 7 代中央軍司令官(2003 年 7 月まで)，陸軍大将.

ジョン・アビザイド(Gen. John P. Abizaid)　第 8 代中央軍司令官(2007 年 3 月まで)，陸軍大将.

デービッド・マキアーナン(Gen. David D. McKiernan)　陸軍作戦部長の後，中央軍陸軍司令官に就任，イラク戦争では連合軍地上部隊を指揮.

リカルド・サンチェス(Lt. Gen. Ricardo Sanchez)　連合軍駐留軍司令官(2003 年 6 月から 1 年間).

ジョージ・ケーシー(Gen. George W. Casey Jr.)　統合参謀本部事務局長の後，陸軍参謀次長，サンチェスの後任の駐イラクアメリカ軍司令官，2007 年 2 月には陸軍参謀総長に就任.

グレゴリー・ニューボルド(Lt. Gen. Gregory S. Newbold)　統合参謀本部作戦部長，海兵隊中将.

ピーター・ペース(Gen. Peter Pace)　第 16 代統合参謀本部議長，海兵隊大将.

エリック・シンセキ(Gen. Eric Shinseki)　陸軍参謀総長.
ジャック・キーン(Gen. John "Jack" M. Keane)　陸軍参謀次長.
ジェイムズ・ジョーンズ(Gen. James L Jones)　海兵隊司令官の後，NATO 軍司令官.
マイケル・ヘイデン(Lt. Gen.(Gen.)Michael V. Hayden)　NSA 長官の後，CIA 長官，空軍中将.
マーク・ハートリング(Brig.(Lt.)Gen. Mark Hertling)　統合参謀本部運用計画部長，陸軍准将.
ジョン・リッグス(Lt.(Maj.(Ret.))Gen. John M. Riggs)　陸軍参謀本部兵力目標タスクフォース部長.
ヴィクター・レニュアート(Maj. Gen.(Gen.)Victor E. "Gene" Renuart Jr.)　中央軍作戦部長，空軍少将.
ジョン・アゴーリア(Lt. Col.(Col.)John F. Agoglia)　中央軍作戦部副部長，陸軍中佐.
スパイダー・マークス(Maj. Gen. James A. "Spider" Marks)　大量破壊兵器対策・捜索を担当，陸軍少将.
チャールズ・スワンナック(Maj. Gen. Charles Swannack)　空軍第 82 航空師団を指揮.
ポール・イートン(Maj. Gen. Paul D. Eaton)　イラク国軍の新設を担当，空軍少将.
ジョン・バティスト(Maj. Gen. John Batiste)　陸軍第 1 歩兵師団を指揮.
グレゴリー・フーカー(Gregory Hooker)　中央軍情報アナリスト(文官).

▼主要退役将軍

ノーマン・シュワルツコフ(Gen.(Ret.)H. Norman Schwarzkopf)　第 3 代中央軍司令官，退役陸軍大将.
ジョセフ・ホーア(Gen.(Ret.)Joseph P. Hoar)　第 4 代中央軍司令官，退役海兵隊大将.
アンソニー・ジニ(Gen.(Ret.)Anthony C. Zinni)　国務省中東特使，第 6 代中央軍司令官，退役海兵隊大将.
ウェズリー・クラーク(Gen.(Ret.)Wesley K. Clark)　元 NATO 軍司令官兼在欧統合軍司令官，退役陸軍大将.
ジョン・ヴェシー(Gen.(Ret.)John W. Vessey Jr.)　第 10 代統合参謀本部議長，退役陸軍大将.
ウィリアム・クロウ(Adm.(Ret.)William Crowe)　第 11 代統合参謀本部議長，退役海軍大将.
ジョン・シャリカシュビリ(Gen.(Ret.)John M. Shalikashvili)　第 13 代統合参謀本部議長，退役陸軍大将.
トニー・マックピーク(Gen.(Ret.)Merrill A. "Tony" McPeak)　元空軍参謀総長.
スタンスフィールド・ターナー(Adm.(Ret.)Stansfield M. Turner)　元 NATO 南欧連合部隊司令官・CIA 長官，退役海軍大将.
ウィリアム・オドム(Lt. Gen.(Ret.)William E. Odom)　元 NSA 長官，退役陸軍中

将.

クローディア・ケネディ(Lt. Gen.(Ret.)Claudia J. Kennedy)　元陸軍参謀本部情報部長.

注

序

（１）廣瀬(1989: 4–6)，佐道(2003: 76)など参照．実際には日本の戦前の陸軍に対するシビリアン・コントロールの実態が，少なくとも満州事変までは通説ほど弱くはなかったことについて，最新の研究，森(2010)を参照されたい．

（２）軍の攻撃的政策志向や戦争中の権力拡大への懸念と，国家全体が戦争準備のための一大兵営と化すという「兵営国家」化への懸念について，Smith (1979: 61, 112, 327), Lasswell(1997), Yarmolinsky(1971: 99–152)など参照．逆に Paone(1974)は，アメリカのシビリアン・コントロールが頑健だとしたが，アメリカのように軍の影響で戦争に突入する懸念がないこと自体は世界の歴史上例外的であるとした．

（３）Bregman(2002: 160, 161), Sharon(2005: 430)を参照．

（４）軍が政治家の選択肢を狭めたとする見解やピエ・ノワールによる反乱を軍が招いたものだとする見解について，ベッツ(2004: 137–139)，ホーン(1994: 577–578)を参照．

（５）湾岸戦争に伴う任務について制服組が慎重だったこと，その後防衛白書を作成するに当たっても，制服組には国防以外の任務は自衛隊の本来任務ではないという意見が根強かったことについて，1991 年 4 月 6 日，6 月 27 日『毎日新聞』朝刊，および 1991 年 7 月 26 日『朝日新聞』夕刊参照．自衛隊が派遣に消極的だった一因には，武器使用基準が厳しく派遣された部隊が高いリスクに晒されるのではないかという懸念があった．2003 年のイラク派遣でも，陸上自衛隊が慎重であった(2003 年 12 月 10 日『朝日新聞』朝刊)．スーダンで本体業務を行うか否かについての森勉陸上幕僚長の記者に対する発言も参照(2005 年 2 月 4 日『読売新聞』)．

（６）Ambrose(1972)参照．

（７）イラク戦争のおよそ半年前の『ワシントン・ポスト』紙の報道(Ricks 2002)によって，軍上層部の戦争やその計画に対する反対が公になった．

（８）現に，現代のアメリカ政軍関係の代表的研究者のひとり，ピーター・フィーバーはそうした態度をとっている．Feaver(2003: 276)．

（９）例えば Feaver and Gelpi(2005), Smith(1979), Lasswell(1997), Yarmolinsky (1971)など参照．筆者のフィーバー氏への 2009 年 6 月 2 日のインタビューにも基づく．

（10）スナイダーは日本の帝国主義と独裁への道を国内的な「病的さ」に還元している(Snyder 1993: 152)．ラセットは，これまでの民主平和論に関する根拠のひとつを，「非民主的な国々の国内政治過程では，政策決定者たちは，紛争解決のために武力や武力行使の威嚇を用いるし，また相手がそのような手段を

用いると予測したりするだろう」という言説にまとめ，それを受け入れた(ラセット 1996: 61)．以下の文献も参照．Singer et al.(1979), Rummel(1979, 1995, 1997), Beer(1981), Small and Singer(1985), Ceadel(1989), Coates(1997), Russett and Oneal(2001).

(11) デモクラシーの抑制的性格を仮定するランメルは，デモクラシーが対外的脅威に脆弱な政治体制としての性格を持つので，そのような危険な環境において先制攻撃をする場合があるとしている．Rummel(1979: 292–293)．ジャック・レヴィも，デモクラシーが軍事力行使の脅しを有効に用いることに失敗することによって抑止が破綻し，戦争が起こりうると指摘する(Levy 1989b: 269).

(12) 戦争の合理性について，フィアロンは合理的選択理論を取る研究者であるが，戦争は多大なコストをもたらすので外交交渉による合意妥結の結果を選ぶ方が常に合理的であると指摘している．Fearon(1995).

(13) ラセット(1996: 21)は，デモクラシーによる非民主的な政体に対する攻撃的な戦争は，国家として認識していない地域に対する侵攻であって過去の帝国主義の遺物であると捉えた．

(14) ファークツ(2003: 256–257, 489–525)参照．ヴァーツとファークツは同一人物である．日本の訳者がドイツ語版から訳したために，ヴァーツがアメリカに移民する以前のドイツ語読みの姓，「ファークツ」になった．以後，参照箇所を示すときにはファークツを用いるが，本文および注において筆者が人名として用いるときには，ヴァーツと表記する．

(15) 政治指導者と政権の属人的な分析に比重をおいた例としては，クリミア戦争についての Martin(1963), Conacher(1968)，第1次レバノン戦争についての Shlaim(2001), Bregman(2002)，フォークランド戦争についての Hastings and Jenkins(1997), Bicheno(2007)，梅川(2008)，イラク戦争についての Lind (2003), Daalder and Lindsey(2005), Halper and Clarke(2004), Risen(2007), マン(2004)，ウッドワード(2004)，シュレジンガー(2005)，パッカー(2008)などが挙げられる．

(16) Bacevich(2005).

(17) Doyle(1983b)，ラセット(1996: 15–16, 227)を参照．

(18) 限界事例はあるが，はっきりと当てはまる戦争は，前者の類型にアメリカによる米西戦争，ラオス介入，カンボジア侵攻，ニカラグア作戦，グレナダ侵攻，パナマ侵攻，イラク戦争，イスラエルによるオシラク攻撃と第1次レバノン戦争，第2次レバノン戦争があり，後者の類型にイギリスによるフォークランド戦争やアメリカによる湾岸戦争などがある．

(19) 本書の事例研究は，いわゆる戦略的比較の手法を取ってはいない．「シビリアンの戦争」が複数の性格の異なるデモクラシーに共通に観察されるのを指摘すること自体に意味があると考えるからである．シビリアンが比較的正当性が付与されやすい戦争を志向する可能性ももちろん否定できないが，本書の取り扱うテーマではない．本書には，シビリアンが多くの戦争についての判断を誤

りがちだと主張する意図はないし，軍が常に正しい判断をするといいたいわけでもない．本書に対する反証になりうるのは，軍が反対したシビリアンによる正当性の高い戦争の存在ではなく，安定したデモクラシーで軍がシビリアンを攻撃的戦争に追い込んだような事例の方である．なお，事例を選ぶ際には，植民地や併合された地域の独立運動を抑圧する戦争，いわゆる植民地独立戦争は含めていないことも断っておきたい．これまで，民主的平和論においてはデモクラシーの行う戦争の定義に植民地化のための戦争や植民地独立を抑圧する戦争を含めてこなかった．本書は民主的平和論を受け入れるものではないが，植民地抑圧戦争を事例として選択すれば，そこにおける武装した入植者(コロン)などの位置付け，どこまで「戦争」と呼べるのかなどについて，争う余地が残ってしまう．植民地独立戦争と駐留軍については，本文中ではオランダのインドネシア駐留軍やフランスのアルジェリア駐留軍について補足的に言及するに止めたい．

第1章

(1) “The Effect of Democracy on International Law,” the address by Elihu Root at the annual meeting of the American Society of International Law on April 26, 1917.

(2) 攻撃的戦争という概念の規範化の経緯について，シュミット(2000: 27-29, 32-42), United Nations(2003)参照.

(3) シュミット(2000: 20, 21)参照.

(4) ニュルンベルク裁判では，「攻撃的戦争は最大の罪であり，それに責任あるものにとっては，どんな刑罰も厳し過ぎることはない」とされた．イタリアによるエチオピア戦争(1935-36)は国際連盟に攻撃的戦争と名指しされたが，一部の加盟国から事後承認を得ているし，1923年初頭のフランス・ベルギーによるルール占領はもとより，同年8月のイタリアによるコルフ島占領も，日本の1931年からの日中戦争も，初めは国際法の観点から攻撃的戦争とは見なされなかった．シュミット(2000: 43)参照.

(5) 武力行使の脅しも含むことから攻撃的戦争と同じ概念ではないが，「攻撃」(aggression)の定義がさまざまに試みられ，また挫折したことについては，Aron(2003: 121-124)参照.

(6) 自衛戦争や集団的自衛権の行使，集団安全保障の一環として国連の委託を受けた軍事行動以外の戦争を禁じる国際法上の考え方に基づけば，侵略や占領，懲罰を目的とする戦争は攻撃的戦争であるということになるだろう．境界線上にある事例も多いが，本書ではその外観による線引きを明確にするよりも政策当事者の動機に着目することにしたい.

(7) Wright(1942), Aron(2003)．この考え方は，釣り合った規模の報復(proportionate response)と呼ばれる.

(8) Seabury and Codevilla(1989: 54-57)は，現代のデモクラシーにおいては攻撃的戦争を忌避する道徳が存在するため，攻撃的戦争をしかけた例はほとんど

ないとした.

(9) シュミット(2000: 67, 180), ブラッハー(1975, 上巻:5-6), Wright(1942: 712), Levy(1989b)参照. そうした考え方に基づく研究に, Lasswell(1997), Rummel(1979, 1995, 1997), Tanter(1966), Singer et al.(1979), Beer(1981), Small and Singer(1985), Ceadel(1989), ラセット(1996), Coates(1997), Russett and Oneal(2001)などがある.

(10) 例えば, Snyder(1993), ラセット(1996), Russett and Oneal(2001)など.

(11) なかでも Doyle(1986a, 1986b)は経験的事実の指摘に止め, アメリカの理念などに基づいた数々の戦争を指摘することも忘れなかったが, ラセット(1996), Russett and Oneal(2001), Rummel(1979, 1995, 1997)などはデモクラシーの対外政策選好を抑制的なものとしてアプリオリに仮定するところまで踏み込んでいる. デモクラシー間には小規模な軍事衝突も起こりにくいという主張について, Weede(1992)参照.

(12) ラセット(1996), Owen(1994), Weart(1998), Rummel(1979, 1997)など参照. Wright(1942: 841-842)にもこうした考え方の傾向が見られる.

(13) Doyle(1983a, 1983b), Owen(1994), Weart(1998), ラセット(1996). こうした議論への反論として, Reiter and Stam(2002: 87, 151-163, Chapter 2)参照.

(14) 例えば, Doyle(1983b: 323-325)を参照. Reiter and Stam(2002: Chapter 4)の指摘も参照.

(15) この説に関して, Levy(1989b: 270-274), Mack(1975), Miller(1995)参照. 具体的な事例の研究には, Rosecrance(1963), Lebow(1981: Chapter 4)などがある.

(16) Levy(1989a: 97)を参照.

(17) Aron(2003: 580-585), シェリング(2008: 3)参照. Aron(2003: 585)は, 攻撃的戦争概念を規範化した場合にかえって懲罰を目的とした大戦争が生じる危険があるとしている.

(18)「好戦国家」とも訳す. Utgoff(2004: 333-334, 342-343), Waltz(2004: 387), シェリング(2008: 6)参照.

(19) モーゲンソー(1986: 573-574).

(20) モーゲンソー(1986: 7)は, ベトナム戦争開戦決定の誤りの原因を定性的に説明しようと試みた. しかしながら, そこでは主に政策目的の実現可能性や勝敗見込みに関する政治指導者の判断の誤りに議論を集中してその一類型を説明するのみに留め, またその記述は大著の中でほんの数段落を占めたに過ぎなかった. 政策決定過程での予断が不合理な政策決定に繋がる構造について掘り下げて研究した代表的な研究に, Jervis(1976)がある.

(21) 例外的に, フィアロンはリアリズムの立場から, 戦争を規範的に捉えずとも戦争に際しての政治体制の違いによる差を分析できることを示した. Fearon(1994)では, コストの伴うシグナルにはその信憑性を高める効果があると説明し, デモクラシーにおいては武力行使の脅しを政府が履行するか否か

に国民の目が集中し，それに反した場合には指導者が罰せられる可能性があるため観衆コストが生まれ，脅しに信憑性が生じるとした．翌年の論文では，自国の軍事的能力や武力行使の決意のほどを相手に誤解させる動機がある場合，紛争当事者双方に不合理な結果としての戦争が起きてしまうことを示している．もっとも，フィアロン自身，国家の不合理な判断，または国内の「病的な」要素の作用が開戦を引き起こす可能性は認識している(Fearon 1995: 409)．

(22) Aron(2003: 301-302)，ベルクハーン(1991: 13-14)参照．こうした発想は，Spencer(2004: Chapter X)にもみられる．

(23) ファークツ(2003: 3, 7, 26, 256)．

(24) Lasswell(1997)．

(25) Huntington(1957: 353)．

(26) 典型的なそうした研究に，Yarmolinsky(1971)がある．

(27) ホーン(1994: 577-578)，ベッツ(2004: 137-139)など参照．

(28) ファークツ(2003: 26)参照．A. J. P. テイラーは，シュリーフェン計画の戦略が第1次世界大戦を不可避にしたという立場をとると同時に，シュリーフェンが政府上層部から政策決定権を奪おうとしていたわけでも強行しようとしていたわけでもないとし，ドイツ全体に沸き起こった開戦支持の声とユンカー貴族らの自己保身的態度，攻撃的な政策志向についても指摘している(Taylor 1954: 339-340, 372-373, 528-529)．モルトケが，カイザーと海軍との会議で，開戦は早ければ早いほどよいと進言したこと自体は(Joll 1992: 104)，軍がシビリアンを意に反して戦争に引きずって行ったという主張の論拠にはならない．

(29) ファークツ(2003: 205, 263, 381-382)参照．シビリアン・コントロール原則に関してしばしば引き合いに出されるクラウゼヴィッツの『戦争論』は実際には政治と軍事の一体化を述べており，その時代に民意に基づく軍のコントロールの観念は介在しえない．当時のプロイセンには，貴族集団と軍が利益を一にする「貴族主義的モデル」(ジャノビッツ 1968)が当てはまるだろう．ここで，本文中で言及しているジャノウィッツと上掲邦訳書のジャノビッツは同一人物だが，本書ではジャノウィッツを用いる．

(30) Beer(1981)は国内の亀裂や文化等から生じるミリタリズムの病弊が戦争を直接引き起こすと捉え，Ceadel(1989)はミリタリズムをファシズムと同義におき，西欧諸国による戦争を人道的目的のための正戦とし，ミリタリズムによる戦争を破壊の戦争とする．Coates(1997)はミリタリズムの定義を攻撃的国家とし，現代のミリタリズムは共産中国，ソ連，カンボジア，エチオピア，イスラム原理主義諸国に宿るとする．

(31) 国際政治学者の中でも政軍関係に言及したスナイダーは，シビリアン・コントロールが弱いときに攻撃的な戦略が準備されやすいとする(Snyder 2004: 135)．シビリアン・コントロールの戦争抑止効果が過大評価された背景には，自由主義を基本として建国し，軍に対する過度なまでの懸念を抱いてきたアメリカが政軍関係研究や国際政治学の中心となったことが影響しているだろう．

(32) 軍の権力奪取を問題視する代表的な研究に，Finer(2002), Janowitz(1971)

など.

(33) Huntington(1957)は軍人の合理性を高く評価し，冷戦に勝つために文民政治家が軍事からある程度手を引かなければならないと考えた．彼は専門性，責任感，団体性の三つで構成される軍のプロフェッショナリズムを極大化することが，軍の政治介入回避，すなわち有効なシビリアン・コントロールに繋がると説明し，軍の自律性を重んじた．さらに，政治家は軍事政策に関して抑制的でなければならず，民意に基づいて戦争を判断することは避けるべきであると主張した.

(34) Finer(2002).

(35) ジャノビッツ(1968).

(36) ただし，後に発展途上国や軍政を研究していた人々の間からは，そこにおける軍が必ずしも攻撃的ではないという意見が醸成されていった(Caforio 2006)．だが，その意見が先進工業国を対象とした研究に浸透することはなかった.

(37) Posen(1984), Snyder(1989)は攻撃的な戦略採用過程における軍の影響に着目したが，政権の意に反した軍の行動が戦争を引き起こしたとまでは主張してはいない．対して Yarmolinsky(1971)は，政権の意に反して軍や軍産複合体が戦争を招来するという主張にまで踏み込んでいるが，有効な実例は示されていない.

(38) Feaver(2003: 1-4, 7, 10-12).

(39) フィーバーは，フォローアップ研究である Feaver and Gelpi(2005)で，軍が戦争のコストを重く受け止めがちであることが軍の軍事作戦への反対を招いたとしたが，それもシビリアンの方が抑制的だという彼の認識を覆すには至らなかった.

(40) 現代のアメリカを新たなミリタリズムとした研究，Bacevich(2005)を参照.

(41) 文民と軍が分岐していなかった時代の国王や貴族にシビリアンという語をあてはめることはできない．国民が政治に影響を与えるようにならなければ，彼らは稀に一方的に被害を受けるような場合を除いて戦争とあまり関わりを持たなかった．古代ギリシャの都市国家にはその指摘は当てはまらないが，古代ギリシャ社会においては軍人とシビリアンという区別がはっきりしていなかった．プラトンは『国家』において軍と統治者，市民社会を区別し，軍が社会や統治者に対して危険となりうることを指摘しているが，彼の理想のポリティアにおいても政治指導層はシビリアンと軍人の区別がはっきりしていたとはいい難い.

(42) ヒュームの指摘に見られるように古代ギリシャの民主的な都市国家が互いに頻繁に戦争をしていた事実は認識されていた(ヒューム 1952，上巻：71)．だが第1節でみたように，少なくとも第1次世界大戦以後は，多くの学術研究でデモクラシーは平和的だとする仮定がおかれている．ジャック・レヴィは，市民社会が対外政策に関して平和的な性向を持つという仮定はリベラリストにとって一つの信念であったと述べ，デモクラシーが戦争をする場合は行政府が

市民の意に反して始めたという仮定がおかれることが多かったと述べている(Levy 1989b: 271). ウィルソン大統領, クリントン大統領, ブッシュ(子)大統領などの演説に見られるように, 一般認識からも, デモクラシーの平和的性向の仮定や民主的平和論は受け入れられるに至ったと考えられる. 1917年の議会への対ドイツ宣戦要請の際に, ウィルソン大統領はドイツの専政を批判し,「世界を民主主義にとって平和なものとするため」にドイツと戦うとし, 専政とは信頼を築けず, デモクラシー間のパートナーシップによってのみ平和が達成できると演説した. また, クリントン大統領は1994年の年頭教書演説で,「究極的にいって, われわれの安全を保障し永続的な平和を築くための最良の戦略とは, 世界中で民主主義の進展を助けていくことです. 民主主義国はお互いを武力攻撃せず, 民主主義国同士はよりよい貿易相手であり, 外交におけるパートナーでありえます」と述べた. ブッシュ(子)大統領は, 2005年の年頭教書演説で「民主主義国は互いに戦争をしない」と述べた.

(43) カントは, 国際関係においては国際法や世界市民法, 内政不干渉や対外紛争のための国債発行の禁止などが永遠平和のための重要な要素であり, 国家の合理的な動機を平和へと誘導すると考えた. 国内においては君主と共和政の結合, 行政権力と立法権力の分割, 常備軍の廃止が重要であるとした. カント以前には, 信仰の篤い市民社会による共和政を通じて平和を達成するという考え方を打ち出したウィリアム・ペンがいる. Penn(2002)参照. 1791年にはトーマス・ペインがフランス革命を受け, 君主制を追放することで戦争の原因が取り除かれるとした(Waltz 2001: 101).

(44) ニコルソン(1968: 45)が, デモクラシーにおいて「武人的な」勢力がときに「商人的な」勢力よりも武力行使に抑制的な政策をとることがありうることを指摘している件からは, シビリアンの戦争の問題意識の萌芽が窺われる.

第2章

(1) Huntington(1957), Finer(2002), 三宅(2001)は, 第2次世界大戦前の日本や帝政期ドイツにおける軍隊のプロフェッショナリズムの度合をめぐって意見の違いがあるが, 言葉の定義については大きな違いはなく, ハンチントンの専門性, 団体性, 責任感の三つの要素による定義が定着している. 論争が集中したのは, 軍の団体性が持ちうる作用であり, また安全保障を職業とする軍の責任感がどのような態度へ軍を向かわせるかという点である. ハンチントンは, 専門性と責任感が軍の政治介入を抑制するとしたが, 本書は, 責任感は軍の専門であるところの安全保障の確保にのみ向かうのであって政治介入の忌避はそれに含まれないと考える. 英仏独米の各国におけるプロフェッショナリズムの発展については, ファークツ(2003), Harries-Jenkins(1977), Strachan(1984), La Gorce(1963), 斎藤(1978), Lyons(1961), Huntington(1957)を参照.

(2) もちろん, 国民の戦争への関わり方やその態様は国によって大きく異なる. シビリアニズムの抑制性を仮定する議論においては, 国民が戦争のコストを負うことがその根拠の一つとして示されていたが, 一般国民が徴兵されて戦争に

出征するようになったのは比較的最近の出来事であるし，現代においてはむしろ大部分の先進工業国で徴兵制が廃止されている．

(3) Linz and Stepan(1996), O'Donnell(1986), Huntington(1968), Finer(2002), Perlmutter(1977)などの先行研究はそれぞれの目的に応じて政治体制の性質を全般的ないし部分的に分類したものであるので，そのまま用いることはできないが，本書が取り上げる分類指標，すなわち民主化の程度や国民の動員度，統治の安定性や軍の性質などはそれぞれの先行研究において程度の差はあれ重要視されてきた指標である．

(4) 軍事政権下の日本は，実際にはミリタリズムのカテゴリーと全体主義のカテゴリーのちょうどあいだに位置すると思われる．というのも，当時の日本における国民の動員度はナチスドイツやソ連，共産中国におけるよりも低かったが，それと同時に全体主義的なナチスドイツの動員方法を模倣していたことも看過し得ないからである．

(5) ファークツ(2003: 216–219)，ホーン(1994: 9–10)参照．

(6) Bicheno(2007), Freedman(2007, Vol. 1)，鹿島(2003)，Parker(1993), Beattie(1994), el-Sadat(1984)など参照．エジプトはその後，中東アラブ諸国の中で先駆けて対イスラエル和平に転じた．イスラエルが両国首脳の象徴的なシナイ半島での会見後すぐサダト大統領の内外に対するメンツをつぶしかねない形でイラクのオシラク原子炉への爆撃を敢行したにも拘わらず，サダトは自制的な態度を守った(Shlaim 2001: 384–391)．

(7) ファークツ(2003: 275)，ブラッハー(1975: 28–29)，Chickering(2004: 5, 7–9, 12–17)参照．

(8) 芦田(1959)，五百旗頭(2001)参照．

(9) ファシスト党が政権を握ってから，軍への政治介入が頻繁に試みられたのに対し，イタリア軍将校はファシストの綱領に掲げられた軍の統制強化に反発した．Gooch(2007)に詳しい．

(10) 林(2009)，川島(1989，下巻)参照．

(11) バドーリョ参謀総長ら軍幹部の消極的態度や，ムッソリーニの軍に対する抑圧と掌握の試みについて，桐生(1983)，Gooch(2007: 240–251)参照．

(12) オガルコフ参謀総長やアフロメーエフ参謀次長は，限定的介入の侵攻案は成功しないだろうとして反対した．侵攻はムジャヒディーンとのゲリラ戦の悪化によって早期撤退が果たせず長期化し，1987年に初めて記録上では現地のソ連軍将校の中から批判が生じた．Savranskaya(2001)参照．

(13) 統治の不安定な民主化過程の国家が行う戦争について，Mansfield and Snyder(2007)参照．

(14) リビア戦争ではジョリッティ政権は開戦決定をしたにも拘わらず，軍の国防費や人員に対する要求を満たせず，軍のファシズム支持の決定打となった．Gooch(2007: 13)は，リビア戦争の戦いやその後の軍に浴びせられた非難を通じ，軍と社会のあいだに亀裂，疎外感が広がったとしている．

(15) チャーチル(1972)，モーロワ(2005)，ド・ゴール(1997)など参照．

(16) ホーン(1994: 84-86, 91-92), ベッツ(2004: 127-128)参照.

(17) ホーン(1994: 158-161, 235-238). アルジェリア戦争に従軍した召集兵は, アルジェリア戦争に大義がないことに対して公に発言していたことも見逃せない.

(18) ルムンバの処刑には白人の傭兵も加わっていたことが明らかになっており, 最近のベルギー政府の調査では政府の命令を裏付ける文書こそないものの, 国王や政府のメンバーが事前にルムンバの暗殺計画を知っていたという調査結果が出ている. CIA の関与も 2007 年の内部告発で明らかになった. Devlin (2007), n. a.(2001a).

(19) 第1次インドシナ戦争中(1954), ラオス共産主義勢力拡大時の危機(1961), ラオス政府樹立時(1962), 北朝鮮 EC-121 事件(1969), シリアのヨルダン侵攻(1970)への軍事介入は実現しなかった(Feaver 2003).

(20) エジプトの威嚇による一触即発の状況下で始まった第3次中東戦争(6日間戦争)がイスラエルの一方的に攻撃的な戦争だという結論を早急に下すのは危ういものであることも指摘しておかねばならない.

(21) アラブ側のしかけたヨム・キプール戦争を察知できなかったことをきっかけに, イスラエルにおける建国の功労者であり, 国家機能を担ってきた労働党が右派政党リクード党に初めて選挙で敗れ, 1977 年に政権を譲り渡した. のちに労働党はオスロ合意を実現させたほか, レバノン南部から撤退している.

第3章

(1) パウエル(2001), シュワーツコフ(1994), ウッドワード(1991)など参照. 本書では, 邦訳文献の表記「シュワーツコフ」ではなく,「シュワルツコフ」の表記を用いる.

(2) S. F. Hayes(2007: 233-234), マン(2004: 265-272), シュワーツコフ(1994: 342-343, 459-460), パウエル(2001: 136-138, 169)参照. パウエルはチェイニーの反対する封じ込め戦略への支持を取り付けるために, ベーカー国務長官を始めとする共感を得られそうなあらゆる人のところを回ったが, 誰からも支持は得られなかった(マン 2004: 266-267; ベーカー 1997: 71). ベーカーが湾岸戦争後, 自分だったら湾岸戦争を起こさなかっただろうと折に触れて発言していたことは(クラーク 2004: 104), 湾岸戦争の必要性が低いと当時の国務長官が考えていたことの証左である. パウエルは, 湾岸戦争後に「戦いを渋る兵士」(Thomas 1991)として『ニューズウィーク』誌に取り上げられた.

(3) シュワルツコフを南北戦争で軍事行動をサボタージュしていたマクレラン将軍に喩えていた. シュワーツコフ(1994: 378-379), パウエル(2001: 145-146)参照.

(4)「もはやこうした和平案を切り出す時期ではないと大統領は考えていた. 600 億ドルの費用をかけて, 8000 マイルも離れたところに 50 万もの将兵を送り込んだのである. クウェートに居座るイラク軍にノックアウトパンチを食らわせたいというのが, 大統領の本心だった. TKO 勝ちなど望んではいなかっ

た．それではサダムの軍勢が何ら罰を受けることなく，無傷で撤収するのを許すことになる」「大統領にとって重要なのは，和平のチャンスを放棄しているとみられることなく，いかにして「ノー」と返事をするかだった」(パウエル 2001: 194–195, 197)．シュワーツコフ(1994: 459–460)も参照．

(5) ときに軍の中にもこうした誘惑が生じうる．湾岸戦争の現場の最高司令官であったシュワルツコフが，おそらくはその場の圧倒的勝利の体験によってこの誘惑を覚えたであろうことは，彼の自伝や，TVインタビュー(n. a. 1991)での発言によって明らかだろう．

(6) Nasser Speech to Arab Trade Union. 鹿島(2003)も参照．Parker(1993: 3–4)は，この6日間戦争を古典的な計算違い(miscalculation)によって引き起こされた事例だとし，同時にエジプトがソ連の支援や自らの軍事力と，そのイスラエルに与える抑止力を現実よりはるかに大きく見積もっていたとする．ちなみに計算違いによって戦争が起こるという説明は，本書の政治指導者の動機に着目した議論と矛盾するものではない．

(7) ジョンソンがイスラエルに青信号を発したか否か，イスラエルがそれを政権全体としてどう受け取ったのかについては論争がある(Parker 1993: 114–116；ラビン 1996: 120–129)．当時参謀総長だったラビンは，戦略的に有利な先制攻撃を1日でも早め，アメリカからゴーサインをもらう，ないし許容してもらうよう画策したとする(ラビン 1996: 120–121)．アメリカの外交努力が不足していたことに加え，エジプトの部分撤退の要請を受けて国連駐留軍が全面的に撤退してしまったこと，友邦だったフランスのド・ゴール政権もエジプト寄りであったことから，イスラエルに残された選択肢は限られていた．

(8) 5月23日のナセルによるチラン海峡封鎖の決定で，国防軍上層部は早期開戦路線に意見を収斂させていた．クネセット(議会)は，アメリカを始めとする各国がイスラエルを見捨てるのではないかという恐れから当初は攻撃に反対した．エシュコル首相は国防軍上層部に対し，27日以前には攻撃しないと明言していた．アメリカの態度を見極めるため，そしてクネセットで開戦の是非を議論するためにさらに時間が費やされたが，6月1日にはエジプトに海峡封鎖を解かせるためのアメリカを中心とした多国籍艦隊の派遣さえ期待できないことが分かって政治家たちも開戦でまとまり，挙国一致内閣が成立した．それからの挙国一致内閣は戦争の具体的な計画の検討に入ったので，6月5日の開戦まで秒読みに入ったといってよい．ラビン(1996：第5章，99–136)．

(9) ブッシュ(父)は当初戦争に消極的だった(Alfonsi 2006: 53–55)．エシュコルは同盟国アメリカとの関係や国際世論への配慮から早期開戦には慎重であった(ラビン 1996)．

(10) パウエル(2001)参照．

(11) Bacevich(2005: 35–36)．

(12)「ダヤンと彼の支持者たちは，エシュコル自身の国防相の地位を脅かしているのだ．内閣は不信と優柔不断によりずたずたの状況で，そのためエシュコルの権威が急速に失墜していると，政界と軍部の多数の指導者の目には映るよう

になった．(中略)イスラエルを不可避の決定的対決に導くにはエシュコルは適任ではないという見方が広まっていた」(ラビン 1996: 130)．「内閣がそれまでに武力行使を決定していたならば，成り行きはまったく違っていただろうに．エシュコルは名声を博し，国民は彼をほめそやし，挙国一致内閣の必要もなかったであろうに．もう遅過ぎる」(ラビン 1996: 133)．政界の大物モーシェ・ダヤンは途中から主戦論者に転じ，当時首相兼国防相であったエシュコルから戦時内閣の国防大臣の座を勝ち取った．

(13) Trask(1981), Spector(1977), Beede(1994: 283-290, 450-452).

(14) 海軍大学校は，限定戦争ながらキューバへの上陸作戦を含めたより大がかりな作戦を提唱していたし(Spector 1977: 89-90; Trask 1981: 73-74)，ファークツ(2003: 413)は，ワシントンにいた陸海軍将校のフィリピンに対する帝国主義的な野望を指摘している．だが海軍省上層部の態度は違った．

(15) M. L. Hayes(1998).

(16) M. L. Hayes(1998).

(17) ラオスとカンボジアの作戦については，ニクソン(1978 第1巻)，キッシンジャー(1979, 1980, 1982, 1996)，Leary(1999-2000), Conboy(1995), Marolda and Fitzgerald(1986), Burr(1998), Shultz(2000), Shaw(2005), Palmer(1984), Sullivan(1984)参照.

(18) Feaver(2003: 137)，Gacek(1994: 167-172)，クレイグ・ジョージ(1997: 291)参照.

(19) キッシンジャー(1996，下巻：84-285)，Feaver(2003: 137).

(20) 1960年末，ラオス国内でアメリカが支持する右派勢力に対抗する政治勢力がソ連の軍事支援を受け始めたことを受け，ハリー・フェルト太平洋艦隊司令官は統合参謀本部に介入を示唆する電信を送り，アーレイ・バーク海軍作戦部長も12月31日の統合参謀本部の会合でその判断を擁護している(Marolda and Fitzgerald 1986: 55)．だが，その会合ではバーク以外は全員ラオス介入に反対した(Feaver 2003: 138-139).

(21) Rosenau(2001: 15-16).

(22) メルヴィン・レアード国防長官とウィリアム・ロジャーズ国務長官は空爆を含めカンボジア侵攻には反対していた(ニクソン 1978: 182-186, 192-193)．クレイトン・エイブラムス空軍大将が就任直後のニクソン大統領に空爆を進言したことは事実であるが，ニクソンはこの進言を拒否した．北ベトナム軍の攻勢を受けて，国防長官や国務長官の反対を押し切ってカンボジア侵攻を決めたのはニクソン自身である．

(23) エイブラムスは，どうすれば勝てるかというニクソンの問いかけに対し，より大規模な作戦案を提示した(キッシンジャー 1980, 2巻：224-225)．4月22日のNSCに提示された文書から，キッシンジャーはエイブラムスが最終的には反対しなかったとしているが，それは侵攻が決まった後の作戦内容の細かい問題に対する賛成であった．キッシンジャーは，レアードが，エイブラムスは本当は反対しているのだと主張したことも述べている．キッシンジャー

(1980, 2巻：232, 236-239).

(24) Palmer(1984: 100).

(25) 例えば，Nolan(1986), Goldstein(2000)を参照.

(26) Gacek(1994: 158). アイゼンハワーと国務省がラオスへの軍事介入に消極的であったことは知られている(Gacek 1994: 159). だが，それは秘密の特殊作戦にまで消極的であったことを意味しない．ここで，アイゼンハワーと軍の衝突は個別に興味深いテーマではあるが，本書では中核的な事例ではないので，アイゼンハワーが軍人出身であることの意味合いを考慮に入れてはいない.

(27) ニクソンとキッシンジャーは，回顧録(ニクソン 1978, 1巻：205；キッシンジャー 1980, 2巻：245-248)でこそカンボジア侵攻の政策目標をアメリカ軍撤退までの時間稼ぎとしているが，開戦宣言の段階では共産ゲリラの本拠地を攻撃するつもりであり，本来の政策目標は達成されなかったことが分かる．実際にはカンボジア作戦はラオス，カンボジア，ベトナムにおける北ベトナムの本格的な勢力拡大の前に時間を少々稼いだに止まり，北ベトナム軍がラオスのホーチミン・ルートに軸足を移す結果を招き，南ベトナム軍に物理的・精神的損耗をもたらした(Palmer 1984: 103).

(28) アギナルドは，独立のために，スペイン海軍を打ち破ったアメリカのフィリピン上陸占領を助けた．しかし，マッキンレー大統領は約束を反故にしてアギナルド率いる新フィリピン政府を犯罪者と呼び，戦争を治安活動の名目で実行した(Beede 1994: 3-5, 424-428).

(29) フィリピン海域に進軍した海軍を率いたデューイ提督は，立身出世の観点から本来はキューバ戦線への参加を望んでいたことが指摘されているから，彼はフィリピン行きを希望したわけではない(Spector 1974). 戦争が始まった後も，デューイはアギナルドをスペイン艦隊を滅ぼすための戦争の盟友と捉えていた．アギナルドは，アメリカには植民地への野心がないという保証を受けていた．Spector(1974: 86-89, 98-99). 熱狂的な正戦論者であり後に大統領に上りつめるセオドア・ルーズヴェルトは，米西戦争が始まると戦争に志願したため，シビリアンと軍人という単純な区別で捉えるのが難しい人物であるのは確かだが，開戦時には現役将校ではなく，明らかにキャリアの将校でもない.

(30) 本国で，フィリピン領有を目指す人々がアギナルドにはフィリピンの独立と統治が可能でないばかりか，ろくでもない人間だという印象を広めようとしていたのに対し，デューイ提督とトーマス・アンダーソン将軍はそれを打ち消し，アギナルドは人民の支持を得ているとする意見を本国へ送った(Beede 1994: 4).

(31) 1899年12月15日に設置された上院のフィリピン調査委員会について，Beede(1994: 117-118)参照.

(32) Beede(1994: 31-34, 117-119).

(33) Luttwak(1985). 議会も圧倒的多数で報復を支持した．また近年NSAの情報公開により明らかにされたSIGINTの記録やジョンソンとロバート・マクナマラ国防長官との会話のテープによれば，ジョンソンとマクナマラはトンキン

湾での2回目の北ベトナムによる攻撃情報に誤りがあることを知りながら，政権はそれをそのまま事実として議会の支持を得るために利用しようとした形跡があるという．現地調査に訪れた海軍将校は，北ベトナムによる2度目の攻撃があったかどうかについてより詳しく調査するまで行動は控えるべきとの見解をまとめ，それに基づいた報告がワシントンに送られたが，その頃にはジョンソンは軍事力行使を決断していた．J. Prados(2004)を参照．

(34) Feaver(2003: 134–137).

(35) Feaver(2003: 134–144).

(36) Luttwak(1985: 51–58).

(37) ニカラグア介入については以下を参照．Kagan(1996); *Joint Doctrine for Military Operations Other Than War,* Joint Chiefs of Staff, Joint Pub 3-07, June 16, 1995.

(38) フレデリック・ワーナー将軍はワシントンで弱腰と評されていた．彼は，ノリエガ打倒の急先鋒であったバーナード・アロンソン国防次官補と対立し，議員団の圧力もあって解任された．当時退任間近だったウィリアム・クロウ統合参謀本部議長も，以前からパナマ介入作戦には批判的だった(ウッドワード 1991: 78–93, 96–100).

第4章

(1) ここではクリミア戦争をロシアとトルコのあいだで開戦した1853年に始まるものとしているが，イギリスとロシアのあいだに戦争が始まったのは翌1854年であり，数ある露土戦争と異なり，これがクリミア戦争という大戦争に発展したきっかけは英仏の宣戦布告である．もともとはモンテネグロとトルコの間の争いにロシアが介入したことに起源を持つクリミア戦争の始まりを決定するのは難しいが，重要な起点を3つ挙げるならばロシアのモルダヴィアとワラキア占領，それを解決しようとしたウィーン議定書の合意破綻によるトルコの宣戦布告と攻撃，そして英仏を交えた大戦争になったのはシノープの海戦でロシアがトルコの艦隊を壊滅させた後の英仏による対露宣戦布告である．

(2) イギリスがオーストリアの和平工作を阻み，戦争を始めたとする説明に，Schroeder(1972)がある．Conacher(1968: 137)は，クリミア戦争を不必要な戦争だとしながら，ギリシャ悲劇を見ているかのような「必然さ」(inevitability)に導かれて起こったと表現している．Martin(1963: 29–33)は，クリミア戦争は「正義の，だが不必要な戦争」だとするディズレーリの言葉を引いた．

(3) Schroeder(1972), Conacher(1968), Lambert(1990)などの研究においても，イギリスが戦争に積極的であったことが明らかにされている．クリミア戦争に対する歴史家の見方は，イギリスの政治や世論におけるロシア恐怖症と反感，英・露・墺のあいだの認識の食い違いや相手国の参戦意図の読み間違いなどを原因とするものが多い．ロシア恐怖症について，Gleason(1972)を参照．開戦理由における正義の意味合いを探ったWelch(1993)は，クリミア戦争の開戦に際して「正義」概念が果たした役割を強調しているが，それもロシアの聖地

管理権問題に対する反応を取り扱っているのであって，イギリスはより慎重だったとしている．ロシア側の資料の研究にはCurtiss(1979)がある．

(4) Martin(1963: 18, 79)は，パーマストンは砲艦外交によってロシアの野望を打ち砕くべきだと考えてはいたものの，1853年夏ごろまでは戦争をしたかったわけではなかったとする．パーマストンは反ロシア派だったが，1853年当時はフランスによるイギリス侵攻の可能性の方を懸念していた(Lambert 1990: 6, 25)．

(5) この世論の盛り上がりについてはConacher(1968)，Martin(1963)に詳しく，新聞や議会勢力による首相や女王，女王の夫君に対して寄せられた非難が紹介されている．

(6) Lambert(1990: 60–61)．

(7) パーマストンは，1853年の時点で，陸軍の戦力を1万人増やすかわりに駐屯地を増設するよう主張しており，フランスが侵攻してきた場合に備えて海軍の軍港を守る役割に充てさせようとした(Lambert 1990: 25–26)．このことからも，パーマストンが海軍基地の警備隊ないし本土防衛隊としてしか陸軍を捉えていなかったこと，彼が陸軍戦力の増強の必要を軽視していたことが分かるだろう．また，後に述べるように議員らは英バルチック艦隊の威力を見せ付けてやれと発言するなど，自国の海軍力を誇っていたし，戦争推進派は開戦直前に，この戦争は(イギリスではなく)ロシアにとって「破壊的な」戦争になるだろうとした．しかも，イギリスにとってさえもっとも困難な戦争になるだろうとある開戦派の議員が述べたときには，議場からはぶつぶつと不満の声(Murmur)が上がった(House of Lords, February 6, 1854. Hansard 3rd s. cxxx, 261–268)．

(8) 国内で高まった軍批判については，Harried-Jenkins(1977: 8), Strachan(1984: 4)を参照されたい．高級紙『タイムズ』にいたるまで，新聞は戦いの被害を誇張して報道しがちで，実際の戦いも当初の予想よりもはるかに苦戦したことから，イギリス社会には軍や政権を責める論調が生まれた．これに対しストラチャンは，当時のシビリアンの政治家は戦争に対する知識に欠けており，またクリミア戦争直前まで改革を要求する軍の要請を却下してきたこと，軍事費を節減してきたことを指摘し，苦戦は軍のせいではないとする．Strachan(1984: 2–3)．

(9) ダンダスに対し寄せられた批判について，Lambert(1990: 16)参照．

(10) Curtiss(1979: 85, 87–88, 91–92, 96–97), Lambert(1990: 11–12), Conacher(1968: 143)．

(11) Lambert(1990: 18)．

(12) Lambert(1990: 18)．1840年代のフランスは，イギリス海軍と蒸気船の開発・建艦競争で対抗していたが，1848年革命をきっかけに成立した第2帝政はイギリスに対して敵対的ではなくなった．ところがフランスが侵攻してくるかもしれないという懸念は1853年になってさえ消え去っていなかった．

(13) Lambert(1990: 19)．

(14) Conacher(1968: 138), Lambert(1990: 16-17, 20).
(15) Lambert(1990: 15-17). グラハムは3月のローズ代理大使による艦隊派遣要請に対し，移動を拒否したダンダス提督の肩をもった．なお，ここでイギリス軍の階級の邦訳について断っておきたい．この時代のイギリス軍においては階級の呼称自体は現在とあまり変わらないものの，昇級システムや階級の運用制度が現在のイギリスとは異なる．そのため，クリミア戦争時のイギリスに関しては，敬称にAdmiralやGeneralを付ける将校に関してはその種類に拘わらず「提督」，「将軍」とする．また，敬称がCaptainの場合，艦船指揮の有無に拘わらず「勅任艦長」と訳す．Commanderの地位は，実際には少佐や中佐にあたるが，海軍で船を指揮している場合は艦長とした．また艦隊(Fleet)の司令官(Commander in Chief)については，「艦隊司令官」と訳す．そして後にとりあげるフォークランド戦争時のイギリス軍に関しては，アメリカやイスラエルと同様に大将・中将・少将・准将・大佐・中佐・少佐といった日本語訳を用いる．
(16) Lambert(1990: 21).
(17) Lambert(1990: 44-45).
(18) Lambert(1990: 44-45).
(19) Lambert(1990: 59-60).
(20) Martin(1963: 171-178).
(21) Lambert(1990: 60-64), Martin(1963: 170-186), Conacher(1968: 214).
(22) Conacher(1968: 219-229).
(23) Martin(1963: 178-186).
(24) クラレンドンは，フランスやオーストリアの支援が得られない中でイギリスが独力でトルコを助けなければならなくなることには懸念を抱いており，トルコに対し和平の条件を英仏に預けるように圧力をかけた(Schroeder 1972: 118-119)．だがクラレンドンが開戦を要求する世論を気にしていたことも事実で，戦争に向け舵を切っていたといっていいだろう(Schroeder 1972: 118, 125-127, 131; Martin 1963: 188-189).
(25) クラレンドンが冬の海戦を嫌ったこと，グラハムの庶民院でのスピーチにあるように(Hansard 3rd s. cxxx, cls. 868-869)，1853年の時点では海戦を始めるのに有利な状況であるとはいい難かったことから，準備期間が必要だったと見られる(Schroeder 1972: 126-127).
(26) Hansard 3rd s. cxxx, cls. 261-268.
(27) Hansard 3rd s. cxxx, cls. 392-396. 外交青書の発表を受けて，チャールズ・グレヴィルは自身のメモワールでストラットフォードが真の戦争原因だと攻撃したが(Greville 1903: 136-137)，これは実際には事実とは異なる(Conacher 1968: 274).
(28) Hansard 3rd s. cxxx, cl. 568.
(29) Hansard 3rd s. cxxx, cls. 1224-1232.
(30) Hansard 3rd s. cxxx, cls. 995-1029.

(31) 討議全体は，庶民院における 1854 年 2 月 17，20 日の議事録を参照．Hansard 3rd s. cxxx, cls. 831-1042.
(32) Hansard 3rd s. cxxx, cls. 868-869.
(33) Lambert(1990: 111, 115). 1854 年を通してコレラで死んだイギリス兵士は 734 名に上った．
(34) Lambert(1990: 111).
(35) Lambert(1990: 111-113); The Biography of FitzRoy James Henry Somerset, 1st Baron Raglan, *Oxford Dictionary of National Biography.*
(36) Schroeder(1972: 169-172, 195-197).
(37) セヴァストーポリの陥落に焦点をあてた計画はグラハム大臣主導で立案されたものである．後にセヴァストーポリの膠着戦で戦況が悪化すると彼の責任が問われたが，彼は戦前にそこまで甘いコスト見積もりを出していたわけではない．Lambert(1990: 29-36)を参照．
(38) Strachan(1984: 262).
(39) Strachan(1984: 2)．また『タイムズ』紙は，従来は対立することも多かったはずのパーマストンを，クリミア戦争の遂行をもっと効率化させるために陸軍大臣に据えろという論陣を幾度も張った(Marx 1897: 367-371).
(40)「海峡問題」の話し合いによる改定，ドナウ川の自由通行を確保すること，ドナウ川沿いの諸公国に対しロシアが保護権を放棄しヨーロッパの保護の下におくこと，オスマン帝国へ内政干渉しないかわりキリスト教徒の保護にヨーロッパが保証を与えることを内容とする．4 項目の要求の生まれた経緯について，Schroeder(1972: 182-196)参照．
(41) ロシアは 9 月 3 日に 4 項目を拒絶したが，すでに諸公国から撤退しており，ロシアだけが責められるべきではない．いずれにせよパーマストンは受け入れる気などなかった．Schroeder(1972: 193-194, 200-201).
(42) Bentley(1984: 152-153).
(43) バラクラヴァの戦いにおけるカーディガンの貴族的な傲慢さと犠牲を強いられた兵士との典型的な対比はトニー・リチャードソンの 1968 年の映画，『遥かなる戦場』(*The Charge of The Light Brigade*)のテーマになった．これは，ナポレオン戦争におけるヒーローとしての兵士と無能な貴族将校の姿を多少誇張しつつも描きだしたものである．1992 年からイギリスで放送され高視聴率を誇った ITV(英インディペンデント・テレビジョン)のドラマ，『炎の英雄シャープ』(*Sharpe*)にも通じるテーマであるといえるだろう．本章注 45 も参照．
(44) The Biography of James Thomas Brudenell, 7th Earl of Cardigan, *Oxford Dictionary of National Biography.*
(45) ファークツ(2003: 170)参照．その後社会主義者など戦争に否定的な言論人がイギリス社会に育っていくと，クリミア戦争に関し，こうした古い貴族将校の無能さ，攻撃性の側面が強調されるようになった．キングスリー・マーティンはその系譜にあたるだろう．リチャードソン監督もこうした批判の流れを汲んでおり，愚かな上流社会の犠牲となる兵士の姿を映画の中で描いている．こ

れらの批判には根拠があるものの，クリミア戦争に関してはプロフェッショナルな軍隊の芽生えという側面にも注目すべきだろうし，労働者階級も含む世論が開戦に果たした役割に無自覚であってはならないだろう．

(46) The Biography of James Thomas Brudenell, *Oxford Dictionary of National Biography*.

(47) Schroeder(1972: 231).

(48) Conacher(1968: 520–548).

(49) Schroeder(1972: 233–298), Lambert(1990: 236, 237).

(50) Schroeder(1972: 311–346).

(51) Marx(1897: 506–512, 558–566).

(52) Martin(1963: 207–208).

(53) Martin(1963: 27), Schroeder(1972: 346).

(54) Lambert(1990: 17–18).

(55) Lambert(1990: 60, 64).

(56) Lambert(1990: 44).

(57) Martin(1963: 140, 143, 152, 170, 190–191, 213), Marx(1897: 190–193, 201–210).

(58) Martin(1963: 52).

(59) パーマストンはマンチェスター派を「金で国を売りさばこうとしている輩」だと考えていた．Martin(1963: 52–57).

(60) Taylor(1954: 60–61)を参照．

(61) ロシアのドナウ川流域の公国への進軍を受けた閣内のやりとりについて，Lambert(1990: 43–45).

(62) Lambert(1990: 16).

(63) Lambert(1990: 17, 26)．この懸念の裏には英雄として発言に重みがあったウェリントン公のフランス恐怖症があったろう．ウェリントンは 1847 年にフランスがイギリスを侵攻する計画を立てているのではないかと周囲に漏らし，その発言がしだいに広まっていた(Martin 1963: 48).

(64) Lambert(1990: 26–36, 72–74)．グラハムは海軍大臣として 1830–34 年に海軍本部に対する監督を強める方針を打ち出していた．

(65) 貴族院における 1853 年 5 月 27，30 日，1854 年 2 月 6 日の演説参照．Hansard 3rd s. cxxvii, cls. 651–659, 758–761; cxxx, cls. 263–264. Conacher(1968: 167–168, 275, 277, 283)も参照．

(66) 貴族院における 1854 年 2 月 6 日の演説参照．Hansard 3rd s. cxxx, cls. 261–268.

(67) 貴族院における 1854 年 2 月 10 日の演説参照．Hansard 3rd s. cxxx, cls. 401–402.

(68) ブライトは戦争反対の言論をなるべく控えていたが，彼の戦争反対の立場が仇となって世論における人気は低下した．コブデンはブライトより強く，戦争を避けるべきだと演説した．彼らは戦争賛成派から臆病だとして攻撃を受け

た．Martin(1963: 47, 202, 208); The Biography of John Bright, and Richard Cobden, *Oxford Dictionary of National Biography.*

(69) 庶民院における 1853 年 5 月 27 日の演説(Hansard 3rd s. cxxvii, cls. 709–714, 787–788)，1854 年 2 月 20 日の演説(Hansard 3rd s. cxxx, cls. 995–1029)などを参照.

(70) Martin(1963: 30).

(71) Gleason(1972)は，イギリスのロシアに対する攻撃的態度は急に現れたのではなく，19 世紀初頭から醸成されたものだとし，世論における「ロシア恐怖症」の高まりを説明している.

(72) Martin(1963: 45–46).

(73) Bentley(1984: 152).

(74) 'Great Cattle Show,' December 21, 1850; 'The Invasion Stakes—Laying the Odds,' February 19, 1853; 'A Consultation about State of Turkey,' September 17, 1853; 'What Everybody Thinks,' October 8, 1853; 'Saint Nicholas of Russia,' March 18, 1854; 'England's War Vigil,' April 8, 1854 など参照(Martin 1963 に収録).

(75) Martin(1963: 18–19, 178–186)，Greville(1903: 127–135)，Conacher(1968: 269–270).

(76) Conacher(1968: 234–235).

(77) Conacher(1968: 235); The Biography of John Thadeus Delane, *Oxford Dictionary of National Biography.* デレインの主張は軍事的な知識を欠いていたことについて，Strachan(1984: 2)参照.

(78) ペリングは「ジンゴイズム」を帝国主義とほぼ同義で使っている場面もあるし，東方問題に関して，帝国主義的ではなくトルコの独立の保持のような正義感とある程度の抑制的な意思が含まれているものとして説明している部分もある(Pelling 1968: 82, 87–88)．本書ではこの語を他国に対する攻撃性とナショナリズムの混ざった感情を指すものとして理解したい.

(79) Lambert(1990: 28–29, 74–75).

(80) Lambert(1990: 2, 5).

(81) Lambert(1990: 14–15).

(82) Lambert(1990: 15).

(83) 海軍本部のベイリー・ハミルトン勅任艦長が，ダンダスに対する手紙で戦争は避けられないようだと書き送った(Lambert 1990: 16).

(84) Lambert(1990: 61–62).

(85) The Biography of Sir Maurice Berkeley, Richard Dundas, and Sir Alexander Milne, *Oxford Dictionary of National Biography.*

(86) Lambert(1990: 14).

(87) Lambert(1990: 21, 27, 30).

(88) ダンダスはライオンズと比べて不当に低い評価を国内から受けた(Lambert 1990: 16)．ライオンズは出世のためにもクリミア戦争を待ち望んだと考えら

れ，ダンダスとの折り合いも悪かった(Lambert 1990: 33–34; The Biography of Admiral Edmund Lyons, *Oxford Dictionary of National Biography*).

(89) Gleason(1972: 217–218).

(90) グラハムは，戦争が実際に始まると確実に予期できるようになるまでライオンズの任命の承認を待ったが，結果的には消極的な将軍に代わって彼らを投入せざるを得なかった(Lambert 1990: 33–35).

(91) Lambert(1990: 47–48).

(92) Calthorpe(1858: 1).

(93) Calthorpe(1858: 392–393).

第5章

(1) Shlaim(2001: 395–396). 実際にレバノンに流入したパレスチナ人のかなりの部分が左派グループの反政府活動のせいでヨルダンから追い出されたパレスチナ人だったため，レバノンが混迷する理由の一つとなった．Bregman(2002: 146).

(2) Bregman(2002: 158).

(3) Bregman(2002: 158), Shlaim(2001: 403–406).

(4) Sharon(2005: 468). 1982年6月8日のベギンのクネセットへの説明は，Shlaim(2001: 407) を参照.

(5) Bregman(2002: 145).

(6) Bregman(2002: 174).

(7) Sharon(2005: 425–426, 431–432).

(8) イスラエルは7月24日に停戦合意を施行した．シャロンの観察によれば，ベギンは停戦を呑まなければアメリカとの関係が悪化するだろうことから，またカチューシャ・ロケットなどで攻撃され続けていた北部の町が晒されている恐怖を目のあたりにしたことから停戦に傾いたのだろうとしている(Sharon 2005: 425–426, 431–432).

(9) Sharon(2005: 423–424, 432).

(10) Sharon(2005: 423–424, 432).

(11) Shlaim(2001: 396).

(12) 当時，シャロンがベギンを戦争に追い込んでいるという観測が広がっていた(Sharon 2005: 430).

(13) Sharon(2005: 520–522)は，ベギンが自分を切り捨てたことを恨みを込めて描いている.

(14) Naor(2008: 70–72), Adelman(2008: 139)参照.

(15) Shlaim(2001: 395). レバノン戦争が始まり，ベイルート包囲戦が行われていたときに，レーガン大統領がベギンに軍事行動停止を迫ると，ベギンは，自分はいま「ヒトラー」と戦っているのだとする手紙を送り付けた．この手紙が『エルサレム・ポスト』紙に公開されると，ベギンはヒトラーへの恨みにわれを忘れており，現実とかけ離れた正義感で動いているという批判が国内のハト

派から生じた．Shlaim(2001: 411–412)．

(16) Shlaim(2001: 411)．ベギンの建国期におけるジャボティンスキーとの関係や，反社会主義でナショナリスティックなイルグン運動に参加した経緯について述べている以下の文献も参照．Adelman(2008: 142–143)．

(17) Ben-Porat(2008: 11), Adelman(2008: 25)．エジプトとの和平交渉はサダトとラビン政権の努力が結実したものであったが，ベギンはその路線を継承した．

(18) Shlaim(2001: 385)．

(19) Perlmutter, Handel, and Bar-Joseph(2003: xxxii–xxxiii)．ベギンは，1977年の首相就任時にラビンからイラク原子炉開発のことを知らされた．閣内は武力行動については最後まで一致しておらず，シャロンは1978年にアラブの国家が核兵器を開発した時点で開戦理由に当たるとの解釈を打ち出した(Shlaim 2001: 385)．

(20) ヤディンは第2代参謀総長で，ダッシュ党党首である．のちに大統領になるワイツマンは長年軍人キャリアを歩み参謀次長を務め，退役後に政界入りし，ベギン政権下ではリクード党に所属したがエジプト和平ののちに左派化し，後年労働党に加わった．ダヤンも軍人キャリアを歩み，参謀総長と国防相を経験して労働党幹部を務めたが，ベギンに外相として任命された．モサドは全員が国防軍に所属し上層部は現役将校であるなど，国防軍との二重性が指摘できる．イツハク・ホフィはハガナー出身の軍人で参謀総長代理まで務めた後にモサド入りしている．ホフィはオシラク原子炉爆撃とレバノン侵攻の双方に反対した．ガジットはエシュコル首相時代に首相とダヤン国防相，ラビン参謀総長にパレスチナ自治の和平案を提案しているが，真面目に検討されることはなかった．ガジットは西岸に入植者を急増させようとしたベギン首相とリクード党を非難している(n. a. 2007e)．

(21) Perlmutter, Handel, and Bar-Joseph(2003: xxxiv–xxxvii)．

(22) Perlmutter, Handel, and Bar-Joseph(2003: xl)．

(23) 実際，反対したイヴリ空軍司令官ら軍人も攻撃が閣議決定された後は作戦遂行に専念した(Perlmutter, Handel, and Bar-Joseph 2003；クラーク 2004: 70)．

(24) Shlaim(2001: 389)．

(25) レーガンのイスラエルの立場に対する同情について，レーガン(1993: 538)参照．

(26) ゴラン高原の植民者は労働党中心連合の支持基盤であり，逆の極右勢力からは連日リクード党に圧迫がかけられていた．Shlaim(2001: 392–394)．

(27) レーガン(1993: 545–546)．

(28)「われわれは進んでテロリストと対決し，やつらの基地を攻めて滅ぼすのだ．われわれはもうやつらがわれわれのところへきてわれわれの血を流すまで待っている必要はない」というベギンのテルアビブでのスピーチについて，Bregman(2002: 151)参照．

(29) Bregman(2002: 161–162), Sharon(2005: 425)．

(30) ハビブは怒り，イスラエルはそんなことをしてはいけないと述べた(Bregman 2002: 156).

(31) Bregman(2002: 161-162).

(32) 閣僚たちは，ベギンがむしろこれでフリーハンドを得たと考えたという(Shlaim 2001: 395).

(33) Shlaim(2001: 397).

(34) 閣議が認証した最終的な「ガリラヤの平和作戦」の内容は，ガリラヤの植民者たちをテロリストの攻撃から守り，遠ざけ，シリア軍に先制攻撃をせず，レバノン政府と交戦するのではなくレバノンの国境は保全しながらPLOと戦うことであり，イスラエルの北部国境から45キロメートル以上北にPLOを追いやることだった．なお，シマハ・エルリッヒ副首相の質問に答えて，シャロンはベイルートは侵攻の範囲外だとした(Bregman 2002: 160; Shlaim 2001: 405).

(35) Sharon(2005: 437-443), Shlaim(2001: 397-398).

(36) Shlaim(2001: 398)は，シャロンが個人外交に出たことで官僚に頼る必要がなくなり，軍を含めた官僚の影響力が低下してしまったとする.

(37) ラビン元首相は，レバノンの情勢を安定化させ，PLO勢力を弱めるためにシリアの試みをある程度評価していたし，シリアがキリスト教徒に味方して戦うためにゲリラ組織サイカを送り込んだことを述べている(ラビン 1996: 353-354).

(38) Bregman(2002: 158).

(39) Sharon(2005: 455)はこれを5月16日の閣議で決まったとする.

(40) Shlaim(2001: 401).

(41) 6月4日に報復のための大規模な空爆を決定し，翌日にレバノン侵攻の「ガリラヤの平和作戦」開始をほぼ全員一致(2名の棄権)で可決した(Shlaim 2001: 403-406; Bregman 2002: 158).

(42) Shlaim(2001: 403-404), Bregman(2002: 158-159).

(43) Sharon(2005: 455)もこれを認めている.

(44) Bregman(2002: 160-161).

(45) Bregman(2002: 161-162).

(46) Shlaim(2001: 407).

(47) それに対し，モルデハイ・ツィポリ国防副大臣兼情報相が，この作戦ではシリア軍との対決は避けられないという理解を示唆したことが記録されている(Shlaim 2001: 405)．ベギンはシリアと衝突する可能性が排除されないことを理解していたということができるだろう.

(48) Bregman(2002: 168-169).

(49) ベギンとシャロンは事前に打ち合わせており，ベギンは閣議で真っ先に賛成した(Bregman 2002: 171-172; Shlaim 2001: 409)．シャロンはベギンにレバノンの沿岸にいる部隊を北上させて東に横切らせ，シリア軍を側面攻撃する構えを見せることでシリア軍は撤退するだろうと述べた(Sharon 2005: 460).

(50) イツハク・モダイ無任所大臣の発言(Sharon 2005: 468).
(51) この間にヘイグが国務長官を辞任し，後任のジョージ・シュルツがハビブ特使を遣わしてPLOとイスラエルの停戦合意およびPLOのベイルート退去案を交渉させた．シャロンはPLOにヨルダンへ退去するよう求めた．アラファトは反対し，結局チュニジアへの撤退が決まった(Shlaim 2001: 412-413).
(52) Shlaim(2001: 413).
(53) Shlaim(2001: 410).
(54) Sharon(2005: 474).
(55) Sharon(2005: 472-474), Shlaim(2001: 410).
(56) Shlaim(2001: 414-415).
(57) Shlaim(2001: 418)は，反PLOのヒズボラがイスラエルを当初歓迎したとし，それを理解しなかったイスラエルの軍事占領によって，さまざまな勢力が反イスラエルという観点から一致団結してしまったとする．また，イスラエルはドルーズ派勢力のキリスト教勢力に対する憎しみを再燃させるとともに，イスラエルと和平プロセスにあったエジプトの立場も悪化させてしまった．
(58) 実際，Shlaim(2001: 415-416)はシリアの秘密工作員によってバシールが暗殺されたとする．その後に指導者を引き継いだ兄のアミン・ジェマイエルは長らく親シリア派と目されてきた．シリアはイスラエルのレバノン南部への撤退後に勢力を伸張し，ベカア高原を拠点に影響力をふるうことになった．
(59) Shlaim(2001: 410).
(60) エリ・ジェバ第211装甲旅団長の任務放棄事件は，Bregman(2002: 174), n.a.(1982b)参照.
(61) 7月26日の抗議集会について，Bregman(2002: 177)参照.
(62) Bregman(2002: 176). Sharon(2005: 500, 504)は，その難民キャンプにPLOの残党がいたためにファランへに捜索を依頼したのだと説明している．
(63) 8月12日，ベイルートの「黒い木曜日」でレバノン人300名が死亡した．
(64) Bregman(2002: 177).
(65) イスラエルの撤退が遅れたのは実際にはアメリカ政府のせいもある．アメリカ政府はキリスト教勢力に肩入れしていたので，シリアが撤退しない中，イスラエルが早期撤退してキリスト教勢力の立場が弱まるのを案じていた．Shlaim(2001: 418)参照．1983年4月18日に在ベイルート米海兵隊に対するテロがおき，10月23日にはヒズボラの攻撃でベイルートの米海兵隊営舎が爆破され241人が死亡し，同時テロでフランス兵58人が車爆弾で死亡した．そのため結局はアメリカも撤退することになった．
(66) ハレヴィ(1997: 84-94)，Bregman(2002: xv, 176-177), Sharon(2005: 493)など．ちなみにブレグマン自身，20代前半の大尉としてリタニ作戦と第1次レバノン戦争に従軍しており，その後占領地域での軍務には服さないことを宣言，イギリスに移住している．
(67) Bregman(2002: 176-177).
(68) 現代の日本の人口比に当てはめれば，およそ2万人が戦死したことになり，

アメリカならばおよそ5万4000人が戦死したことになろうが，もちろん死傷者数は戦争の規模や兵器体系や動員兵の数によるのだから，単純な比較はできない．ただし，ここで考えてもらいたいのは，市民が受け止めた戦争の感情的なインパクトであり，家族や親戚，友人知人の中で誰か1人は死んでしまったというような状況だったのではないかということである．

(69) 聖書の「カインとアベル」より．カインの印とは兄弟を殺したカインの額に神から殺人者の証として付けられた印を意味する．手紙文はShlaim(2001: 419)より引用，邦訳した．

(70) Shlaim(2001: 418).

(71) イスラエルでは，兵士の遺骸が，生きているテロリストや政治犯など多くの囚人の解放と取引されている事実がある．これは埋葬の意味を重視する宗教的な理由に基づいている．第2次レバノン戦争を理解する上ではこうした文脈も無視できない．

(72) Levy(2008: 139).

(73) ピース・インデックスと『イェディオット・アハロノット』紙の世論調査を参照．n. a.(2006-2007).

(74) n. a.(2006-2007).

(75) Harel and Issacharoff(2009: 23).

(76) シャロンは2003年5月の「平和へのロードマップ」でパレスチナ国家建設とガザ撤退を表明して自党や右派政党からの非難を浴び，リクード党を離党してカディマ党を設立した．撤退は国際社会や国民の大部分から歓迎された．

(77) MacKinnon(2006)

(78) n. a.(2006c).

(79) Special Cabinet Communique, July 12, 2006; Harel and Issacharoff(2009: 76, 111-116).

(80) Harel and Issacharoff(2009: 76).

(81) Harel and Issacharoff(2009: 76-90), Katz(2006).

(82) Levy(2008: 139).

(83) Harel(2006a)に掲載された，カディマ党タカ派のギデオン・エズラ環境保護相の発言参照．

(84) エズラ大臣は，シャロン政権では国際安全保障相だった．

(85) 世論調査によれば，シャロンが新党を結党すれば40議席ほど得られるはずだった．だが総選挙までにはガザの治安が悪化しており，オルメルトが選挙で得たカディマ党の議席は26に止まった(Naor 2008: 89).

(86) Inbar(2007), Katz(2006).

(87) ヤアロンは開戦当時アメリカに滞在していたが，開戦決定の翌日，速やかな停戦と，レバノン政府を支持しつつヒズボラの武装解除を進める安保理決議を組み合わせることにより，イスラエルがヒズボラから恒常的に攻撃されるこれまでの状況を脱することができると考えた．彼は地上戦が必要だとも，ヒズボラをイスラエルが武力で取り除くことが必要だとも考えておらず，そのよう

な軍事的能力も現在の国防軍にはないばかりか，試みればレバノンの中道派を失ってしまうと考えていた．Harel and Issacharoff(2009: 123).

(88) n. a.(2008b).

(89) Katz(2006).

(90) Hasson and Rappaport(2006), Rappaport(2006).

(91) Harel and Issacharoff(2009: 121-124), Katz(2006), Essing(2007).

(92) Hasson and Benn(2007), Katz(2006). 閣議の決定は以下を参照．Political Security Cabinet Resolution, August 9, 2006, Israel Ministry of Foreign Affairs, available at *http://www.mfa.gov.il/MFA/Government/Communiques/2006/Political-Security+Cabinet+resolution+9-Aug-2006.htm*(2009/09/07).

(93) Harel and Issacharoff(2009: 151).

(94) *Report of the Commission of Inquiry on Lebanon pursuant to Human Rights Council resolution S-2/l*, November 23, 2006, United Nations General Assembly, A/HRC/3/2, 26, available at *http://www2.ohchr.org/english/bodies/hrcouncil/docs/specialsession/A.HRC.3.2.pdf*(2012/07/02).

(95) Harel and *Haaretz* Correspondent(2006).

(96) カプリンスキー中将による批判は，Katz(2009)参照．ハルツによるペレツ批判は，Hasson and Benn(2007)参照.

(97) 例えば Essing(2007)参照.

(98) 例えば，Azoulay(2007)参照.

(99) 第 2 次レバノン戦争に駆り出された予備役が十分に訓練を与えられず，予算が回らなかったために従軍中の糧食まで自主調達やレバノン内での強奪に頼らねばならなかったことについて，Katz(2006)参照.

(100) Levy(2008: 139, 140).

(101) n. a.(2007b).

(102)『イェディオット・アハロノット』紙の世論調査を引いている記事(n. a. 2006d)を参照.

(103) 劇作家のイェホシュア・ソボル，アモス・オズ，小説家・劇作家の A. B. イェホシュアなどが挙げられる．以下記事などを参照．Nader(2007), Wiener(2006), Levy(2006), n. a.(2008c).

(104) Galili(2009).

(105) 本章エピグラフに挙げた『ロサンゼルス・タイムズ』紙の記事のほか，Oz(2006).

(106) Shavit(2006a).

(107) オズと並んでイスラエルのもっとも著名な小説家の一人であるグロスマンの息子は，その第 2 次レバノン戦争で戦死してしまった．Grossman(2006), n. a.(2009).

(108) Levy(2006).

(109) Beilin(2006).

(110) n. a.(2006f). 犠牲となった兵士の親たちの団体メンバーが第 2 次レバノン

戦争に関し,『ハアレツ』紙に寄せた主張を参照. Damelin(2008).

(111) n. a.(2007c). 2008 年初頭には,世論調査でオルメルトの留任を求める声はいったん 1/3 程度にまで上昇したが,彼は 2008 年 7 月にカディマ党党首を退任すると述べた. n. a.(2008a).

(112) 以下のサイトに掲載された調査を参照. n. a.(2006-2007).

(113) ハレヴィ(2007: 84-94)参照.

(114) リクード党は,1970 年のエジプトとの停戦に反対して国家統一政府を飛び出し,1975 年のエジプトとの暫定協定に反対投票した.しかも 1977 年にベギン首相が就任してからは,それまで友好的であったヨルダン国王を敵視し,国王がイスラエルと特別の関係を求めていたにも拘わらず両国間の関係を悪化させた(ハレヴィ 1997: 47).

(115) Ben-Porat(2008: 10-11, 24-25), Adelman(2008: 140).

(116) Adelman(2008: 138).ちなみに,クネセット選出議員の左派・右派・中道の分布は,常に右派優位で推移し,左派が優位を取り戻したのは 1992 年選挙のとき(左派 61 議席,右派 59 議席)だけである. 2006 年選挙は,左派 34 議席,中道派 36 議席,右派 50 議席という結果だった(Naor 2008: 78).

(117) 超正統派ユダヤ教徒の発言権の増大について,Ben-Porat(2008: 34)参照.シャロンの支持を訴える勢力とシャロンの罷免を訴える勢力双方により,前例のない規模でデモ活動が繰り広げられたことについて,Sharon(2005: 519-521).

(118) Ben-Porat(2008: 9).

(119) ハイファ大学の国家安全保障プロジェクトによれば,1974 年の予備役兵に対する調査では,80% が選択肢を与えられたとしても進んで召集に応じるとしていた. 2000 年の夏に第 2 次インティファーダが始まると,国民は安全保障上の脅威に再び目覚め,兵役や予備役に応じるようになったが,それも短期的な効果しかなかった. Ben-Dor(2002: 4-5).

(120) Soen(2008: 72).

(121) Verter(2008, 2009).

(122) Levy(2006).

(123) ハレヴィ(2007: 392-393).

(124) 過ちを全面的に認めつつも,国防軍がイスラエル社会によるバッシングを一身に受けているというハルツ参謀総長の発言について,以下の記事を参照. Hasson and Benn(2007).

(125) ハレヴィ(2007: 125).

(126) ハレヴィ(2007: 124-125).

(127) Mualem, Haaretz Service, and Harel(2006), Harel(2006b), Shavit(2006b).

(128) Rappaport(2006).

(129) 国民の国防軍支持の低下と国防軍の周縁化についての研究に,Levy(2008)がある.

(130) 反対運動に将校連が加わり,メディアの戦争反対運動の報道が増えたこと

について，Levy(2008: 137)．2004年にはこれら反対運動が功を奏して，シャロン内閣はガザ地区からの一方的撤退を実行し，軍は強硬に反対する入植者を強制的に退去させた．

(131) ウィノグラード委員会の全体レポートが出された2008年1月末，オルメルトが安保通のバラク労働党党首を国防相に据え，また戦争からおよそ1年半が過ぎたことで，多くの市民はこの戦争を忘れさろうとしていた．全体レポートの公開は世論調査の政権支持率をほとんど変化させなかった．オルメルトの留任を求める声は，2008年1-2月には世論調査で約1/3の割合にまで上昇した．n. a.(2008a)．これに比して，第2次レバノン戦争に従事した兵士や戦死者の家族による草の根運動は，ウィノグラード委員会の全体レポートを受けてオルメルトの辞任を求める声を新たに発信している．Azoulay and *Haaretz* Correspondent(2008)．

第6章

(1) 例えば，サッチャー(1993)，Van der Bijl(2007)，Anderson(2002)，Freedman(2007, Vol. 2: 728), Boyce(2005)参照．

(2) n. a.(1982a)参照．この結果，支持率増大とその後の総選挙勝利には「フォークランド・ファクター」があったという言説が生じた．Freedman(2007, Vol. 2: 728), Monaghan(1998: xiii, xv)．

(3) 兵士の物語には，Lukowiak(1999)，McNally(2007)，Walters(2007)，Bilton and Kosminsky(1989)などがある．梅川(2008: 1063)も参照．戦争後に生じたサッチャーや保守党批判としてのフォークランド批判については，Lukowiak(1999)，Freedman(2007, Vol. 2: 728)，Boyce(2005: 5)，Monaghan(1998: xii-xiii)参照．

(4) Monaghan(1998: ix), Hastings and Jenkins(1997: 7)．戦争批判のなかでは，戦後に教育やメディア，論壇などでフォークランドの栄光が強調されたことは指摘されてきたが，国民の冷たい眼差しが主要な問題として意識されてきたわけではない．社会のあぶれ者としてのフォークランド戦争従軍兵の子供とネオナチ集団を描いた映画，*This is England* が当時の荒廃したイギリス社会の底辺の雰囲気を伝えている．

(5) 実際，アルゼンチンとの石油共同開発を視野に据えて1975年に派遣されたシャックルトン調査団にアルゼンチンは反発し，両国の大使館引き上げ，翌年の「シャックルトン」調査船砲撃事件にまで繋がった．

(6) 労働党のハロルド・ウィルソン政権は一定の交流期間を設けた後，住民の意思を尊重することを前提にアルゼンチンの主権を認めるところまで妥協した．保守党のエドワード・ヒース政権は1971年の通信交通協定で島民とアルゼンチンの関係を深め，共同統治を模索した．後に政権を引き継ぐジム・キャラハン外相が解決に本腰を入れた第2次ウィルソン政権では超党派の路線をとって保守党政権時代の共同統治案を推進した．だが，世論や多くの議員はフォークランド放棄の動きには反発しがちだったために，解決を模索しようとする政

権は常に苦しい立場に立たされた．Freedman(2007, Vol. 1: 28, 33, 39).

(7) 防衛省は予算がさらに削減された場合，哨戒船を放棄することを決めていた．限られた防衛予算ではNATOの任務に集中することしかできなかったし，それは前ウィルソン政権のときにスエズ以東からの撤退とともに定められた規定路線であった．Freedman(2007, Vol. 1: 60-61, 80-88, 95-98). 1976年の1月に哨戒船の退役が発表されていたときの状況について，Frenchman(1976)参照.

(8) キャラハン政権期，フレッド・マレー防衛大臣は「ここで〔島民に〕再度安心感を与えるために明確に意図されたメッセージを送ることは，将来防衛省に，実現不可能なことが明白な期待に応える圧力がかかることに繋がるだろう」と述べている(Freedman 2007, Vol. 1: 98).

(9) 1976年12月のアルゼンチンの占領・科学基地建設に関し，政権が報告を受けたのは1977年1月4日であるが，外務省はこの事実が広まることを抑えようと努めた．政権が占領の事実を議会に向けて明らかにしたのは1978年のことである(サッチャー 1993, 上巻：222).

(10) リースバック案，代替案としての属領の主権委譲，イギリスの資源発掘権と交換の領有権返還などが次々に検討されたが，島民や下院，メディアの攻撃を浴びてことごとく潰された．Freedman(2007, Vol. 1: 99-142).

(11) 梅川(2008: 1108)，Hastings and Jenkins(1997: 59-60).

(12) この退役がなかったら侵攻されなかったとはいえないが，退役決定はアルゼンチンによるフォークランド武力占領が起きてもイギリスが奪還を試みないだろうという予測を与える結果に繋がってしまったといえる(Bicheno 2007: 95)．サッチャーは予算削減の観点から退役に賛成していた(梅川 2008: 1120).

(13) Bicheno(2007: 66-67)．軍政のフォークランド侵攻決定についてFreedman (2007, Vol. 1: 153-154, 160, 187).

(14) サッチャー(1993, 上巻：226, 229, 231-233, 237, 254-256, 259-260).

(15) Nott(2002: 212-213)は，サッチャーは必ずしも外交努力を好んでおらず，国の名誉を取り戻す唯一の道はアルゼンチンを軍事的に敗北せしめることだ，と決意していたと分析する.

(16) サッチャー(1993, 上巻：250)参照．アルゼンチンでは国民の大多数にマルビナス(フォークランド)を奪還したいという願望があり，この領土問題に関する武力解決の可能性は常にあったことから，必ずしも軍政だから侵攻したと単純に捉えることはできない.

(17) フォークランド戦争にまつわる軍事的な批判，外交の失敗の批判，戦勝に浮かれる「サッチャーのイギリス」イメージを共有できなかった人々からの批判などについては，Freedman(2007, Vol. 2: 728), Hastings and Jenkins(1997: 2-3), Boyce(2005: 5)などを参照.

(18) Freedman(2007, Vol. 1: 175-176).

(19) Freedman(2007, Vol. 1: 176, 236 n6)．ウィギンは，下院で南大西洋はNATOの範囲外のエリアであると発言し，それを聞いたアラン・クラーク議

員は，それを「われわれ(ないし少なくとも防衛省)は，気にかけない」ということだったと看破した(Clark 2001: 306).

(20) Freedman(2007, Vol. 1: 176).

(21) 政権は，3月25日までにはフォークランド占領にまで事態が及ぶ可能性が高いことに気づいていた．Leach(2005: 66).

(22) Hastings and Jenkins(1997: 78-79).

(23) サッチャー(1993，上巻：226-227).

(24) Nott(2005: 62-63).

(25) Nott(2002: 213), Freedman(2007, Vol. 1: 209).

(26) リーチが戦争の正当性ゆえに，困難であっても戦争をすべきだと思っていたことは明らかである(Leach 2005: 67-69; Hastings and Jenkins 1997: 80). Hastings and Jenkins(1997: 79-80, 87)は，英海軍幹部が栄光ある海戦を繰り広げ，予算削減に抵抗してきたことが正しかったことを証明する機会がいまこそめぐってきたと考えたと分析するが，同時に〔同じく海軍出身の〕ルーウィン参謀総長がその場にいたならば結果は違ったかもしれないともしている.

(27) Leach(2005: 68-70)参照.

(28) そのときニュージーランドにいたルーウィン参謀総長は，決定の事後通告を受けただけだった(Hastings and Jenkins 1997: 87). ノット防衛相には，サッチャーがリーチと直接やり取りすることを妨害する法的正統性や意図はなかった(Nott 2005: 61).

(29) Leach(2005: 70).

(30) サッチャー(1993，上巻：229)，Hastings and Jenkins(1997: 86-87).

(31) Freedman(2007, Vol. 1: 182).

(32) アルゼンチン側には死者が1名出た．なお，サウス・ジョージア占領では海兵隊がアルゼンチン海兵隊側に4名の死者を出させるほど抵抗したが，イギリス側に犠牲者を出すことなく投降した．これは決して偶然ではなく，イギリスを刺激しないように無血で占領するようにアルゼンチンが布告を出していたからだった(Boyce 2005: 40).

(33) サッチャー(1993，上巻：232). レーガンの説得はアルゼンチン政府には功を奏さず，アメリカが中立でいてくれるという外相の誤った見込みがガルティエリに青信号を出す結果を招いた．Freedman(2007, Vol. 1: 212-214), n. a. (1992), Bicheno(2007: 78-79).

(34) 1982年4月3日の下院の議事録参照．H. C. Debs., 6th s. Vol. 21, cls. 634-638.

(35) サッチャー(1993，上巻：234-235)，Freedman(2007, Vol. 1: 180-181; 2007, Vol. 2: 17-18), Hastings and Jenkins(1997: 82). アトキンスが外務省の下院向け報告を行っていたのはキャリントンが貴族院議員だったからである.

(36) サッチャー(1993，上巻：233)，Freedman(2007, Vol. 2: 17).

(37) Freedman(2007, Vol. 2: 18).

(38) Freedman(2007, Vol. 1: 210). ホワイトローの同様の観測について，Boyce

(2005: 44–45).

(39) サッチャーはヘイグ国務長官がイギリスとアルゼンチンの主権に対する主張を対等に扱っているのも気に食わず，苦情をいっている．サッチャー(1993, 上巻：237, 250).

(40) サッチャー(1993, 上巻：237, 265–267).

(41) サッチャー(1993, 上巻：235, 250, 280). イギリスの保守派政治家・思想家のエドマンド・バークは，1771 年にフォークランドをめぐってイギリスとスペインの間でおこった戦争でイギリス側がフォークランドを放棄して早期に戦争を終結させたことを非難するのに，「不名誉な平和」(dishonourable peace)という語を使っている(Monaghan 1998: 47).

(42) サッチャー(1993, 上巻：254–256).

(43) サッチャー(1993, 上巻：259–260). サッチャーの開戦の意思が強かったのに，ピムが単独行動で妥協を模索したことについて，Bicheno(2007: 79–80)参照.

(44) サッチャー(1993, 上巻：259–260).

(45) 4 月 27 日にヘイグが両国に提示した調停案については，29 日にアルゼンチンが拒絶した．しかしサッチャーは元来ヘイグ案を呑む気はなく，ノットの提案で先にアルゼンチンから回答を得ることを要求していた．サッチャー(1993, 上巻：262–267), Freedman(2007, Vol. 2: 172–174). サウス・ジョージアの奪還の政治的目的について，Nott(2005: 60)参照．サッチャー(1993, 上巻：275)は，「アルゼンチンの軍事政権には，この和平案であれ，ほかのどんな和平案であれ，提案された条件で撤退するつもりは決してないと私は信じていた．この事実は私にとって慰めだった」とする．

(46) ベルグラーノの撃沈について，ジャーナリストや政治家からペルーの和平工作を潰すためのものだったという見方が示されたが，そのことは Freedman (2007, Vol. 2: 743)が否定している．

(47) イギリス領のアセンション島にあるアメリカ軍基地の使用は，直前までヘイグから保証を得ていなかった．Freedman(2008, Vol. 2: 159).

(48) Pike(2008: 134–135).

(49) 作戦初期は政治が軍の要請を抑える傾向が続いた．例えばサウス・ジョージア奪還には交渉上の地位を高めるという政治的な思惑があり，海軍は奪還の必要性に懐疑的であったのに実現した．Nott(2005: 60).

(50) Bicheno(2007: 24).

(51) サッチャー(1993, 上巻：289–291).

(52) サッチャー(1993, 上巻：292–293), Freedman(2007, Vol. 2: 528, 535), Bicheno(2007: 80).

(53) Freedman(2007, Vol. 2: 530), Hastings and Jenkins(1997: 294).

(54) Hastings and Jenkins(1997: 290).

(55) Hastings and Jenkins(1997: 291–292).

(56) Bicheno(2007: Forward by Richard Holmes), Walters(2007), Lukowiak

(1999).
(57) Boyce(2005: 3–5).
(58) サッチャーによるウッドワードの回想録のための Forward を参照. Woodward(1997: xii). マギーとはサッチャーの愛称.
(59) Monaghan(1998: 24–29), Boyce(2005: 5). サッチャーがフォークランド島民をよきイギリス人の生活スタイルを守っている人々として描きだしたことについて, 1982 年 4 月 3 日下院における演説参照. H. C. Debs, 6th s. Vol. 21, cl. 638.
(60) Boyce(2005: 60).
(61) 海事専門の防衛官僚は奪還の可能性に悲観的で, 3 月 31 日の会議で, 部隊を送れば国内政治の圧力で戦争をするしかなくなってしまうという可能性に言及した(Hastings and Jenkins 1997: 85).
(62) Nott(2005: 61).
(63) サッチャー(1993, 上巻 : 261, 262), Freedman(2007, Vol. 2: 21).
(64) Freedman(2007, Vol. 2: 27).
(65) Clark(2001: 306), Hastings and Jenkins(1997: 82).
(66) イギリス政府内では海兵隊員が無事だったことを喜ぶよりも, あまり抵抗せずに明け渡したことを政治的にまずいと思う気持ちの方が強かった. Freedman(2007, Vol. 2: 16, 19).
(67) Freedman(2007, Vol. 2: 19).
(68) Boyce(2005: 45–46).
(69) Freedman(2007, Vol. 2: 20), Boyce(2005: 3–5).
(70) Nott(2005: 59).
(71) 4 月 27 日下院, フット, アンソニー・ウェッジウッド・ベン, タム・ディーエル, ジョン・ドーマンドの質問(H. C. Debs. 6th s. Vol. 22, cls. 719–724), 5 月 18 日下院での, ギャビン・ストラングの質問(H. C. Debs. 6th s. Vol. 24, cls. 189–190), 5 月 20 日下院でのレオ・アブスやアンドリュー・ファウルズらの質問(H. C. Debs. 6th s. Vol. 24, cls. 483, 514)などを参照されたい. 少数野党の意見に関しては, 4 月 22 日下院における SNP のゴードン・ウィルソンの質問(H. C. Debs. 6th s. Vol. 22, cl. 419), 5 月 20 日下院における自由党党首のデヴィッド・スティールの質問(H. C. Debs. 6th s. Vol. 24, cl. 467), 社会民主党のデヴィッド・オーエンらの質問や討論(H. C. Debs. 6th s. Vol. 24, cls. 489–492)を参照.
(72) 戦前の報道で例外的に戦争に留保を付したのが『ガーディアン』紙だった(Boyce 2005: 5).
(73) Boyce(2005: 5), Hastings and Jenkins(1997: 291–292).
(74)『デイリー・テレグラフ』紙やその他新聞の批判については, Woodward(1997: xvi)参照.
(75) Boyce(2005: 59), Wilcox(1992).
(76) n. a.(1982a).

(77) n. a.(1982a).

(78) フォークランドの奪還がイギリスの兵士の犠牲に値するかという問いに対し，4月14日の調査では，44% が Yes と答え，4月23-24日の調査ではそれが58% に，シェフィールドの撃沈がちょうど重なった5月3-5日の調査では一時53% に落ち込むものの，5月25-26日の調査で62% が Yes と答えた．また作戦が終了しておよそ1週間後の勝利の雰囲気が国内に充満していたころの6月21-23日の調査では，250人の戦死者とおよそ10億ポンドの戦費はフォークランドの奪還に値したかという問いに対し，76% が Yes と答えた．n. a.(1982a).

(79) 以下の文献がこうしたフォークランドをめぐる議論や表現活動を紹介している．Monaghan(1998), Boyce(2005), Wilcox(1992), Walsh(1992), Taylor (1992), Leigh(1992), Hamilton(1992).

(80) Bicheno(2007). キューバ生まれのイギリス人だったがアメリカに帰化した．イギリス人として情報活動の経歴もあり，現在もイギリス在住の軍事歴史家で，複雑なメンタリティを持つ．彼がアルゼンチンに厳しいのは南米の事情をよく知っているからだろう．

(81) Margaret Thatcher, Speech to Conservative Rally at Cheltenham, July 3, 1982.

(82) 梅川(2008: 1120).

(83) Hastings and Jenkins(1997: 86). リーチの海軍予算削減や，空母や水陸両用部隊の廃止圧力に対する反発について，Hastings and Jenkins(1997: 80)参照．

(84) 本書の意見をサポートする記述について，Freedman(2007, Vol. 2: 24). 海軍のためを思うリーチが，機動部隊の出発をあまりに急かせ，フィールドハウスの要請した準備のための時間的余裕をまったく許可しなかった(Freedman 2007, Vol. 1: 213)というのはどう考えてもおかしい．これこそ，リーチが期待に応えようと焦っていた印ではないか．

(85) Freedman(2007, Vol. 2: 23).

(86) Freedman(2007, Vol. 2: 24).

(87) Woodward(1997: xvii). ウッドワードの回想録は，戦勝の誇りに満ちたものであると同時に，多くの部下を失ったことの責任感や，深い傷跡が垣間見える．初めウッドワードは機動部隊全体の司令官だったが，4月初旬の指揮命令系統再編成を経てフィールドハウスがそれぞれの指揮官を直轄するかたちになった．そのため，それ以後ウッドワードは空母戦闘群を率いた．Thompson (2005: 87, 90)を参照．

(88) ハーバートの戦争日記における記述をフリードマンが引用している．Freedman(2007, Vol. 1: 200).

(89) Hastings and Jenkins(1997: 118).

(90) 砲艦外交で終わるだろうという軍の中の予測について，例えば以下を参照．Hastings and Jenkins(1997: 114).

(91) アイルランドでの汚い非正規戦にうんざりし，いよいよ輝かしい普通の戦争を戦えるのだという気持ちも強かったのだという(Boyce 2005: 62).
(92) 第3パラシュート部隊指揮官のヒュー・パイクの当時の手紙，殊に4月21, 24, 29日付のものを参照．Pike(2008: 134-135).
(93) こうしたPTSDを病んだ兵士たちがインタビューに応じたものとして，Walters(2007).

第7章

(1) 藤原(2002).
(2) 正式な開戦理由だけを見ても，イラク戦争は後に述べるブッシュ・ドクトリンに表現された先制攻撃(Pre-emptive Strike)ではなく，予防戦争(Preventive War)である．先制攻撃と予防戦争の違いについては以下を参照．Freedman(2003: 105-114), Litwak(2002-2003: 53-80).
(3) 大統領支持はUSAトゥデイ，ギャラップ社，CNN共同の世論調査では9.11直後に90%，2003年4月22-23日は70%だったが，その後急落した．2008年5月のCNN調査では不支持が71%だった．Moore(2001), n. a.(2005a), Steinhauser(2008).
(4) 2003年1月にエジプトからサダム・フセイン亡命案が打診されていたが政権は拒絶の意思をエジプトに伝えた．ウッドワード(2004: 406-408)参照.
(5) ウッドワード(2004: 118, 369, 525, 533, 550, 556)，マクレラン(2008: 154-159)参照．ウォルフォウィッツについては，Ricks(2007: 16), Feith(2008: 208).
(6) ウッドワード(2004; 2007, 上巻)，マクレラン(2008)等に詳しい.
(7) 例えば，Lind(2003), Daalder and Lindsey(2005), Halper and Clarke(2004), Gellman(2008)，サスキンド(2004)，マン(2004)，ウッドワード(2004)，シュレジンガー(2005)，マクレラン(2008)，パッカー(2008)などの著作を参照.
(8) Haas(2009: 236), Daalder and Lindsay(2005: 15)，マクレラン(2008: 155-156)など参照.
(9) Haas(2009: 236-237), Daalder and Lindsay(2005: 20-21)，マクレラン(2008: 49, 155-160)参照.
(10) ブッシュ(父)らはサダム・フセイン政権の延命を望んでいたわけではなく，政権を内側から自壊させるための秘密工作を許可してはいた．だが，ブッシュ(父)はアメリカ軍が直接に体制転換に関わること自体には一貫して消極的だった(Alfonsi 2006: 232-233；ウッドワード 2004: 93; Haas 2009).
(11) パッカー(2008: 8)，ウッドワード(2004: 93)，Alfonsi(2006).
(12) 久保(2003: 22)参照.
(13) クリントン政権は封じ込め政策の見直し全般に消極的だった(Haas 2009: 166-167; Ricks 2007: 18).
(14) 以下，人名(役職)．リチャード・アーミテージ(国務副長官)，ドナルド・ラムズフェルド(国防長官)，ポール・ウォルフォウィッツ(国防副長官)，ジョ

ン・ボルトン(国連大使), ザルメイ・ハリルザド(東南アジア, 中東, 北アフリカ担当大統領特別補佐官), エリオット・エイブラムス(中東・北アフリカ担当大統領特別補佐官兼 NSC 上級部長), ロバート・ゼーリック(通商代表の後 2005 年から国務副長官), ポーラ・ドブリャンスキー(国務次官)など.

(15) パッカー(2008), Ricks(2007: 16, 20)など参照.

(16) 例として, Wolfowitz(1998).

(17) A Letter from Congress, August 11, 1999, available at *http://www.pbs.org/newshour/bb/middle_east/july-dec99/letter.html* (2009/08/14). Feith (2008: 197-198)も参照.

(18) 1997 年に国連の制裁を緩和させようとするヨーロッパ諸国との争いにおいて, オルブライト国務長官はサダム政権が倒壊しなければ制裁は緩めないと表明し, 外交的圧力と限定的空爆や巡航ミサイル攻撃の組み合わせで事態を乗り切ろうとした. Secretary of State Madeleine K. Albright Remarks at Georgetown University, March 26, 1997, available at *http://secretary.state.gov/www/statements/970326.html*(2009/08/12).

(19) Ricks(2007: 18-23), Haas(2009: 166).

(20) ジニは体制転換には約 35 万人規模の介入が必要だとした(Ricks 2007: 34). Clancy(2005: 21-26)も参照.

(21) Lind(2003), Daalder and Lindsay(2005)参照. イラク戦争に関し, ブッシュ父子は電話で口論している(Risen 2007: 1, 2). サスキンド(2004: 167), Bacevich(2005: 12)なども参照.

(22) ブッシュ(子)が 2000 年当時は穏健派であると思われていたのに対し, 実際には保守的なドグマに基づく政策を志向したことについて, Lind(2003)参照. 殊に, ニューハンプシャー州予備選投票でジョン・マケイン上院議員に敗れた後は, ブッシュ候補は宗教右派の支援を取り付けなければならない状況に追い込まれ, サウスカロライナ州予備選では人種間男女交際を禁じるボブ・ジョーンズ大学を訪れるなど, 右派色・宗教色を打ち出した.

(23) ウッドワード(2007, 上巻：24-25).

(24) S. F. Hayes(2007: 318), サスキンド(2004: 99-104)参照.

(25) サスキンド(2004: 96-104, 111-116), ウッドワード(2004: 13-14, 16-17, 27-31)参照.

(26) クリントンの封じ込め政策批判について, ウッドワード(2003: 52-53; 2004: 36-37)参照. クリントンのミサイル発射などに代表される効果の少ないジェスチャーとしての攻撃は「砂を叩く」と表現され, 9 月 12 日のブッシュの国防総省における 9. 11 後初の会議の発言でも使われた(Feith 2008: 12).

(27) 1998 年の「砂漠の狐」作戦以後最大規模の攻撃だったが, 海軍航空隊の発射した新型兵器の制動がうまくいかずに攻撃目標の破壊に失敗した. 攻撃目標破壊の失敗は政権に痛手であった(Ricks 2007: 26-27). ウッドワード(2007, 上巻：48), Feith(2008: 199-212)も参照.

(28) ブッシュは, イラクの反体制派支援や軍事侵攻案の検討を命じており,

9. 11 テロ前までに数十回にわたり軍事侵攻・反体制派軍事支援案が作成された(サスキンド 2004: 236; Feith 2008: 199, 206). チェイニーは副大統領が出席しないはずの長官級会議に常に出席し，リビーはチェイニーの手足として副長官級会議に出席してイラク体制転換案の作成を推進した(Feith 2008: 208; Hayes 2007: 318；サスキンド 2004: 99-104).

(29) サダム・フセイン政権とその WMD 開発問題が，チェイニーの安全保障問題の最大の優先順位であったことについての側近の証言(S. F. Hayes 2007: 318)参照. ブッシュ(父)政権での国防長官時代，CIA がイラクの核開発には10年かかるという見通しを出したのに対し，チェイニーとウォルフォウィッツらは18カ月で核保有能力に達するという見通しを出したが，彼らの意見は容れられなかった(S. F. Hayes 2007: 240-242). ライスがまとめあげた提案については，Feith(2008: 206)参照.

(30) Haas(2009: 173-180)，クラーク(2004: 299-300). 当時，ウォルフォウィッツはラムズフェルドに冷遇され，影響力がなかった(Ricks 2007: 27-28；パッカー 2008: 47；コバーン 2008: 146-147).

(31) サスキンド(2004: 96-104, 127-129)，Feith(2007: 203-209), Daalder and Lindsay(2005: 56-57), Ricks(2007: 28)，ウッドワード(2004: 104-105).

(32) ライスのそのときどきの真の政策選好や，影響力，開戦や戦争計画の失敗に果たした役割などについては，政権内の人々の意見にもばらつきがある. 共に働いていたハースは，ライスの変節の理由を特定していないが，確実に保守化したとする. パッカー(2008: 134-137)，クラーク(2004: 299-300)，Haas(2009: 184-185), Risen(2007: 64).

(33) ライスの指示で2001年春に作成され，6月から7月にかけて副長官級会議で討議された軍事計画は，イラクの反体制派の経済・軍事的支援による体制転換計画と飛行禁止区域の哨戒中に攻撃された場合の反撃計画であった(Feith 2008: 206-209). ライスは当時 NSC のスタッフにイラク政策には変化はないだろうという見通しを述べている(Ricks 2007: 28).

(34) Rice(2000), n. a.(2000), Ricks(2007: 28).

(35) サスキンド(2004: 115).

(36) Feith(2008: 211).

(37) Feith(2008: 206). 2001年8月10日にも米英はレーダー施設を大規模に攻撃している.

(38) Daalder and Lindsay(2005: 61-62).『ワシントン・タイムズ』紙の国防総省に関連する内部情報を扱うコラム「インサイド・ザ・リング」の以下の記事も参照. Gertz and Scarborough(2000, 2001).

(39) クラーク(2004: 47-48, 57)，マン(2004: 440-441)，Ricks(2007: 13, 32), Risen(2007: 35, 71, 76).

(40) Haas(2009: 193), Risen(2007: 61, 64-65).

(41) Feith(2008: 12-14).

(42) Ricks(2007: 31-32), Haas(2009: 183, 193).

(43) Feith(2008: 48), Haas(2009: 184–185), Risen(2007: 64), クラーク(2004: 290–305, 311), パッカー(2008: 134–137). ちなみに Ricks(2007: 30)はラムズフェルドとウォルフォウィッツが書いたとしているが，ファイスはライスの部下がライスの命令で書いた文章だと証言している.

(44) ウォルフォウィッツは，イラクと 9. 11 との関わりを探すよう CIA に強く働き掛けた(Risen 2007: 72–73).

(45) クラーク(2004: 54, 95), ウッドワード(2003: 82), Ricks(2007: 31, 156), Feith(2008: 49).

(46) Feith(2008: 14–16, 50), Ricks(2007: 31), Eisenberg(2002).

(47) クラーク(2004: 53–57), Ricks(2007: 30), Risen(2007: 72).

(48) ウッドワード(2004: 40–41, 116–119); Deputy Secretary Wolfowitz Interview with *the Jerusalem Post,* U. S. Department of Defense, Office of the Assistant Secretary of Defense(Public Affairs), available at *http://www.defense.gov/transcripts/transcript.aspx?transcriptID=3173*(2012/07/05).

(49) 9. 11 後，議会の国防予算は「ジャブジャブ」の状態で，政治状況は彼に有利に展開した(Ricks 2007: 69；コバーン 2008: 170–171). ラムズフェルドが早くから非対称型脅威の重要性を説いていたこともプラスに作用した.

(50) ラムズフェルドは 9. 11 後も，イラクの脅威は主に飛行禁止区域での米軍機撃墜にあると考えていたから，イラクに対する脅威認識も劇的に変化したとはいえない(Feith 2008: 218).

(51) カブール陥落後にペンタゴンの正式なイラク戦争計画策定が始まった(Ricks 2007: 32–33).「9. 11 の 71 日後に当たる感謝祭前日の 11 月 21 日，ブッシュはラムズフェルドにイラク戦争計画の最新化に取りかかるよう指示した」(ウッドワード 2007，上巻：130).

(52) テネットも知らされていなかったブッシュの密命について，ウッドワード(2004: 3–5). 戦争計画の立案について，Ricks(2007: 32–33).

(53) フランクス中央軍司令官にいたってはファイスを「馬鹿野郎」と罵ったという. Ricks(2007: 78), ウッドワード(2004: 365–366)参照. カンボーンは，ラムズフェルドの顧問団の重要な一員として軍に多大な圧力をかけながら米軍再編を推進し，またイラク戦争についてもラムズフェルドと一体になって推進した(ウッドワード 2007，上巻：40, 58; Bacevich 2006).

(54) Ricks(2007: 32). この時点では 2002 年 4–5 月の開戦を見越して計画するようラムズフェルドからフランクスへ伝達された(ウッドワード 2004: 58).

(55) ウッドワード(2004: 11–12), Ricks(2007: 33–35).

(56) Ricks(2007: 33, 156–157), ウッドワード(2004: 155).

(57) ウッドワード(2007，上巻：118–119, 130–131, 243–244).

(58) 陸軍はもっとも改革が遅れていた軍であり，ラムズフェルドは陸軍を変革させようと圧力をかけたが，それが改革に抵抗する陸軍上層部の強い反感を呼び，また，クルーセイダーという新兵器システムの調達キャンセルをめぐって摩擦が起き，信頼関係がズタズタになった. グリーン・ベレー問題でも退役兵

の団体の議会工作を呼び，ラムズフェルドも批判の矢面に立たされた．Ricks (2007: 68-70).

(59) 米軍再編計画の骨子については，ラムズフェルドが予算要求に添付した「戦略」(サスキンド 2004: 104-106)参照．バーン・クラーク海軍作戦部長はラムズフェルドの性格や手法には対立したが，米軍再編を評価していた(ウッドワード 2007，上巻：97)．フランクスやキーン陸軍参謀次長も，陸軍改革についてはラムズフェルドが正しいと思っていた(ウッドワード 2004: 10-11; 2007，上巻：217).

(60) 9.11直後のフランクスやラムズフェルドと統合参謀本部の衝突について，Feith(2008: 63-64)参照.

(61) クラーク(2004: 54, 95)，ウッドワード(2003: 82).

(62) Feith(2008: 89)，コバーン(2008: 157-158, 170, 217).

(63) コバーン(2008: 160-161).

(64) フランクスが占領計画を自らのものとして捉えていなかったことは，本文で後述する.

(65) Eisenberg(2002)，ウッドワード(2003: 335; 2004: 134, 222; 2007，上巻：60-61)を参照.

(66) ウッドワード(2007，上巻：185-186).

(67) チェイニーの情報機関への介入はブッシュが指示した(ウッドワード 2004: 39-41)．チェイニーの介入について，Hamburger and Wallsten(2005)参照.

(68) 歴代大統領・副大統領のみならず，実際にCIA長官をしていたブッシュ(父)よりもラングレーの訪問回数が多いという(Hamburger and Wallsten 2005).

(69) NSCのテロ対策責任者のリチャード・クラークも同様に，チェイニー，ライスやハドリーがテロ対策と関連予算の必要性を聞き入れないことで困っていた(ウッドワード 2004: 33; 2007，上巻：82-86；クラーク 2004: 293-305).

(70) オサマ・ビン・ラディンが9.11テロを指示したことについてさえ，アフガニスタン戦争終了後の2001年11月に証拠ビデオを押収するまで決定的な確証をつかめていなかった(Feith 2008: 16).

(71) Feith(2008: 203).

(72) 2002年7月にはCIA内で超極秘のWMDに関する情報収集工作が行われ，イラク人科学者への接触や亡命・海外在住イラク人たちに彼らの親戚を通じて本国をさぐらせる計画が実行されたが，まったく成果が上がらなかった．担当したチャールズ・アレン情報収集担当次長に話を聞いたデヴィッド・ケイの証言について，ウッドワード(2007，下巻：51)．また，CIAの局員が政権からのプレッシャーによって疑いの濃い情報に対する批判的な態度を失ったことについて，Risen(2007: 112-113).

(73) George W. Bush, State of the Union Address, January 29, 2002; Sanger (2002a)．後にイラク戦争に反対するアイク・スケルトン下院議員は当時，これは開戦宣言であると表現した(Ricks 2007: 35-36).

(74) マクレラン(2008: 134-135).

(75) 5月には，9. 11テロを事前に防げたかもしれないという疑惑が生じ，議会の民主党は大々的な攻撃を始めた．また，景気後退や巨額減税，本土防衛の新しいプログラムなどで膨らんだ連邦債務をめぐって共和党，民主党間に亀裂が生じた．マクレラン(2008: 135-139)，サスキンド(2004: 323-324).

(76) Press briefing by Ari Fleischer, January 24 and April 1, 2002, available at *http://georgewbush-whitehouse.archives.gov/news/releases/2002/01/20020124-12.html*, and *http://georgewbush-whitehouse.archives.gov/news/releases/2002/04/20020401-6.html* (2009/08/07). Purdum(2005)も参照.

(77) Ricks(2007: 37).

(78) ウッドワード(2004: 173-174).

(79) Daalder and Lindsay(2005: 124-126), Ricks and Loeb(2002), Sanger (2002b). 当時ブッシュ・ドクトリンに反対する声があまりに少なかったことについて，Schlesinger(2003)参照.

(80) *The National Security Strategy Report*, September 17, 2002.

(81) Haas(2009: 213-216), Purdum(2005).

(82) マクレラン(2008: 146)，ウッドワード(2004: 216-217).

(83) The President's News Conference, July 8, 2002; George W. Bush, Remarks on the Baseball Labor Dispute and an Exchange with Reporters in Crawford, August 16, 2002; George W. Bush, Remarks Prior to Discussions with Prime Minister Tony Blair of the United Kingdom and an Exchange with Reporters at Camp David, Maryland, September 7, 2002. *Public Papers of the President George W. Bush* (hereinafter *PPBush*) *2002*, Vol. 2, 1190, 1426, 1560.

(84) George W. Bush, Exchange with Reporters in Waco, Texas, August 10, 2002; George W. Bush, Remarks on the Baseball Labor Dispute and an Exchange with Reporters in Crawford. August 16, 2002. *PPBush 2002*, Vol. 2, 1372, 1426.

(85) Haas(2009: 215).

(86) Ricks(2002). 情報源がジョーンズとシンセキであるという情報は，コバーン(2008: 236).

(87) n. a.(2002a).

(88) n. a.(2002a).

(89) CBS, 'Face the Nation,' August 4, 2002; Scowcroft(2002).

(90) Risen(2007: 1-2)，ウッドワード(2007，上巻：268-270)参照.

(91) Baker(2002), Purdum and Tyler(2002).

(92) n. a.(2002b).

(93) n. a.(2002c).

(94) Remarks by the Vice President to the Veterans of Foreign Wars 103rd National Convention, August 26, 2002.

(95) Bumiller and Dao(2002).

(96) マン(2004: 485-486). また, この後戦争に反対する退役将校らを含んだ論客の住所などの個人情報が載せられたブラックリストがウェブサイトに載るなど, 敵意に満ちた「愛国者」の過激な攻撃が生じた. 中東に詳しい外交畑の人間はクライアンテリズムに浸かっているという考えは, 当時イラク戦争を推進したネオコン論客に共通して見られる発想であった. パッカー(2008).

(97) ブッシュ(2011, 上巻：145); George W. Bush, Remarks Prior to Discussions with Prime Minister Tony Blair of the United Kingdom and an Exchange with Reporters at Camp David, Maryland. September 7, 2002, *PPBush 2002*, Volume 2, 1560. 同日朝に開かれた大統領を交えたNSCの会議で, 国連の決議を求めるという結論が下された. ウッドワード(2003: 459-460). ブッシュの回想録(ブッシュ 2011, 下巻：21)によれば, ブレアが査察を求める国連安保理決議をブッシュ本人に対して初めに提案したのは2002年4月である.

(98) マクレラン(2008: 146), サスキンド(2004: 343-345), ウッドワード(2004: 194-217). マン(2004: 486-487)は, これをパウエルら穏健勢力が超タカ派を押しとどめるために, 基本的に戦争には反対しないが, 多国間協力を模索すべきだと主張する立場に妥協したと解釈する.

(99) マン(2004: 487-488).

(100) President George W. Bush's Remarks on September 11, 2002.

(101) The President's Radio Address, September 14, 2002, Remarks Prior to Discussions With Prime Minister Silvio Berlusconi of Italy and an Exchange With Reporters at Camp David, Maryland, September 14, 2002, *PPBush 2002*, Vol. 2, 1581-1586.

(102) George W. Bush, Remarks to Employees of Sears Manufacturing Company in Davenport in Iowa, September 16 2002; Remarks at a Luncheon for Representative Jim Nussle in Davenport, September 16, 2002, *PPBush 2002*, Vol. 2, 1586-1592, 1597. ブッシュは, 9月16日にはアイオワ, 翌日にはテネシーで遊説を行い, その後も中間選挙の応援演説の際にイラク問題に頻繁に言及した.

(103) 2002年9月16日, ローレンス・リンゼイ首席経済顧問が, イラク戦争が行われた場合の戦争のコストは1000〜2000億ドルとの見積もりを示した記事が『ウォールストリート・ジャーナル』に掲載され, 政権の怒りを買った. その結果, イラク戦争に反対で経済・環境・開発援助政策などをめぐってホワイトハウスとの距離が開いていたオニールとともにリンゼイは4カ月後に政権を辞去した. マクレラン(2008: 146-150), Lindsay(2008).

(104) ホワイトハウスはコフィ・アナン国連事務総長が主導権を取って勝手に進めようとしたとして面と向かってアナンを非難した. Burrough(2004: 285).

(105) Press Briefing by Ari Fleischer, October 10, 2002, available at *http://georgewbush-whitehouse.archives.gov/news/releases/2002/10/20021010-2.html*(2009/08/14). 以下も参照. Office of Press Secretary, "Saddam Hussein's Deception and Defiance: We've Heard" Unconditional "Before," September 17, 2002, available at *http://georgewbush-whitehouse.archives.gov/news/releases/2002/09/*

20020917-8.html(2009/08/14).

(106) George W. Bush, Remarks Following a Meeting with Congressional Leaders and an Exchange with Reporters, September 18, 2002; Remarks Following a Meeting with Secretary of State Colin L. Powell and an Exchange with Reporters, September 19, 2002, *PPBush 2002*, Vol. 2, 1611–1612, 1617–1619.

(107) Mitchell(2002). それに対抗し9月21日には政権が『ニューヨーク・タイムズ』に手を加えた戦争計画をリーク(Schmitt and Sanger 2002)した.

(108) そのほか多くの政権メンバー，元政府高官やジャーナリスト・活動家らの意見聴取をもあわせてまとめた議会レポート，Bockman et al.(2002), A. B. Prados(2003)参照.

(109) ステファン・コーエンの発言や，ウェズリー・クラーク元在欧統合軍司令官兼NATO軍司令官のTV出演中のイラク戦争反対意見についての記事(Sanger 2002c)参照.

(110) Mitchell and Nagourney(2002). 民主党員バード上院議員の民主党非難について，n. a.(2002d)参照.

(111) 2002年7月から，ゲッパートは外交が挫折した場合のイラク戦争支持を表明しており，10月2日に大統領と協力して決議案作成に関わることを表明した. Hulse(2002).

(112) Testimony of U. S. Secretary of Defense Donald H. Rumsfeld before the House Armed Services Committee Regarding Iraq, September 18, 2002, available at *http://www.defenselink.mil/speeches/speech.aspx?speechid=284*(2009/08/14).

(113) Sanger(2002d).

(114) George W. Bush, Remarks on Iraq, Cincinnati Museum Center, October 7, 2002, available at *http://georgewbush-whitehouse.archives.gov/news/releases/2002/10/20021007-8.html*(2009/08/14); ウッドワード(2007, 上巻：152–153).

(115) ウッドワード(2004: 269–271).

(116) Gordon and Trainor(2007: 141–144).

(117)「より高位の人物に止められた」パッカー(2008: 144–145). 4つ星の将軍より高位の人物であるわけだから，ウォルフォウィッツ，ラムズフェルド，ライス，ホワイトハウスのいずれかであろう.

(118) Ricks(2007: 81–83), n. a.(2003a), Graham(2002), Boehlert(2002). また国防総省の軍上層部がおとなしくなったことと，それに対する戦域司令官らの反発について，Ricks(2007: 66).

(119) 国連安保理決議の後，イラク側はアメリカの開戦理由をなくそうとするサダムの命令で国連の監視官たちの要請に対しかなり協力するようになっていた. だが，ブッシュ政権は査察を通じたイラクの協力の進展を，外交交渉によるWMD問題の解決へと活かそうとはしなかった. Gordon and Trainor(2007: 136–137), Haas(2009: 232), ウッドワード(2007, 上巻：140–142).

(120) CIAはイラクのWMDについてほとんど何の根拠ある情報ももっていなか

った(Risen 2007: 84)．当時から，政策当事者たちはこのことに気づいていた(Gordon and Trainor 2007: 93; ウッドワード 2007，上巻：147-151, 154)．国務省の WMD 専門家のグレッグ・ティエルマンの政権批判参照について，Leung(2004)．

(121) Haas(2009: 229)，ウッドワード(2004: 322; 2007，下巻：98)．

(122) Risen(2007: 71-73, 76-80, 84), Ricks(2007: 53-55)．後に WMD を捜索するイラク調査グループ団長のデヴィッド・ケイが，2004 年 8 月 18 日に WMD 情報問題で責任があるのは NSC だと議会証言している(ウッドワード 2007，下巻：134-135)．チェイニーは，「君たちの情報はなんであそこにあると分かっているもの〔WMD〕の存在を立証できないんだ」と何度も情報機関を問い詰めた(Burrough 2004: 232)．

(123) Risen(2007: 54), Feith(2008: 215-216)．

(124) ある国防総省の将軍はアーミテージもこうしたイラク戦争の必要性の確信を得るに至ったと述べ，ラムズフェルドとブッシュはチェイニーやウォルフォウィッツやアーミテージよりも慎重だったと考えていた(Ricks 2007: 52)．逆にウッドワードはアーミテージ自身へのインタビューから，アーミテージはイラク戦争を望んでいなかったとしている(ウッドワード 2007，上巻：157)．アーミテージの態度のいずれが真実にせよ，イラクの現状が分からない中での予防戦争のロジックは，テネットやアーミテージ，そしてパウエルまでをもしだいに捕らえていったといえるだろう．

(125) Feith(2008: 341-342)．また，12 月下旬以降，ブッシュがライスに戦争をやるべきかどうか尋ね，ライスがやるべきだと述べ，ブッシュが開戦を決意していたことについて，ウッドワード(2004: 324-326, 331)参照．また，ウッドワードの本に対して，ライスは開戦決定が下されたのは 3 月であり，12 月から 1 月の時点では戦争が避けられないだろうという観測を述べ合ったに過ぎないとしているが(n. a. 2004c)，こうした会話が行われた事実を否定しているわけではなく，反論としては弱いだろう．

(126) ブッシュ(2011，下巻：48-49)，ウッドワード(2004: 350-356)．

(127) McGrory(2003a)．

(128) n. a.(2004e)．パウエルは十分に証拠がないと分かっていながら，イラク戦争を納得させるための国連演説を組み立てた(Haas 2009: 241-242；ウッドワード 2004: 386-391, 400-404)．

(129) ブッシュやライスはサダムの武装解除と民主化が大事であり，査察では武装解除させられないと述べている(ウッドワード 2004: 369, 400)．ハースは，たとえイラクで WMD が査察活動の結果として見つかってもブッシュ政権は戦争をするだろうと開戦前に述べた(Haas 2009: 239)．

(130) ウッドワード(2004: 407)．

(131) 2003 年 2 月頃に戦争計画の準備が完成した(Gordon and Trainor 2007: Chaper 7)．気候などの観点からする開戦時期について，ウッドワード(2004: 334)参照．

(132) Feith(2008: 339–342).
(133) Schmitt(2003).
(134) n. a.(2004d).
(135) ウッドワード(2004: 461–481; 2007, 上巻：228).
(136) イギリス議会での投票が最大の課題であったことについて，ブッシュ(2011, 下巻：49)参照.

第8章

(1) ライスの態度について，Haas(2009: 184–185)，ウッドワード(2007, 上巻：241; 2007；下巻：93)．イラク問題グループについて，マクレラン(2008)，ウッドワード(2004: 535–536)参照.
(2) ライスやハドリーは知らなかったと述べているが，ブッシュはブレマーやファイスから脱バース化計画を聞いていなかったとは断言していない．脱バース化計画や国軍の解体はブッシュの正義感に沿うものだっただろう．ファイスは脱バース化はブレマーがもち出したとし，ブレマーはファイスとラムズフェルドとホワイトハウスから案が出たとし，記述が食い違っている．Ricks(2007: 158–166), Feith(2008: 427–428), Bremer(2006: 19, 27, 39, 40)，ウッドワード(2004: 566–567; 2007, 上巻：172, 209, 211–212, 245, 297–300, 316–317, 341, 347–348, 353).
(3) Ricks(2007: 179)，ウッドワード(2007, 上巻：277–280, 293–301, 310–312, 315–316, 321; 2007, 下巻：52–53)．ブレマーのそうした態度をブッシュも奨励した(ウッドワード 2007, 上巻：289)．ただし，ラムズフェルドもガーナーの助言をしっかりブッシュに伝えなかった責任はある(ウッドワード 2007, 上巻：332–334, 342)．ウッドワード(2007, 下巻：36)，Bremer(2006: 30)も参照.
(4) Ricks(2007: 76–78).
(5) フランクスが占領政策を自らの範疇ではなくファイスの問題だと捉えていたことに関して，ウッドワード(2007, 上巻：144).
(6) フランクスは長引く占領期を途中で去ることはよくないとし，占領期に入る前に早期退役を願い出たと回想している．ラムズフェルドは陸軍参謀総長のポストをフランクスに与えようとしたが，フランクスは自分は戦士であってマネジメント側の人間ではないとして拒絶した．Franks(2004: 530–532).
(7) フランクスは自由勲章を受け，ワシントンの社交行事や2004年のアカデミー賞授賞式に出席するなどイラク戦争中も華やかな生活を送っている.
(8) 少人数しかいないガーナーのORHAに治安維持を預けようとしたほどである(ウッドワード 2007, 上巻：272–273).
(9) マキアーナンは，フランクスの首都と正規軍偏重ターゲットの作戦計画に反論しており，サダム挺身隊や首都制圧後の非正規抵抗勢力の掃討の必要性を提言したが，容れられなかった．マキアーナンはバグダッド制圧後すぐ予定されていた増派の実施を望んでいたという．Gordon and Trainor(2006).

(10) フランクスが主導したとする見解に，ウッドワード(2007，下巻：27)．統合参謀本部の軍人たちはほぼ一様に，ラムズフェルドが兵力レベルをおさえさせ，増派を取りやめたのだとし，中央軍の作戦を担当したジョン・アゴーリア大佐は，増派の分は化学兵器や生物兵器によって攻撃された場合の代わりの要員として計画されており，そのためにペンタゴンの文官から増派を取りやめるよう圧力がかかったのだとしている．Ricks(2007: 120–121), n. a.(2005d).

(11) ブッシュ(2011，下巻：59, 72)参照．

(12) バグダッド陥落と油田地域のモスル確保まではアメリカ兵戦死者は 138 人に限定された．

(13) チェイニーの行動は，ウッドワード(2007，下巻：31–32)参照．David Kay at Senator Hearing, January 29, 2004, available at *http://edition.cnn.com/2004/US/01/28/kay.transcript/*(2009/08/17)も参照．

(14) CBS の '60minutes II' で映像が流れた．イラクに政府がなく，ブレマーの CPA が人員不足だったため，そもそも軍がやるはずでないと軍が考えた捕虜尋問が軍に降ってきた(Ricks 2007: 175)．そうした尋問方法に慣れていない将校や兵士からの反感が高まり内部告発やメディアへのリークに発展した．CIA のリークについて，Johnston and Hulse(2005).

(15) ウッドワード(2007，上巻：351; 2007；下巻：15–18, 33–34, 37, 40).

(16) ファルージャはもともと反サダム勢力の拠点であり弾圧されていたため当初アメリカ軍に対し反抗しなかった．だが，占領軍がバース党の施設から学校へ基地を移したことで，2003 年 4 月末に学校に通っていた子供たちの親たちが抗議行動のデモをすると，軍がデモ隊へ向けて攻撃して子供を含め 20 人が死亡し，80 人以上が負傷した．これで反米感情が一挙に高まり，数千人が即時撤退を求めるデモを行ったのである．Elworthy(2005: 5)．ファルージャ事件の報道について，例えば，Kaplan(2004), Elworthy(2005), n. a.(2004b) 参照．

(17) 例えば Kaplan(2004)，キー(2008)などにおける記述を参照．ファルージャ掃討作戦については，West(2006) に詳しい．

(18) Bremer(2006: 11–12)，ウッドワード(2007，下巻：15, 33–38)参照．

(19) ここでアメリカが負うコストが不公平であり，国連がもっと関与すべきだという考えが生じた．ブッシュ政権は当初，占領統治の国連化は望んでいなかった(ウッドワード 2007，上巻：205).

(20) Bremer(2006: 105–106, 151, 162). 2004 年には主なものだけでも警察官希望者に対するテロやシーア派マフディー民兵の蜂起，モスルの動乱やアメリカ軍施設でのテロなどが起こった．アッラウィーの暫定政権を発足させて，シーア派武力蜂起鎮圧にシーア派指導者シスターニー師の協力を得，秋にはスンニ派トライアングル，殊にファルージャ掃討作戦を行ったが，多国籍軍に対する攻撃はどんどん増加していった．

(21) Ricks(2007: 172).

(22) Ricks(2007: 172–175, 179).

(23) Tarnoff(2003); Testimony of Brian Atwood to Senate Foreign Relations Committee, September 23, 2003.

(24) ウッドワード(2007, 下巻：120).

(25) 2004年6月にマリキ首相の暫定政権が発足し主権が移譲され，2005年1月に選挙が行われた．CSISがまとめた2003年7月のレポート(Hamre 2003)ですでにアメリカ軍の負担を減らすためにイラク軍を組織することの重要性が説かれている．だがこのときイラク国軍はブレマーにより解体されていた．ブレマーはすでに国軍は消滅していたと弁解しているが，説得力は弱い．彼によれば，2004年5月にサンチェスの希望に基づきひそかに3万5000から4万人規模の増派を国防総省に要請したときには，ホワイトハウスと国防総省は反対した．しかし，しだいに増派を求める声がハドリーのNSCで主流になっていった．Bremer(2006: 26-27, 356-358).

(26) Bremer(2006: 354)，ウッドワード(2007, 下巻：244)など参照．もともと国軍解体に反対していたアビザイドは，アメリカ軍は早々にイラクから撤退すべきだと2005年に述べており(ウッドワード 2007, 下巻：279, 295, 298)，イラク人の軍隊を治安維持にあたらせることに積極的だった(Feith 2008: 464-465).

(27) USAトゥデイとギャラップ社共同の世論調査によれば，当初高かった大統領支持率は，戦況の悪化が明白になっていた2005年3月21-23日には45%を記録し，2007年1月5-7日には34%にまで下がった．2007年1月12-14日の同世論調査では，イラク戦争遂行方法を支持しない者が72%を占めた．n. a.(2007a).

(28) Campbell(2004: 73)．対して，*National Security Council, National Strategy for Victory in Iraq,* November 30, 2005, では，2006年中の駐留軍削減の方向性が示されていた．

(29) 2009年6月2日の筆者のピーター・フィーバー氏へのインタビューより．ラムズフェルドは2003年まではほとんど統合参謀本部を外し，軍との摩擦が生じても大統領や自分の政策を押し通してきたが，イラクの戦況が悪化し始めると軍全体のために働くようになった．ウッドワード(2007, 下巻：287-290, 296-297)にその兆候がある．だがラムズフェルド解任を求める運動は一段と激しくなった．2006年にはジニら6人の退役将軍がラムズフェルド辞任要求を突き付けた．

(30) DeYoung(2006), Campbell and Darsie(2006: 21).

(31) ホワイトハウスとNSCは外部の識者を巻き込み，超党派で合意の妥協地点を探ろうとしたが，議会民主党は撤退の日程設定などを求め，両党間の調整は膠着状態に陥った．2009年6月2日の筆者のピーター・フィーバー氏へのインタビューより．

(32) ヒラリー・クリントン上院議員はバラク・オバマら左派からの攻撃に弱く，意に反して増派に関して否定的な態度を取らなければならなかった．

(33) 解任されたリカルド・サンチェス元イラク駐留軍司令官のイラク占領政策

批判などが噴き出した(n. a. 2007g). こうした政治化された増派問題に対し, 超党派の実務家や国際政治学者らが異論を述べ始めた. Posen(2008); Statement of Max Boot, before the House Armed Services Subcommittee on Oversight and Investigations, July 12, 2007, available at *http://armedservices.house.gov/pdfs/OI071207/Boot_Testimony071207.pdf*(2009/07/27).

(34) Iraq Body Count 参照. *http://www.iraqbodycount.org/analysis/numbers/2011/*(2012/06/29).

第9章

(1) 以下ウェブサイトに掲載されたトーマス・ジェファーソンへの手紙を邦訳引用した. CATO. org, available at *http://www.cato.org/pubs/policy_report/v23n2/madison.pdf*(2009/08/21).

(2) アフマド・チャラビ重用が引き起こした問題などについて, Feith(2008: xii, 242, 431).

(3) 例えばウッドワード(2004: 228–229), サスキンド(2004: 162), Ricks(2007: 50)など参照.

(4) マン(2004: 25, 33, 38–40).

(5) ラムズフェルドのこうした傾向の周囲からの指摘について, コバーン(2008: 42–43, 117), ウッドワード(2007, 下巻：363)を参照. また, ブッシュ自身が回顧録でラムズフェルドが, チェイニーとは異なり, 開戦を強く進言しなかったとしている(ブッシュ 2011, 下巻：47–48).

(6) Haas(2009: 248), ウッドワード(2003: 17–21; 2004: 102–104), マン(2004: 317–318).

(7) サスキンド(2004: 402).

(8) ウッドワード(2003: 16), マン(2004: 69–73, 92–93).

(9) テネットはブッシュと近付きになるのがうまく, 歴代政権でも異例の毎朝の大統領への情報ブリーフィングで面会する権利を手中にした(Risen 2007: 8–9, 11–13, 17).

(10) ライスの現実主義からの右旋回について, マン(2004: 450). ライスのテネットに対する敵愾心について, Risen(2007: 18).

(11) マン(2004: 350–351).

(12) クラーク(2004: 308–310).『ニューヨーク・タイムズ』の人物情報も参照. “Rand Beers,” *NYT*, Times Topics: People, available at *http://topics.nytimes.com/topics/reference/timestopics/people/b/rand_beers/index.html*(2010/03/16).

(13) ウッドワード(2004: 277–284). 叩き上げの情報将校で, 後に CIA 長官に任命された.

(14) クラーク(2004: 338). その後ケイの後任としてイラク調査グループを率いた.

(15) 上院民主党からは財政均衡派のケント・コンラッド, ゴールドマン・サックスの元会長, ジョン・コーザインらが反対し, 下院共和党からはロン・ポー

ル，ジミー・ダンカン，ジョン・ホシュタトラーらがリバタリアンとしての価値観や保守的な価値観から戦争に反対した．

(16) スケルトンはイラク戦争が悪化した後に軍事委員会委員長を務めたが，2010年の中間選挙でキリスト教右派に属する女性でミズーリ州議会下院議員のヴィッキー・ハーツラーに敗れた．

(17) Pincus(2006).

(18) Pincus(2006).

(19) Eberhart(2002).

(20) House Final Vote Results for Roll Call 453; Spratt of South Carolina Substitute Amendments, October 10, 2002.

(21) 31対66で否決された．Senate Roll Call Vote, Byrd Amendment 232, October 10, 2002. 2度目の付帯条項は14対86で否決された．Senate Roll Call Vote, Byrd Amendment 234, October 10, 2002. 以下も参照．Senator Byrd Speech "The Arrogance of Power," March 19, 2003; Senator Byrd Speech, "We Stand Passively Mute," February 12, 2003. 彼は2003年5月7日のラリー・キングの番組に出演した．

(22) 24対75で否決された．Senate Roll Call Vote, Levin Amendment 235, October 10, 2002.

(23) Senator Edward Kennedy's Question in the U. S. Senate Committee on Armed Services, March 7, 2003.

(24) Senate Roll Call Vote, Durbin Amendment, October 10, 2002.

(25) マクレラン(2008: 13).

(26) サスキンド(2004: 103, 356, 361-362).

(27) McGrory(2003b).

(28) シュレジンガー(2005: 39)参照.

(29)『ハースト』誌のヘレン・トーマス(元 *UPI* 記者)は，大統領に対する批判的な立場ゆえに従来の最古参記者として大統領に質問する特権を剝奪され冷遇された．McEvoy(2006).

(30) Miller(2001). メディアと政権の関係のスキャンダルについて，マクレラン(2008: 191-194, 214, 324-327, 391-394)参照.

(31) ウッドワード(2004: 431-432)などの記述も参照.

(32) n. a.(2007d).

(33) n. a.(2007d).

(34) n. a.(2001c).

(35) n. a.(2002e).

(36) CBSと *NYT* 共同の世論調査結果(Cosgrove-Mather, Bootie 2003)では6割以上が戦争の前に外交的解決策を探るべきだとしているのに，5割弱が査察ではWMDは発見できないと考えているのは戦争を受け入れていることの表れだろう.

(37) 2003年4月に実施されたUSAトゥデイ，ギャラップ社，CNN共同の世論

調査では，58% の人が，WMD がなくてもイラク戦争を正当化できると回答している．Gallup(2004: 184).

(38) マクレラン(2008: 145)，Milbank and Deane(2003).

(39) 対して，無党派は大体回答者全体の傾向と一致し，共和党員の回答者はブッシュの主張をほぼなぞるように回答し，ある部分では政権より穏健とさえいえる．同世論調査で共和党支持者の 77% がイラク戦争の際に国連との協力を望み，国連の関与を望まないのは 17% に過ぎないのに対し，民主党支持者の 43% しか国連との協力を望まず，過半数が国連の協力を望まないとした．共和党支持者は，アメリカは先制攻撃をする権利があると 55% が支持したのに対し，他国が同様に先制攻撃をする権利があるとしたのは 49% までしか低下しなかったが，無党派では 40% から 31% へと低下し，民主党支持者はアメリカの場合と他国を想定した場合とで 37% から 25% へ 12 ポイントも低下した．n. a.(2002e).

(40) 民主党支持者の 57%，共和党支持者の 85%，全体で 67% が，前提なしにサダム・フセイン政権を取り除く軍事行動に賛成した．占領後のアメリカ国民の戦争批判と比較して示唆的なのは，回答者の 53%，共和党支持者の 71%，民主党支持者の 39% がフセインを政権から引きずりおろすことがアメリカ人の人命や他のコストに値すると考えた．そして(理由はどうあれ)イラク戦争が多くのアメリカ兵の犠牲を伴うとしても戦う価値があると考えているのは，共和党支持者で 67% と 4 ポイント下がっているのに対し，民主党支持者では 43% とむしろ 4 ポイント上昇し，全体で 54% の人々がそのような多数のアメリカ兵の犠牲を受け入れるとしたことから，民主党員の約半数が，イラクが WMD を開発しようとしているという理由で，多くのアメリカ兵が死んでもイラク戦争を容認するとしたことがわかる．n. a.(2002e).

(41) 国民の 49% はイラクの民間人の犠牲を受け入れ，39% は受け入れないとする．n. a.(2002e).

(42) 2003 年 2 月 15 日，世界中で一斉に抗議デモが起こされた．アメリカでは約 10 万人の抗議デモがニューヨークで組織されたが行進禁止命令が出された．デモ参加者の中心は市民運動家，9. 11 被害者の家族，宗教組織，芸能人などである．ほかにもロサンゼルス，サンフランシスコ，コロラドスプリングズ，シアトル，フィラデルフィア，シカゴなどで抗議デモが起きた．n. a.(2003b).

(43) 首都の行政府ビルの前で，退役兵，兵士の家族，一般市民を含め約 15 万人のデモが起きた(Dvorak 2005)．また兵士の家族を含むデモについて，Vinh (2005)参照．FBI はアメリカ全土での抗議活動の高まりと暴走を懸念する資料をひそかに作成したほどである(Lichtblau 2005).

(44) 数千人がホワイトハウスの前でアメリカ兵の犠牲者増加による戦争反対の抗議運動を行い，イラク帰還兵も加わった(n. a. 2007f)．デラウェアでのデモについて，Urbina(2007)．港湾労働者のデモについて，Hollusha(2008).

(45) プリンス・スルタン基地は牢獄のようなものだとするチャック・ウォールド空軍大将らの発言，兵士たちが長い飛行禁止区域の任務に嫌気がさし，早く

アメリカへ帰りたいと思っていたことについて，Ricks(2007: 44-45).

(46) 湾岸戦争出征兵士らの会のうち，戦功を誇りとしその後の活動に積極的だった200人ほどのグループは，ブッシュ(父)元大統領にバグダッドまで進軍すべきだったと述べ，大きく報じられた(ウッドワード 2007，上巻：28; Ricks 2007: 23).

(47) 例えばByman, Pollack, and Rose(1999)参照.

(48) Ricks(2007: 8-9). ガーナーが当時中将として人道作戦を指揮し，後にフランクスの後任として中央軍司令官となり，イラク戦争に懐疑的態度を示していたアビザイドは中佐として作戦の主要部隊を指揮していた．ジョーンズは大佐として人道作戦に参加していた．シャリカシュビリは当時中将として作戦の指揮に当たり，ジニは人道作戦の責任者だった.

(49) その後イランが敵対国に変わると，中央軍はイラクの地域における脅威に目を移した．パウエル(2001: 103).

(50) ジニが中東特使に任命されたときのBBCのジニ評(n. a. 2001b)を参照.

(51) Boehlert(2002).

(52) Statement of General Tommy R. Franks, Commander in Chief US Central Command, House Armed Services Committee, February 27, 2002.

(53) Statement of General Anthony C. Zinni, Commander in Chief US Central Command, before The US Senate Committee on the Armed Services, February 29, 2001.

(54) Ricks(2007: 40, 66).

(55) Ricks(2007: 67).

(56) Ricks(2007: 89).

(57) Graham(2003).

(58) 例として，Kwiatkowski(2004), n. a.(2004a).

(59) Barone(2002). エリオット・コーエンは安全保障研究や政軍関係研究に携わる学者である.

(60) ファイスと，退役海軍将校のビル・ルティ中東・南アジア担当国防次官補はイラク戦争に対してタカ派だったばかりか，イラク人亡命者の武装と軍事作戦への投入，WMDの疑惑に関する独自調査などを牽引し，不当でしかも危険な干渉であるとして軍の反感を買った．Feith(2008: 218, 258-259, 279-280, 341, 381-383, 398-399), Ricks(2007: 55).

(61) ウッドワード(2007，下巻：219). 脱バース化や国軍解体についてのアビザイドのラムズフェルドとカンボーンに対する不満について，ウッドワード(2007，下巻：57)参照.

(62) ウッドワード(2007，下巻：273).

(63) n. a.(2006a).

(64) Ricks(2007: 97), n. a.(2006b).

(65) Smiley(2007).

(66) n. a.(2006a).

(67) Bowman(2005).
(68) 2001 年 11 月から 2003 年 3 月まで国務省の中東特使を務め，イラク戦争開戦をめぐって辞任した．Boehlert(2002), Ricks(2003).
(69) Graham(2002).
(70) Ricks(2007: 81-83), n. a.(2003a).
(71) n. a.(2004f), n. a.(2006e).
(72) 第 5 代中央軍司令官のビニー・ピエイ III 世は当時政府からの調達に依存する国防産業の取締役に就いており，また息子がイラクに送られていたためか，政治的発言はしていないが，イラクの戦況が悪化した後はイラクに送り込まれた兵力が少な過ぎたと批判するようになった．
(73) n. a.(2006e), Stout(2002), n. a.(2004f)．ホーア将軍の以下の経歴も参照．“General Joseph P. Hoar,” The Center for Arms Control and Non-Proliferation, available at *http://www.armscontrolcenter.org/resources/_hoar/*(2009/08/11/02: 39).
(74) Statement of General(Retired)Wesley K. Clark, U. S. Army before the House Armed Services Committee, United States House of Representatives, September 26, 2002. 以下の証言も参照．Wesley K. Clark, Congressional Testimony, June 5, 2005.
(75) 湾岸戦争のときにピエイを始めとする将校たちがベトナム戦争の亡霊に悩まされていたことについて，Kifner(1991)参照．イラク戦争に際し，ジェームズ・マティス海兵隊中将は軍に友好的な環境のすべてはアメリカ国民の支持にかかっていると部隊に告げた(n. a. 2005c).
(76) 湾岸戦争で初めて，この制度を通じて予備役が召集された(ウッドワード 1991: 357).
(77) 実際，アーミテージはジニとウォルフォウィッツは性格がよく似て固い信念を持っており，人道的介入の重要性に信念を抱いていたとする．両者の違いは長い軍歴から兵士を犠牲にすることに対してよりジニの方が真摯な認識を持っていたことに起因するという．イラクの体制転換の必要性を理念としては信じていたアーミテージ自身も，パウエルと同様，イラク戦争のコストに関してはブッシュやチェイニーのような許容性を持っていなかった．Ricks(2007: 11).
(78) Ricks(2007: 34).
(79) 湾岸戦争ではパウエルが陸軍軍人として空軍力の決定性に疑いを抱いていたことも地上軍の大量導入に影響したし，伝統的に 4 軍の間では競争が激しく，統合運用がうまくいかず，1 軍ごとに完結した作戦を追求する結果として無駄な兵力が割かれることが多かった．
(80) Ricks(2007: 74-76), Franks(2004: 274-276).
(81) Ricks(2007: 40-41).
(82) Ricks(2007: 40-41).
(83) ウッドワード(2007，上巻：130-131).

(84) Franks(2004: 353, 394).

(85) 戦後の占領計画立案を統合参謀本部から求められたのさえ2002年夏のことであり，中央軍が自発的にそうした問題を俎上に載せなかったことを責めることはできても，彼らが占領を自分たちの問題でないと考えていたことは確かである．Ricks(2007: 78-79)参照.

(86) もちろん，サダム・フセイン政権が仮に化学兵器や生物兵器を持っており，使用していたらフランクスの作戦はそこまで順調にいかなかったろうし，共和国防衛軍が早々に散り散りになったこともプラスに働いた．一応，化学兵器防護策としてはマキアーナンにより予定されていた当初の投入量とほぼ同レベルの増派要員が予定されていた.

(87) それまで各地で毎年かなりの数の兵士が軍務に耐えかねて脱走していたのが，9. 11を境に低下し始め，イラク戦争が悪化するまでは年間脱走者数は減少していた(Nichols 2006).

(88) 脱走兵による自伝，キー(2008)を参照．脱走兵を支援している以下の団体のサイトも参照．War Resisters Support Campaign, available at *http://www.resisters.ca/index_en.html*(2009/06/17).

(89) n. a.(2009a).

(90) Rieckhoff(2007)は，IAVA(Iraq and Afghanistan Veterans of America)の創始者が，兵士の観点から初めてイラク戦争の内実を描き出した本であり，ホームレスと化している帰還兵への支援を呼び掛けている．2006年8月に公開された映画『ストップ・ロス』自体は好評だったが，2008年6月時点で総予算の半分以下の総売上しか出ず，大赤字だった．他にも，『大いなる陰謀』，『告発のとき』などが興行的に大失敗した．Box Office/Business for Stop-Loss, available at *http://www.imdb.com/title/tt0489281/business*(2009/08/08);BoxOffice/BusinessforLionsforLambs, available at *http://www.imdb.com/title/tt0891527/business*(2010/03/25); Box Office/Business for In the Valley of Elah, available at *http://www.imdb.com/title/tt0478134/business*(2010/03/25).

(91) Vet Voice. *http://www.vetvoice.com/showDiary.do?diaryId=14*(2009/08/21).

(92) Vote Vets. *http://www.votevets.org/candidates/*(2009/08/24).

(93) Iraq Veterans Against the War. *http://ivaw.org/*(2009/08/08).

(94) Veterans for Peace. *http://www.veteransforpeace.org/*(2009/08/08).

(95) ベトナムでは1969〜71年に，600件の部下によるフラッギングで82名が殺された．イラクでは，2005年に2件公に報告された．Wilson(2005).

第10章

(1) シャロンやチェイニーのように，ときとして理念先行型の政治指導者に対し悲観的な脅威見積もりや戦争をしないリスクの恐怖を主張することで影響を与えた政治家がいることも無視できない．彼ら二人には元軍人と元政治任用高官という過去の経歴にも拘わらず共通して，自らの支持率上昇を目指そうという気持ちよりも自らの信条としての安保に関する悲観的，タカ派的傾向が見ら

れる．これは本書とは直接関係しないことだが，シャロンの後の首相としての政策には，平和に悲観的で軍事的な対抗勢力には妥協を許さないが，合理的な理由があれば世論に影響されることなく撤退を決めるという興味深い特徴があった．

(2) 本書以外の研究でも，例えばフィーバーによるアメリカの調査では，国民や政治家は一般に考えられてきたよりも，戦争におけるプロフェッショナルな軍隊の人命コストに対する許容性が高いという結果が出ている．Fever and Gelpi(2005).

終章

(1) ドゥブレ(2006)は，大衆デモクラシーのアメリカと対置して，フランス共和主義の目的を階層や経済的不平等の緩和におき，国家の持つ「正しい」理念の行使を正当化する．ところが，ドゥブレ自身が認めるように，彼のような理念と現実世界は大きく異なっている．ドゥブレの理想に満ちた結論を裏返せば，理念さえもが国家の存在意義のレトリックとして使用可能なのだ．

引用・参照文献

英語文献

Adelman, Jonathan. 2008. *The Rise of Israel: A History of Revolutionary State.* London: Routledge.

Alfonsi, Christian. 2006. *Circle in the Sand: Why We Went back to Iraq.* New York: Doubleday.

Ambrose, Stephen E. 1972. "The Military Impact on Foreign Policy." In Stephen E. Ambrose and James A. Barber Jr., eds., *The Military and American Society: Essays & Readings.* New York: The Free Press.

Anderson, Duncan. 2002. *The Falklands War 1982.* Oxford: Osprey Publishing.

Aron, Raymond. 2003. *Peace and War: A Theory of International Relations.* New Brunswick: Transaction Publishers.

Aulich, James. 1992. *Framing the Falklands War: Nationhood, Culture, and Identity.* Buckingham: Open University Press.

Azoulay, Yuval. 2007. "IDF Called up Untrained Soldiers to Fight in Second Lebanon War." *Haaretz,* May 20. Available at *http://www.haaretz.com/hasen/objects/pages/PrintArticleEn.jhtml?itemNo=861563*(2009/09/09).

Azoulay, Yuval, and *Haaretz* Correspondent. 2008. "Bereaved Parents Call on PM to Resign in 'Alternative Winograd Report'." *Haaretz,* January 23. Available at *http://www.haaretz.com/hasen/spages/947470.html*(2009/06/16).

Bacevich, Andrew J. 2005. *The New American Militarism: How Americans Are Seduced by War.* New York: Oxford University Press.

———. 2006. "Why Read Clausewitz When Shock and Awe Can Make a Clean Sweep of Things?" *London Review of Books,* June 8.

Badsey, Stephen, Rob Havers, and Mark Grove, eds. 2005. *The Falklands Conflict Twenty Years on: Lessons for the Future.* Abington, Oxon: Frank Cass.

Baker, James A. III. 2002. "The Right Way to Change a Regime." *NYT,* April 25. Available at *http://www.nytimes.com/2002/08/25/opinion/25BAKE.html*(2009/08/20).

Barone, Michael. 2002. "War Is Too Important to Be Left to Generals." *Weekly Standard,* June 10. Available at *http://www.weeklystandard.com/Content/Public/Articles/000%5C000%5C001%5C308rifdm.asp*(2009/08/22).

Beattie, Kirk J. 1994. *Egypt during Nasser Years: Ideology, Politics and Civil Society.* Boulder: West View Press.

Beede, Benjamin R., ed. 1994. *The War of 1898, and U. S. Interventions, 1898–1934: An Encyclopedia.* New York: Garland Publishing.

Beer, Francis A. 1981. *Peace against War: The Ecology of International Violence*. San Francisco: W. H. Freeman.

Beilin, Yossi. 2006. "The Way out." *The Jerusalem Post*, August 8. Available at *http://www.jpost.com/servlet/Satellite?cid=1154525833347&pagename=JPost%2FJPArticle%2FShowFull* (2009/06/16).

Ben-Dor, Gabriel, Ami Pedahzur, and Badi Hasisi. 2002. "Israel's National Security Doctrine under Strain: The Crisis of the Reserve Army." *Armed Forces & Society* 28, No. 2. 233–255.

Ben-Porat, Guy. 2008. "Israeli Society: Diversity, Tensions, and Governance." In Guy Ben-Porat et al., *Israel since 1980*. Cambridge: Cambridge University Press.

Bentham, Jeremy. 1843. *The Works of Jeremy Bentham, Vol. II*. John Bowring ed. Edinburgh: William Tait.

Bentley, Michael. 1999. *Politics without Democracy: Great Britain, 1815–1914*. Oxford: Wiley-Blackwell.

Bicheno, Hugh. 2007. *Razor's Edge: The Unofficial History of the Falklands War*. London: Phoenix.

Bilton, Michael, and Peter Kosminsky. 1989. *Speaking Out: Untold Stories from the Falklands War*. London: Andre Deutsch.

Bockman, Johanna, et al. 2002. *Iraq: Differing Views in the Domestic Policy Debate*. CRS, October 16.

Boehlert, Eric. 2002. "I'm Not Sure Which Planet They Live on." Salon. com, October 17. Available at *http://dir.salon.com/story/news/feature/2002/10/17/zinni/index.html* (2009/08/10).

Bowman, Tom. 2005. "General's Career Ends When He Criticizes Iraqi War: Unceremonious End to Army Career." *The Baltimore Sun*, May 29.

Boyce, D. George. 2005. *The Falklands War*. New York: Palgrave Macmillan.

Bregman, Ahron. 2002. *Israel's Wars: A History Since 1947, 2nd Ed*. London: Routledge.

Bremer, L. Paul, III. 2006. *My Years in Iraq: The Struggle to Build a Future of Hope*. New York: Simon & Schuster.

Bumiller, Elisabeth, and James Dao. 2002. "Eyes on Iraq: Cheney Says Peril of a Nuclear Iraq Justifies Attack." *NYT*, August 27. Available at *http://www.nytimes.com/2002/08/27/world/eyes-on-iraq-cheney-says-peril-of-a-nuclear-iraq-justifies-attack.html?pagewanted=2* (2009/08/11).

Burr, William, ed. 1998. *The Kissinger Transcripts: The Top Secret Talk with Beijing and Moscow*. New York: The New Press.

Burrough, Bryan, et al. 2004. "The Path to War." *Vanity Fair* No. 525 (May): 228–248, 281–294.

Bush, George H. W., and Brent Scowcroft. 1998. *The World Transformed*. New

York: Alfred A. Knopf.

Byman, Daniel, Kenneth Pollack, and Gideon Rose. 1999. "The Rollback Fantasy." *Foreign Affairs* 78, No. 1(January/February): 24–41.

Caforio, Giuseppe, ed. 2006. *Handbook of the Sociology of the Military.* New York: Springer.

Calthorpe, Somerset J. Gough. 1858. *Letters from Head-Quarters: Or, the Realities of the War in Crimea, 3rd Ed.* London: John Murray.

Campbell, Kurt M., ed. 2004. *In Search of an American Grand Strategy for the Middle East.* The Aspen Strategic Group. Available at *http://www.aspeninstitute.org/sites/default/files/content/docs/aspen%20strategy%20group/ASPEN_GRANDSTRATEGY1.PDF*(2012/07/07).

Campbell, Kurt M., and Willow Darsie, eds. 2006. *Mapping the Jihadist Threat: The War on Terror since 9/11.* The Aspen Strategic Group. Available at *http://www.aspeninstitute.org/sites/default/files/content/docs/aspen%20strategy%20group/ASGMAPPING_JIHADIST_THREAT.PDF*(2012/07/07).

Ceadel, Martin. 1989. *Thinking about Peace and War.* Oxford: Oxford University Press.

Chickering, Roger. 2004. *Imperial Germany and the Great War, 1914–1918, 2nd Ed.* Cambridge: Cambridge University Press.

Clark, Alan. 2001. *Diaries: Into Politics 1972–1982, New Ed.* London: Phoenix.

Coates, A. J. 1997. *The Ethics of War.* Manchester and NY: Manchester University Press.

Conacher, J. B. 1968. *The Aberdeen Coalition 1852–1855: A Study in Mid-Nineteenth-Century Party Politics.* Cambridge: Cambridge University Press.

Conboy, Kenneth. 1995. *Shadow War: The CIA's Secret War in Laos.* Boulder: Paladin Press.

Cosgrove-Mather, Bootie. 2003. "Poll: Talk First, Fight Later." CBS News, January 24. Available at *http://www.cbsnews.com/stories/2003/01/23/opinion/polls/main537739.shtml*(2009/06/09).

Curtiss, John Shelton. 1979. *Russia's Crimean War.* Durham: Duke University Press.

Daalder, Ivo H., and James M. Lindsay. 2005. *America Unbound: The Bush Revolution in Foreign Policy.* Hoboken, NJ: John Wiley & Sons.

Damelin, Robi. 2008. "Every Right to Question." *Haaretz*, February 2. Available at *http://www.haaretz.co.il/hasen/spages/950208.html*(2009/06/19).

Devlin, Larry. 2007. *Chief of Station, Congo: Fighting the Cold War in a Hot Zone.* New York: Public Affairs.

DeYoung, Karen. 2006. "Spy Agencies Say Iraq War Hurting U. S. Terrorist Fight." *WP*, September 24. Available at *http://www.washingtonpost.com/wp-dyn/content/article/2006/09/23/AR2006092301130.html*(2009/08/23).

Doyle, Michael W. 1983a. "Kant, Liberal Legacies, and Foreign Affairs, Part 1." *Philosophy & Public Affairs* 12, No. 3(summer): 205-235.

———. 1983b. "Kant, Liberal Legacies, and Foreign Affairs, Part 2." *Philosophy & Public Affairs* 12, No. 4(autumn): 323-353.

———. 1986a. "Liberalism and World Politics." *American Political Science Review* 80, No. 4(December): 1151-1169.

———. 1986b. *Empires.* Ithaca: Cornell University Press.

Dvorak, Petula. 2005. "Antiwar Fervor Fills the Streets; Demonstration Is Largest in Capital Since U. S. Military Invaded Iraq." *WP*, September 25. Available at *http://www.washingtonpost.com/wp-dyn/content/article/2005/09/24/AR2005092401701.html*(2009/08/17).

Eberhart, Dave. 2002. "Republicans, Who Voted against Iraq Resolution Tell Why." Newsmax. com, October 11. Available at *http://archive.newsmax.com/archives/articles/2002/10/11/194543.shtml*(2009/08/20).

Eisenberg, Daniel. 2002. "We're Taking Him out." *Time*, May 5. Available at *http://www.time.com/time/world/article/0,8599,235395,00.html*(2009/08/06).

el-Sadat, Anwar. 1984. *Those I Have Known.* New York: Continuum.

Elworthy, Schilla 2005. *Learning from Fallujah, Lessons Identified, 2003-2005.* Oxford Research Group, November 1. Available at *http://oxfordresearchgroup.org.uk/publications/books/learning_fallujah_lessons_identified_2003_2005*(2012/07/07).

Essing, David. 2007. "Autopsy of Second Lebanon War." Isra Cast, May 11. Available at *http://www.isracast.com/article.aspx?id=638*(2009/09/09).

Fearon, James D. 1994. "Domestic Political Audiences and the Escalation of International Disputes." *American Political Science Review* 88, No. 3(September): 577-592.

———. 1995. "Rationalist Explanations for War." *International Organization* 49 (summer): 379-414.

Feaver, Peter D. 2003. *Armed Servants: Agency, Oversight, and Civil-Military Relations.* Cambridge: Harvard University Press.

Feaver, Peter D. and Christopher Gelpi. 2005. *Choosing Your Battles: American Civil-Military Relations and the Use of Force.* Princeton: Princeton University Press.

Feith, Douglas J. 2008. *War and Decision: Inside the Pentagon at the Dawn of the War on Terrorism.* New York: Harper.

Finer, Samuel E. 2002. *The Man on Horseback: The Role of the Military in Politics.* New Brunswick: Transaction Publishers.

Franks, Tommy. 2004. *American Soldier.* New York: Regan Books.

Freedman, Lawrence. 2003. "Prevention, Not Preemption." *The Washington Quarterly* 26, No. 2: 105-114.

———. 2005. "The Impact of the Falklands Conflict on International Affairs." In Badsey ed., *The Falklands Conflict Twenty Years On.*
———. 2007. *The Official History of the Falkland Campaign, Rev. and updated Ed., Vols. 1 & 2.* London: Routledge.
Frenchman, Michael. 1976. "The Falkland Islanders May Be No More than Pawns in a Game Britain Does Not Want to Win." *The Times,* January 19.
Frum, David, and Richard Perle. 2003. *An End to Evil: How to Win the War on Terror.* New York: Random House.
Gacek, Christopher. 1994. *The Logic of Force: The Dilemma of Limited War in American Foreign Policy.* New York: Columbia University Press.
Galili, Lily. 2009. "Before the Consensus Breaks." *Haaretz,* January 13. Available at *http://www.haaretz.com/hasen/spages/1054923.html* (2009/09/09).
Gallup, George Horace. 2004. *The Gallup Poll: Public Opinion 2003.* Lanham: Rowman & Littlefield.
Gazit, Shlomo. 2003. *Trapped Fools: Thirty Years of Israeli Policy in the Territories.* London: Routledge.
Gellman, Barton. 2008. *Angler: The Cheney Vice Presidency.* London: Penguin Books.
Gertz, Bill, and Rowan Scarborough. 2000. "Losing Battle." *Washington Times,* 'Inside the Ring', June 22. Available at *http://www.gertzfile.com/gertzfile/ring062201.html* (2009/08/08).
———. 2001. "Rumsfeld's Busy Month." *Washington Times,* 'Inside the Ring', May 25. Available at *http://www.gertzfile.com/gertzfile/ring052501.html* (2009/09/04).
Gleason, John Howes. 1972. *The Genesis of Russophobia in Great Britain: A Study of the Interaction of Policy and Opinion.* New York: Octagon Books.
Goldstein, Richard. 2000. "Elmo R. Zumwalt Jr. Admiral Who Modernized the Navy, Is Dead at 79." *NYT,* January 3.
Gooch, John. 2007. *Mussolini and His Generals: The Armed Forces and Fascist Foreign Policy, 1922–1940.* Cambridge: Cambridge University Press.
Gordon, Michael, and Bernard E. Trainor. 2006. "Dash to Baghdad Left Top U. S. Generals Divided." *NYT,* March 13. Available at *http://www.nytimes.com/2006/03/13/international/middleeast/13command.html* (2009/08/17).
———. 2007. *COBRA II: The Inside Story of the Invasion and Occupation of Iraq.* New York: Pantheon.
Graham, Bradley. 2002. "Officers: Iraq Could Drain Terror War; Diversion of Afghan Forces to Gulf Raises Concerns." *WP,* September 1. Available at *http://www.washingtonpost.com/ac2/wp-dyn/A21639-2002Aug31?language=printer* (2009/08/08).
———. 2003. "Retired General Picked to Head Army: Rumsfeld's Choice of

Schoomaker Expected to Rankle Many in Uniform." *WP*, June 11.

Greville, Charles C. F. 1903. *The Greville Memoirs: A Journal of the Reigns of King George IV, King William IV, & Queen Victoria, New Ed., Vol. VII.* Henry Reeve ed. London: Longmans, Green and Co.

Grossman, David. 2006. "Plans for Military Victory over Hizbullah Is a Fantasy." *The Guardian*, July 20. Available at *http://www.guardian.co.uk/commentisfree/2006/jul/20/syria.israel*(2009/09/09)

———. 2008. *Writing in the Dark: Essay on Literature and Politics.* Jessica Cohen trans. New York: Farrar, Straus and Giroux.

Haaretz Service and Amos Harel. 2006. "IDF General Urges Army Chief to Quit His Post over 'Failure' of War." *Haaretz*, October 4. Available at *http://haaretz.com/hasen/spages/770328.html*(2009/06/06).

Haas, Richard N. 2009. *War of Necessity War of Choice: A Memoir of Two Iraq Wars.* New York: Simon & Schuster.

Halper, Stefan, and Jonathan Clarke. 2004. *America Alone: The Neo-Conservatives and the Global Order.* Cambridge: Cambridge University Press.

Hamburger, Tom, and Peter Wallsten. 2005. "Cheney, CIA Long at Odds." *Los Angeles Times*, October 20. Available at *http://articles.latimes.com/2005/oct/20/nation/na-cheney20*(2009/08/06).

Hamilton, Robert. 1992. "'When the Seas Are Empty, So Are the Words': Representations of the Task Force." In Aulich ed., *Framing the Falklands War.*

Hamre, John, et al. 2003. *Iraq's Post-Conflict Reconstruction: A Field Review and Recommendations.* CSIS, July 7. Available at *http://csis.org/files/media/csis/pubs/iraqtrip.pdf.*

Harel, Amos. 2006a. "IDF: Troops Can Shoot Lebanese Stone-throwers If Lives Threatened." *Haaretz*, September 27. Available at *http://www.haaretz.com/hasen/spages/767470.html*(2009/09/07).

———. 2006b. "Halutz Disputes Officer's Remarks That Israel Lost War." *Haaretz*, September 22. Available at *http://www.haaretz.com/hasen/spages/766154.html*(2009/06/06).

Harel, Amos, and *Haaretz* Correspondent. 2006. "Halutz Ousts Maj. Gen. Udi Adam As Commander of Fighting in North: Army Chief Names His Deputy, General Moshe Kaplinsky, As Representative in the Northern Command." *Haaretz*, August 9. Available at *http://www.haaretz.com/news/halutz-ousts-maj-gen-udi-adam-as-commander-of-fighting-in-north-1.194745*(2009/09/09).

Harries-Jenkins, Gwyn. 1977. *The Army in Victorian Society.* London: Routledge & Kegan Paul.

Hasson, Nir, and Aluf Benn. 2007. "PM to War Probe: IDF Let Itself Down in Second Lebanon War." *Haaretz*, May 10. Available at *http://www.haaretz.com/hasen/spages/858071.html*(2009/09/09).

Hasson, Nir, and Meron Rappaport. 2006. "IDF Admits Targeting Civilian Areas in Lebanon with Cluster Bombs." *Haaretz*, November 19. Available at *http://www.haaretz.com/hasen/spages/789876.html*(2009/09/07).

Hastings, Max, and Simon Jenkins. 1997. *The Battle for the Falklands*. London: Pan Macmillan.

Hayes, Mark L. 1998. "War Plans and Preparations and Their Impact on U. S. Naval Operations in the Spanish-American War Early." Paper presented at Congreso Internacional Ejército y Armada en El 98: Cuba, Puerto Rico y Filipinas, March 23.

Hayes, Stephen F. 2007. *Cheney: The Untold Story of America's Most Powerful and Controversial Vice President*. New York: Harper Collins.

Hollusha, John. 2008. "Dockworkers Protest Iraq War." *NYT*, May 2. Available at *http://www.nytimes.com/2008/05/02/us/01cnd-port.html*(2009/08/17).

Hulse, Carl. 2002. "Threats and Responses: The Democrats; Endorsement by Gephardt Helps Propel Resolution." *NYT*, October 3. Available at *http://www.nytimes.com/2002/10/03/us/threats-responses-democrats-endorsement-gephardt-helps-propel-resolution.html?scp=1&sq=Gephardt%20Daschle%20Iraq%20%22October%203%202002%22&st=cse*(2009/08/12).

Huntington, Samuel P. 1957. *The Soldier and the State*. Cambridge: Harvard University Press.

———. 1968. *Political Order in Changing Societies*. New Haven: Yale University Press.

Inbar, Efraim. 2007. "How Israel Bungled the Second Lebanon War." *Middle East Quarterly* 14, No. 3(summer): 57–65.

Janowitz, Morris. 1971. *The Professional Soldier: A Social and Political Portrait*. New York: The Free Press.

Johnston, David, and Carl Hulse. 2005. "CIA Asks for Criminal Inquiry over Secret Prison Article." *NYT*, November 9. Available at *http://www.nytimes.com/2005/11/09/politics/09inquire.html*(2009/08/18).

Joll, James. 1992. *The Origins of the First World War, 2nd Ed*. London: Longman.

Kagan, Robert. 1996. *A Twilight Struggle: American Power and Nicaragua, 1977–1990*. New York: The Free Press.

Kaplan, Robert D. 2004. "Five Days in Fallujah." *The Atlantic* 294, No. 1(July/August). Available at *http://www.theatlantic.com/doc/200407/kaplan*.

Katz, Yaakov. 2006. "IDF Report Card." *The Jerusalem Post*, August 24. Available at *http://www.jpost.com/servlet/Satellite?cid=1154525936817&pagename=JPost/JPArticle/ShowFull*(2009/09/09).

———. 2009. "Halutz: 2nd Lebanon War Was Justified." *The Jerusalem Post*, July 12. Available at *http://www.jpost.com/servlet/Satellite?pagename=JPost/JPArticle/ShowFull&cid=1246443783449*(2009/09/09).

Kifner, John. 1991. "War in the Gulf: Paratroopers; Tough Special Division Awaits War in the Dessert." *NYT*, February 14. Available at *http://www.nytimes.com/1991/02/14/world/war-in-the-gulf-paratroopers-tough-special-division-awaits-war-in-the-desert.html?scp=10&sq=Binford%20Peay%20Iraq&st=cse* (2009/08/13).

Kwiatkowski, Karen. 2004. "The New Pentagon Papers: A High-Ranking Military Officer Reveals How Defense Department Extremists Suppressed Information and Twisted the Truth to Drive the Country to War." Salon. com, March 10. Available at *http://www.commondreams.org/views04/0310-09.htm* (2009/06/17).

la Gorce, Paul-Marie de. 1963. *The French Army: A Military-Political History.* Kenneth Douglas trans. New York: George Braziller.

Lambert, Andrew D. 1990. *The Crimean War: British Grand Strategy, 1853–56.* Manchester: Manchester University Press.

Lasswell, Harold. 1997. *Essays on the Garrison State.* Jay Stanley ed. New Brunswick: Transaction Publishers.

Leach, Henry. 2005. "Crisis Management and Task Force Assembly." In Badsey ed., *The Falklands Conflict Twenty Years On.*

Leary, William M. 1999–2000. "CIA Air Operations in Laos, 1955–1974: Supporting the 'Secret War'." *CIA, Studies in Intelligence*(winter): 71–86.

Lebow, Richard N. 1981. *Between Peace and War: The Nature of International Crisis.* Baltimore: Johns Hopkins University Press.

Leigh, Nigel. 1992. "A Limited Engagement: The Falklands Fictions and the English Novel." In Aulich ed., *Framing the Falklands War.*

Leung, Rebecca. 2004. "The Man Who Knew; Ex-Powell Aide Says Saddam-Weapon Threat Was Overstated." CBS news, February 4. Available at *http://www.cbsnews.com/stories/2003/10/14/60II/main577975.shtml*(2009/08/14).

Levy, Gideon. 2006. "Days of Darkness." *Haaretz*, July 30. Available at *http://www.haaretz.co.il/hasen/spages/744061.html*(2009/06/16).

Levy, Jack S. 1986. "Organizational Routines and the Causes of War." *International Studies Quaterly* 30: 193–222.

———. 1989a. "Domestic Politics and War." In Robert I. Rotberg and Theodore K. Rabb eds., *The Origin and Prevention of Major Wars.* New York: Cambridge University Press.

———. 1989b. "The Causes of War: A Review of Theories." In P. E. Tetlock et al., *Behavior, Society, and Nuclear War, Vol. 1.* New York: Oxford University Press.

Levy, Yagil. 2007. *Israel's Materialist Militarism.* Lanham: Lexington Books.

———. 2008. "Military-Society Relations: the Demise of the 'People's Army'." In Guy Ben-Porat et al., *Israel since 1980.* Cambridge: Cambridge University

Press.

Lichtblau, Eric. 2005. "Large Volume of FBI. Files Alarms U. S. Activist Groups." *NYT*, July 18. Available at *http://www.nytimes.com/2005/07/18/politics/18protest.html* (2009/08/17).

Lind, Michael. 2003. *Made in Texas: George W. Bush and the Southern Takeover of American Politics.* New York: New America Books, Basic Books.

Lindsay, Lawrence B. 2008. "What the Iraq War Will Cost the U. S." CNN Money, January 11. Available at *http://money.cnn.com/2008/01/10/news/economy/costofwar.fortune/index.htm* (2009/07/24).

Linz, Juan J., and Alfred C. Stepan. 1996. *Problems of Democratic Transition and Consolidation: Southern Europe, South America, and Post-Communist Europe.* Baltimore: Johns Hopkins University Press.

Litwak, Robert S. 2002–2003. "The New Calculus of Pre-emption." *Survival* 44, No. 4 (winter): 53–80.

Lukowiak, Ken. 1999. *A Soldier's Song: True Stories from the Falklands.* London: Phoenix.

Luttwak, Edward N. 1985. *The Pentagon and the Art of War: The Question of Military Reform.* New York: Simon & Schuster.

Lyons, Gene M. 1961. "The New Civil-Military Relations." *American Political Science Review* 55, No. 1 (March): 53–63.

MacKinnon, Ian. 2006. "Haifa's Arab Urged to Flee Rocket Attacks." *The Times*, August 12. Available at *http://www.timesonline.co.uk/tol/news/world/middle_east/article1084443.ece* (2009/09/07).

Mansfield, Edward D., and Jack Snyder. 2007. *Electing to Fight: Why Emerging Democracies Go to War.* Cambridge, Massachusetts: MIT Press.

Marolda, Edward J., and Oscar P. Fitzgerald. 1986. *The United States Navy and the Vietnam Conflict: From Military Assistance to Combat.* Washington D. C.: Naval Historical Center.

Martin, Kingsley. 1963. *The Triumph of Lord Palmerston: A Study of Public Opinion in England before the Crimean War, New and Revised Ed.* London: Hutchinson.

Marx, Karl. 1897. *The Eastern Question: A Reprint of Letters Written 1853–1856 Dealing with the Events of the Crimean War.* London: Frank Cass.

McEvoy, Dermot. 2006. "Thank You, Helen." *Publishers Weekly*, June 26. Available at *http://www.publishersweekly.com/article/CA6346864.html* (2009/08/07).

McGrory, Mary. 2003a. "I'm Persuaded." *WP*, February 6. Available at *http://www.washingtonpost.com/wp-dyn/articles/A32573-2003Feb5.html* (2009/08/16).

———. 2003b. "The 'Shock and Awe' News Conference." *WP*, March 9. Available at *http://www.washingtonpost.com/wp-dyn/articles/A59647-2003Mar7.html* (2009/08/16).

McNally, Tony. 2007. *Watching Men Burn: A Soldier's Story*. Wolvey, Leicestershire: Monday Books.

Milbank, Dana, and Claudia Deane. 2003. "Hussein Link to 9/11 Lingers in Many Minds: On Politics Polls." *WP*, September 6. Available at *http://www.washingtonpost.com/ac2/wp-dyn/A32862-2003Sep5?language=printer*(2009/06/17).

Miller, Judith. 2001. "An Iraqi Defector Tells of Work on at Least 20 Hidden Weapons Sites." *NYT*, December 20. Available at *http://www.nytimes.com/2001/12/20/international/middleeast/20DEFE.html*(2009/08/24).

Miller, Ross A. 1995. "Domestic Structures and the Diversionary Use of Force." *American Journal of Political Science* 39, No. 3(August): 760–785.

Mitchell, Alison. 2002. "Threats and Responses: The Democrats; Democrats, Wary of War in Iraq, Also Worry about Battling Bush." *NYT*, September 14. Available at *http://www.nytimes.com/2002/09/14/us/threats-responses-democrats-democrats-wary-war-iraq-also-worry-about-battling.html?scp=7&sq=Gephardt%20Daschle%20Iraq%20September%202002&st=cse*(2009/08/15).

Mitchell, Alison, and Adam Nagourney. 2002. "G. O. P. Gains from War but Does Not Talk about It." *NYT*, September 21. Available at *http://www.nytimes.com/2002/09/21/politics/21REPU.html*(2009/08/12).

Monaghan, David. 1998. *The Falklands War: Myth and Countermyth*. Basingstoke, Hampshire: Palgrave.

Moore, David W. 2001. "CNN/*USA Today*/Gallup poll." Gallup, September 24. Available at *http://www.gallup.com/poll/4924/bush-job-approval-highest-gallup-history.aspx*(2009/06/10).

Mualem, Mazal, *Haaretz* Service, and Amos Harel. 2006. "IDF Ground Forces Chief Ousted for Remarks on Olmert, Halutz." *Haaretz*, October 5. Available at *http://www.haaretz.co.il/hasen/spages/770516.html*(2009/06/08).

n. a. 1982a. "Poll—The Falklands War: Panel Survey." April 14–June 23. Ipsos MORI. Available at *http://www.ipsos-mori.com/researchpublications/researcharchive/poll.aspx?oItemId=49*(2009/09/21).

n. a. 1982b. "Israeli Colonel Quits, Opposing Beirut Move." *NYT*, July 27. Available at *http://www.nytimes.com/1982/07/27/world/israeli-colonel-quits-opposing-beirut-move.html*(2009/09/06).

n. a. 1991. "Talking with David Frost: General H. Norman Schwarzkopf." PBS, March 26.

n. a. 1992. "Nicanor Costa Mendez, 69, Aide in Argentina in the Falkland War." *NYT*, August 3. Available at *http://www.nytimes.com/1992/08/03/world/nicanor-costa-mendez-69-aide-in-argentina-in-the-falkland-war.html*(2009/09/13).

n. a. 2000. "Colin Powell's Message." *WP*, December 18.

n. a. 2001a. "Report Proves Belgium in Lumumba's Death." *NYT*, November 17. Available at *http://www.nytimes.com/2001/11/17/world/report-reproves-belgium-*

in-lumumba-s-death.html(2009/06/17).
n. a. 2001b. "Profile: Anthony Zinni." BBC, November 30. Available at *http://news.bbc.co.uk/2/hi/middle_east/1683427.stm*(2009/08/10).
n. a. 2001c. "*WP*-ABC News Poll, America at War." *WP*, December 21. Available at *http://www.washingtonpost.com/wp-srv/politics/polls/vault/stories/data122101.htm*(2009/06/10).
n. a. 2002a. "Timing, Tactics on Iraq War Disputed: Top Bush Officials Criticize Generals'Conventional Views." *WP*, August 1. Available at *http://www.washingtonpost.com/wp-dyn/articles/A28740-2002Jul31.html*(2009/08/10).
n. a. 2002b. "'Moral Case' for Deposing Saddam." BBC, August 15. Available at *http://news.bbc.co.uk/2/hi/world/americas/2193426.stm*(2009/08/11).
n. a. 2002c. "WH Lawyers: Bush Can Order Iraq Attack: Fleischer: 'Congress Has an Important Role to Play.'" CNN, Inside the Politics, August 26. Available at *http://archives.cnn.com/2002/ALLPOLITICS/08/26/bush.iraq/*(2009/08/11).
n. a. 2002d. "Iraq War Resolution Gains Momentum in House, Senate, Stalled in U. N." Fox News, October 3. Available at *http://www.foxnews.com/story/0,2933,64629,00.html*(2009/08/18).
n. a. 2002e. "CBS news/*NYT* Opinion Poll." CBS news, October 3-5. Available at *http://www.cbsnews.com/htdocs/c2k/iraq106.pdf*(2009/08/02).
n. a. 2003a. "Stormin'Norman: Don't Rush into War." BBC, January 29. Available at *http://news.bbc.co.uk/2/hi/americas/2705275.stm*(2009/08/11).
n. a. 2003b. "Cities Jammed in Worldwide Protest of War in Iraq: Demonstrations Follow Divide Day at United Nations." CNN, February 16. Available at *http://edition.cnn.com/2003/US/02/15/sprj.irq.protests.main/*(2009/08/24).
n. a. 2004a. "Navy Public Affairs Officer Who Worked in Iraq Condemns President Bush & The U. S. Invasion." Democracy Now, March 26. Available at *http://www.democracynow.org/2004/3/26/navy_public_affairs_officer_who_worked* (2009/06/17).
n. a. 2004b. "Bodies Mutilated in Iraq Attack, Fallujah: Four Contractors Working for the US Army Have been Killed and Their Bodies Mutilated in the Iraqi City of Fallujah." BBC, March 31. Available at *http://news.bbc.co.uk/2/hi/middle_east/3585765.stm*(2009/08/21).
n. a. 2004c. "Rice Denies Woodward Claim on Iraq War." Associated Press, April 19.
n. a. 2004d. "General Zinni: 'They Have Screwed up.'" CBS News, May 21. Available at *http://www.cbsnews.com/stories/2004/05/21/60minutes/main618896.shtml*(2009/06/17).
n. a. 2004e. "Bush's '16 Words' on Iraq and Uranium: He May Have Been Wrong but He Wasn't Lying." July 26. Available at *http://www.factcheck.org/bushs_16_words_on_iraq_uranium.html*(2009/08/14).

n. a. 2004f. "The Generals Speak." *Rolling Stone*, November 3. Available at *http://www.rollingstone.com/politics/story/6593163/the_generals_speak/* (2009/08/13).

n. a. 2005a. "*USA Today*/CNN/Gallup Poll Results." *USA Today*, May 20. Available at *http://www.usatoday.com/news/polls/tables/live/2003-11-17-bush-poll.htm* (2009/08/24).

n. a. 2005b. "*USA Today*/CNN/Gallup Poll Results." *USA Today* May 20. Available at *http://www.usatoday.com/news/polls/tables/live/2005-05-02-poll-results.htm* (2009/08/24).

n. a. 2005c. "Poll Finds Dimmer View of Iraq: 52% Say U. S. Has Not Become Safer." *WP*, June 8. Available at *http://www.washingtonpost.com/wp-dyn/content/article/2005/06/07/AR2005060700296.html* (2009/06/18).

n. a. 2005d. "Wallace Failed to Challenge Rumsfeld's False Claims about Troop Levels in Iraq, Which Hume Later Echoed." Media Matters for America, June 28. Available at *http://mediamatters.org/research/200506280010* (2009/08/16).

n. a. 2006a. "Online News Hour: Generals Speak out on Iraq." PBS, April 13. Available at *http://www.pbs.org/newshour/bb/military/jan-june06/iraq_4-13.html* (2009/08/22).

n. a. 2006b. "Politics: Another General Joins Ranks Opposing Rumsfeld." CNN, April 13. Available at *http://edition.cnn.com/2006/POLITICS/04/13/iraq.rumsfeld/* (2009/08/22).

n. a. 2006c. "Correct the Damage." *The Jerusalem Post*, July 16. Available at *http://www.jpost.com/servlet/Satellite?cid=1150886011436&pagename=JPost%2FJPArticle%2FShowFull* (2009/09/09).

n. a. 2006d. "Polls Show Israeli Public Support for War against Hezbollah is Slipping." FOX, August 11. Available at *http://www.foxnews.com/story/0,2933,207896,00.html* (2009/09/09).

n. a. 2006e. "Retired Customs Agent Discusses Border Corruption; New Cases of Food Poisoning in Nebraska and Illinois; Episcopal Church Fights with U. S. Tax Officials." CNN, 'Lou Dobbs Tonight', September 18. Available at *http://transcripts.cnn.com/TRANSCRIPTS/0609/18/ldt.01.html* (2009/08/13).

n. a. 2006f. "Reservists Dismantle Lebanon War Protest Tent in J'lem." *Haaretz*, November 12. Available at *http://www.haaretz.co.il/hasen/spages/786562.html* (2009/06/19).

n. a. 2006–2007. "Israeli Polls on the War with Hizbullah." Jewish Virtual Library. Available at *http://www.jewishvirtuallibrary.org/jsource/Society_&_Culture/hizpo.html* (2009/09/09/15: 00).

n. a. 2007a. "*USA Today*/Gallup Poll." January 15. Available at *http://www.usatoday.com/news/polls/tables/live/2007-01-15-poll1.htm* (2009/08/24).

n. a. 2007b. "Showdown, May 2, 2007." *Ariga*, May 2. Available at *http://www.ariga.com/2007-05-02.shtml* (2009/06/16).

n. a. 2007c. "Roughly 100,000 People Rally in Tel Aviv to Call on PM, Peretz to Quit." *Haaretz,* May 3. Available at *http://haaretz.com/hasen/spages/855116.html*(2009/06/03).

n. a. 2007d. "Iraq Dominates PEJ's First Quarterly NCI Report: Cable News." Journalism. org, May 25. Available at *http://www.journalism.org/node/5719*(2009/08/21).

n. a. 2007e. "General Who Helped Redraw the Borders of Israel Says Road Map to Peace is a Lie: The Man Who Commanded Gaza and the West Bank Soon after the Six Day War Talks to Donald Macintyre in Tel Aviv." *The Independent,* June 10.

n. a. 2007f. "Protesters in Washington demand end to war." ABC News, September 16. Available at *http://www.abc.net.au/news/stories/2007/09/16/2034062.htm*(2009/08/17).

n. a. 2007g. "Ex-Commander In Iraq Faults War Strategy: 'No End in Sight, ' Says Retired General Sanchez." *WP,* October 13. Available at *http://www.washingtonpost.com/wp-dyn/content/article/2007/10/12/AR2007101202459.html*(2009/06/17).

n. a. 2008a. "Haaretz-Dialog Poll: Third of Public Calls for Olmert to Stay." *Haaretz,* February 1. Available at *http://www.haaretz.co.il/hasen/spages/950230.html*(2009/06/16).

n. a. 2008b. "The Main Findings of the Winograd Partial Report on the Second Lebanon War." *Haaretz,* December 1. Available at *http://www.haaretz.com/hasen/spages/854051.html*(2009/06/04).

n. a. 2008c. "Doves of Prey." Ynet News, December 6. Available at *http://www.ynetnews.com/Ext/Comp/ArticleLayout/CdaArticlePrintPreview/1,2506,L-3290006,00.html*(2009/09/09).

n. a. 2009a. "For Canadians and Deserter Kim Rivera, Iraq Is Not Your Daddy's Vietnam." Phoenix News, March 10. Available at *http://www.phoenixnewtimes.com/2009-03-12/news/for-canadians-and-deserter-kim-rivera-iraq-is-not-your-daddy-s-vietnam/*(2009/06/19).

n. a. 2009b. "*Spiegel* Interview with Author David Grossman: Foreigners Cannot Understand the Israeli's Vulnerability." *Spiegel International,* August 10. Available at *http://www.spiegel.de/international/world/0,1518,641437,00.html*(2009/09/08).

Nader, Nir. 2007. "The Privatizing of the Israeli Mind." *Challenge: A Magazine Covering the Israeli-Palestinian Conflict* 104(July/August). Available at *http://www.challenge-mag.com/en/article__112/the_privatizing_of_the_israeli_mind*(2009/09/08).

Naor, Arye. 2008. "The Political System: Government, Parliament, and the Court." In Guy Ben-Porat et al., *Israel since 1980.* Cambridge: Cambridge University

Press.

Nichols, Bill. 2006. "8,000 desert during Iraq War." *USA Today,* March 6. Available at *http://www.usatoday.com/news/washington/2006-03-07-deserters_x.htm* (2009/06/17).

Nixon, Richard M. 1978. *RN: The Memoirs of Richard Nixon.* New York: Touchstone.

Nolan, William Keith. 1986. *Into Cambodia.* Novato: Presidio Press.

Nott, John 2002. "Memories of the Falklands." In Iain Dale ed., *Memories of the Falklands.* London: Politico's.

———. 2005. "A View from the Centre," In Badsey ed., *The Falklands Conflict Twenty Years On.*

O'Donell, Guillermo, and Philippe C. Schmitter. 1986. *Transitions from Authoritarian Rule: Tentative Conclusions about Uncertain Democracies.* Baltimore: The Johns Hopkins University Press.

Owen, John M. 1994. "How Liberalism Produces Democratic Peace." *International Security* 19 (fall): 87-125.

Oz, Amos. 2006. "This Time Israel Is Defending Itself." *Mail & Guardian,* July 21. Available at *http://www.mg.co.za/article/2006-07-21-this-time-israel-is-defending-itself* (2009/09/09).

Palmer, Bruce, Jr. 1984. *The 25-Year War: America's Military Role in Vietnam.* Lexington: The University Press of Kentucky.

Paone, Rocco M. 1974. "Civil-Military Relations and the Formulation of United States Foreign Policy." In Charles L. Cochran ed., *Civil-Military Relations: Changing Concepts in the Seventies.* New York: The Free Press.

Parker, Richard B. 1993. *The Politics of Miscalculation in the Middle East.* Bloomington: Indiana University Press.

Penn, William. 2002. "An ESSAY towards the Present and Future Peace of Europe by the Establishment of an European Dyet, Parliament, or Estates. In William Penn, *The Political Writings of William Penn.* Indianapolis: Liberty Fund. Available at *http://oll.libertyfund.org/?option=com_staticxt&staticfile=show.php%3Ftitle=893&chapter=77004&layout=html&Itemid=27.*

Perlmutter, Amos. 1977. *The Military and Politics in Modern Times: On Professionals, Praetorians, and Revolutionary Soldiers.* New Haven: Yale University Press.

———. 1985. *Israel: The Partitioned State: A Political History since 1900.* New York: Charles Scribner's Sons.

Perlmutter, Amos, Michael I. Handel, and Uri Bar-Joseph. 2003. *Two Minutes Over Baghdad, 2nd Expanded Ed.* London: Frank Cass.

Pelling, Henry. 1968. *Popular Politics and Society in Late Victorian Society.* London: Macmillan.

Pike, Hew. 2008. *From the Front Line: Family Letters & Diaries, 1900 to the Falklands & Afghanistan.* Barnsley, South Yorkshire: Pen & Sword Military.

Pincus, Walter. 2006. "Democrats Who Opposed War Move into Key Positions." *WP,* December 4. Available at *http://www.washingtonpost.com/wp-dyn/content/article/2006/12/03/AR2006120301108.html*(2009/07/27).

Posen, Barry R. 1984. *The Sources of Military Doctrine: France, Britain, and Germany between the World Wars.* Ithaca: Cornell University Press.

———. 2008. *Finding Our Way: Debating American Grand Strategy.* Report presented to House Armed Services Committee, June. Available at *http://armedservices.house.gov/pdfs/OI071508/Posen2_Testimony071508.pdf*(2009/07/28).

Prados, Alfred B. 2003. *Iraq: Divergent Views on Military Action.* CRS, January 31.

Prados, John. 2004. "The Gulf of Tonkin Incident, 40 Years Later: Flawed Intelligence and the Decision for War in Vietnam." The National Security Archive at the George Washington University, August 4. Available at *http://www.gwu.edu/~nsarchiv/NSAEBB/NSAEBB132/index.htm*(2010/03/25).

Purdum, Todd S. 2005. "The Struggle for Iraq: The Record; A Peephole to the War Room: British Documents Shed Light on Bush Team's State of Mind." *NYT,* June 14. Available at *http://query.nytimes.com/gst/fullpage.html?res=9D06E6DB1F38F937A25755C0A9639C8B63*(2009/08/06).

Purdum, Todd S., and Patrick E. Tyler. 2002. "Top Republicans Break with Bush on Iraq Strategy." *NYT,* August 16. Available at *http://www.nytimes.com/2002/08/16/world/top-republicans-break-with-bush-on-iraq-strategy.html*(2009/08/20).

Rappaport, Meron. 2006. "IDF Commander: We Fired More Than a Million Cluster Bombs in Lebanon." *Haaretz,* September 12. Available at *http://www.haaretz.com/hasen/spages/761761.html*(2009/09/07).

Reiter, Dan, and Allan C. Stam. 2002. *Democracies at War.* Princeton: Princeton University Press.

Rice, Condoleezza. 2000. "Campaign 2000: Promoting the National Interest." *Foreign Affairs* 79, No. 1(January/February): 45–62.

Ricks, Thomas E. 2002. "Some Top Military Brass Favor Status Quo in Iraq: Containment Seen Less Risky than Attack." *WP,* July 28. Available at *http://www.washingtonpost.com/wp-dyn/articles/A10749-2002Jul27.html*(2009/08/20).

———. 2003. "For Vietnam Vet, Anthony Zinni, Another War on Shaky Territory." *WP,* December 22. Available at *http://www.washingtonpost.com/ac2/wp-dyn/A22922-2003Dec22*(2009/08/22).

———. 2007. *Fiasco: The American Military Adventure in Iraq.* New York: Penguin Books.

———. 2009. *The Gamble: General David Petraeus and the American Military Adventure in Iraq, 2006–2008.* New York: The Penguin Press.

Ricks, Thomas E., and Vernon Loeb. 2002. "Bush Developing Military Policy of Striking First: New Doctrine Addresses Terrorism." *WP*, June 10. Available at *http://www.washingtonpost.com/wp-dyn/articles/A22374-2002Jun9.html*(2009/08/09).

Rieckhoff, Paul. 2007. *Chasing Ghosts: Failures and Facades in Iraq: A Soldier's Perspective*. New York: NAL Caliber.

Risen, James. 2007. *State of War: The Secret History of the CIA and the Bush Administration*. New York: The Free Press.

Rosecrance, Richard N. 1963. *Action and Reaction in World Politics: International Systems in Perspective*. Boston: Little, Brown.

Rosenau, William. 2001. *Special Operations Forces and Elusive Enemy Ground Targets: Lessons from Vietnam and Persian Gulf War*. RAND Corporation.

Rummel, R. J. 1979. *Understanding Conflicts and War, Vol. 4: War, Power, Peace*. Beverly Hills: Sage Publications.

———. 1995. "Democracies ARE Less Warlike than Other Regimes" *European Journal of International Relations* 1(December): 457–479.

———. 1997. *Power Kills: Democracy As a Method of Nonviolence*. New Brunswick: Transaction Publishers.

Russett, Bruce M. 1989. "Democracy, Public Opinion, and Nuclear Weapons." In P. E. Tetlock et al., *Behavior, Society, and Nuclear War, Vol. 1*. New York: Oxford University Press.

Russett, Bruce M., and John R. Oneal. 2001. *Triangulating Peace: Democracy, Interdependence, and International Organizations*. New York: W. W. Norton & Company.

Sanger, David E. 2002a. "U. S. Goal Seems Clear, and the Team Complete." *NYT*, February 13. Available at *http://www.nytimes.com/2002/02/13/international/middleeast/13ASSE.html*(2009/08/07).

———. 2002b. "Bush to Formalize a Defense Policy of Hitting First." *NYT*, June 17. Available at *http://www.nytimes.com/2002/06/17/international/17POLI.html?pagewanted=1*(2009/08/20).

———. 2002c. "The World: First Among Evils?; The Debate Over Attacking Iraq Heats Up." *NYT*, September 1. Available at *http://www.nytimes.com/2002/09/01/weekinreview/the-world-first-among-evils-the-debate-over-attacking-iraq-heats-up.html?scp=2&sq=Wesley%20Clark%20Iraq%20September%202002&st=cse*(2009/08/12).

———. 2002d. "Threats and Responses: The President; Bush Tells Critics Hussein Could Strike at Any Time." *NYT*, October 6. Available at *http://www.nytimes.com/2002/10/06/world/threats-responses-president-bush-tells-critics-hussein-could-strike-any-time.html*(2009/09/10).

Schlesinger, Arthur, Jr. 2003. "Eyeless in Iraq." *New York Review of Books* 50, No.

16.(October 23): 24–27.
Schmitt, Eric. 2003. "Threats and Responses: Military Spending; Pentagon Contradicts General on Iraq Occupation Force's Size." *NYT*, February 28. Available at *http://www.nytimes.com/2003/02/28/us/threats-responses-military-spending-pentagon-contradicts-general-iraq-occupation.html*(2009/09/10).
Schmitt, Eric, and David E. Sanger. 2002. "Bush Has Received Pentagon Options on Attacking Iraq." *NYT*, September 21. Available at *http://www.nytimes.com/2002/09/21/international/middleeast/21PLAN.html?scp=1&sq=September%2021%202002%20Iraq%20&st=Search*(2009/08/12).
Schroeder, Paul. 1972. *Austria, Great Britain, and the Crimean War: The Destruction of the European Concert.* Ithaca: Cornell University Press.
Scowcroft, Brent. 2002. "Don't Attack Saddam." *WSJ*, August 16.
Seabury, Paul, and Angelo Codevilla. 1989. *War: Ends and Means.* New York: Basic Books.
Sharon, Ariel. 2005. *Warrior: An Autobiography.* New York: Simon & Schuster.
Shavit, Ari. 2006a. "This War Is Different." *Haaretz*, July 28. Available at *http://www.haaretz.com/hasen/spages/743694.html*(2006/08/12).
———. 2006b. "No Way to Go to War: Interview with Former Head of the IDF Lt. Gen. Moshe Ya'alon." *Haaretz*, September 21. Available at *www. haaretz. com/hasen/spages/762890. html*(2009/06/08).
Shaw, John M. 2005. *The Cambodian Campaign: The 1970 Offensive and America's Vietnam War.* Lawrence: University of Kansas Press.
Shlaim, Avi. 2000. *The Iron Wall: Israel and the Arab World.* London: Penguin Books.
Shultz, Richard H. Jr. 2000. *The Secret War against Hanoi: The Untold Story of Spies, Saboteurs, and Covert Warriors in North Vietnam.* New York: Perennial.
Singer, Joel David. 1979. "From a Study of War to Peace Research." In Joel David Singer et al., *Explaining War: Selected Papers from the Correlates of War Project.* Beverly Hills, London: Sage Publications.
Singer, P. W. 2003. "Peacekeepers, Inc." *Policy Review* 119. Available at *http://www.policyreview.org/jun03/singer_print.html.*
Small, Melvin, and Joel David Singer, eds. 1989. *International War: An Anthology.* Chicago: The Dorsey Press.
Smiley, Tavis. 2007. "Archives:(Ret.)Maj. Gen. Paul Eaton." PBS, May 21. Available at *http://www.pbs.org/kcet/tavissmiley/archive/200705/20070521_eaton.html*(2009/08/22).
Snyder, Jack L. 1989. *The Ideology of Offensive: Military Decisionmaking and the Disasters of 1914.* Ithaca: Cornell University Press.
———. 1993. *Myths of Empire: Domestic Politics and International Ambition.* Ithaca: Cornell University Press.

———. 2004. "The Cult of the Offensive in 1914." In Robert J. Art and Kenneth N. Waltz, eds., *The Use of Force: Military Power and International Politics, 6th Ed.* Lanham, Maryland: Rowman & Littlefield.

Soen, Dan. 2008. "All Able-Bodies, to Arms!: Attitudes of Israeli High School Students Toward Conscription and Combat Service." *European Journal of Social Sciences* 6, No. 4: 72–82.

Spector, Ronald. 1974. *Admiral of the New Empire: The Life and Career of George Dewey.* Baton Rouge: Louisiana State University Press.

———. 1977. *Professors of War: The Naval War College and the Development of the Naval Profession.* Newport: Naval War College Press.

Spencer, Herbert. 2004. *The Principle of Sociology, Volume II.* Honolulu: University Press of the Pacific.

Steinhauser, Paul 2008. "Poll: More Disapprove of Bush than Any Other President." CNN, May 1. Available at *http://www.cnn.com/2008/POLITICS/05/01/bush.poll/* (2009/06/10).

Stout, David. 2002. "Former Military Leaders Urge Caution on War with Iraq." *NYT,* September 23. Available at *http://www.nytimes.com/2002/09/23/politics/23CND-MILI.html?scp=1&sq=Wesley%20Clark%20Iraq%20September%202002&st=cse* (2009/08/14).

Strachan, Hew Francis Anthony. 1984. *Wellington's Legacy: The Reform of the British Army 1830–54.* Manchester: Manchester University Press.

Sullivan, William H. 1984. *Obbligato, 1939–1979: Notes on a Foreign Service Career.* New York: W. W. Norton & Company.

Savranskaya, Svetlana, ed. 2001. "The September 11th Sourcebooks, Volume II: Afghanistan: Lessons from the Last War—The Soviet Experience in Afghanistan: Russian Documents and Memoirs." The George Washington University, the National Security Archive, October 9. Available at *http://www.gwu.edu/~nsarchiv/NSAEBB/NSAEBB57/soviet.html.*

Tanter, R. 1966. "Dimensions of Conflict Behavior within and between Nations, 1958–1960." *Journal of Conflict Resolution* 10: 41–64.

Tarnoff, Curt. 2003. *Iraq: Recent Developments in Reconstruction Assistance.* CRS, October 2. Available at *http://www.iwar.org.uk/news-archive/crs/25434.pdf* (2009/08/16).

Taylor, A. J. P. 1954. *The Struggle for Mastery in Europe: 1848–1918.* Oxford: The Clarendon Press.

———. 1957. *Trouble Makers: Dissent over Foreign Policy, 1792–1939.* London: Hamish Hamilton.

Taylor, John. 1992. "Touched with Glory: Heroes and Human Interest in the News." In Aulich ed., *Framing the Falklands War.*

Thomas, Evan. 1991. "Reluctant Warrior." *Newsweek,* May 13.

Thompson, Julian. 2005. "Force Projection and the Falklands Conflict." In Badsey ed., *The Falklands Conflict Twenty Years On.*

Tocqueville, Alexis de. 1990. *Democracy in America, Vol. 1.* New York: Vintage Books.

Trask, David F. 1981. *The War with Spain in 1898.* New York: Macmillan Publishing.

United Nations. 2003. *Historical Review of Developments Relating to Aggression.* New York.

Urbina, Ian. 2007. "Silence Speaks Volumes at Intersection of Views on Iraq War." *NYT,* May 28. Available at *http://www.nytimes.com/2007/05/28/us/28vigil.html* (2009/08/17).

Utgoff, Victor A. 2004. "Missile Defence and American Ambitions." In Robert J. Art and Kenneth N. Waltz, eds., *The Use of Force: Military Power and International Politics, 6th Ed.* Lanham, Maryland: Rowman & Littlefield.

Van der Bijl, Nick. 2007. *Victory in the Falklands.* Barnsley, South Yorkshire: Pen & Sword Military.

Verter, Yossi. 2008. "Poll: No Wide-spread Support for IDF Gaza Invasion." *Haaretz,* December 25. Available at *http://news.haaretz.co.il/hasen/spages/1050000.html*(2009/09/09).

———. 2009. "Poll Shows Most Israelis Back IDF Action in Gaza." *Haaretz,* January 15. Available at *http://www.haaretz.com/hasen/spages/1055564.html*(2009/09/09).

Vinh, Tan. 2005. "Thousands Rally to Protest Iraq War." *The Seattle Times,* March 20. Available at *http://seattletimes.nwsource.com/html/localnews/2002213805_rally20m.html*(2009/08/17).

Walsh, Jeffrey. 1992. "'There'll Always Be an England': The Falklands Confliction Film." In Aulich ed., *Framing the Falklands War.*

Walters, David J. 2007. *After the Falklands: Finally Ending the Nightmare of PTSD.* Penryn, Cornwall: Academy Press.

Waltz, Kenneth N. 2001. *Man, the State and War: A Theoretical Analysis.* New York: Columbia University Press.

———. 2004. "Nuclear Stability in South Asia." In Robert J. Art and Kenneth N. Waltz, eds., *The Use of Force: Military Power and International Politics, 6th Ed.* Lanham, Maryland: Rowman & Littlefield.

Weart, Spencer R. 1998. *Never at War: Why Democracies Will Not Fight One Another.* New Haven: Yale University Press.

Weede, Erich. 1992. "Some Simple Calculations on Democracy and War Involvement." *Journal of Peace Research* 29, No. 4(November): 377–383.

Welch, David A. 1993. *Justice and the Genesis of War.* Cambridge: Cambridge University Press.

West, Bing. 2006. *No True Glory: A Frontline Account of the Battle for Fallujah*. New York: Bantam Dell.

Wiener, Jon. 2006. "Israeli Doves Challenge the War." *The Nation*, August 7. Available at *http://www.thenation.com/doc/20060814/israeli_doves*(2009/06/16).

Wilcox, Tim. 1992. "'We Are All Falklanders Now': Art, War and National Identity." In Aulich ed., *Framing the Falklands War*.

Wilson, Jamie. 2005. "US Soldier Charged with Killing Officers Faces Death Penalty." *The Guardian*, November 2. Available at *http://www.guardian.co.uk/world/2005/nov/02/usa.iraq*(2009/08/24).

Wolfowitz, Paul. 1998. "Rising Up." *New Republic*, December 7.

Woodward, Sandy. 1997. *One Hundred Days: The Memoirs of the Falklands Battle Group Commander*. Annapolis, Maryland: Naval Institute Press.

Wright, Quincy. 1942. *A Study of War, Vol. II*. Chicago: Chicago University Press.

Yarmolinsky, Adam. 1971. *The Military Establishment: Its Impacts on American Society*. New York: Harper & Row.

邦語文献

芦田均　1959『第二次世界大戦外交史』時事通信社.

五百旗頭真　2001『日本の近代6　戦争・占領・講和 1941〜1955』中央公論新社.

ウッドワード，ボブ　1991『司令官たち――湾岸戦争突入に至る“決断”のプロセス』石山鈴子・染田屋茂訳，文藝春秋.

―――　2003『ブッシュの戦争』伏見威蕃訳，日本経済新聞社.

―――　2004『攻撃計画』伏見威蕃訳，日本経済新聞社.

―――　2007『ブッシュのホワイトハウス　上・下』伏見威蕃訳，日本経済新聞出版社.

梅川正美　2008『サッチャーと英国政治』第3巻，成文堂.

オズ，アモス　1985『イスラエルに生きる人々』千本健一郎訳，晶文社.

―――　1993『贅沢な戦争――イスラエルのレバノン侵攻』千本健一郎訳，晶文社.

オルテガ・イ・ガセット　1995『大衆の反逆』神吉敬三訳，ちくま学芸文庫.

カー，E. H.　2006『ナショナリズムの発展　新版』大窪愿二訳，みすず書房.

―――　1996『危機の二十年　1919-1939』井上茂訳，岩波文庫.

鹿島正裕　2003『中東戦争と米国――米国・エジプト関係史の文脈』御茶の水書房.

川島弘三　1989『中国党軍関係の研究　下』慶應通信.

カント　1985『永遠平和のために』宇都宮芳明訳，岩波文庫.

キー，ジョシュア　2008『イラク――米軍脱走兵，真実の告発』井手真也訳，合同出版.

キッシンジャー，ヘンリー・A.　1996『外交　上・下』岡崎久彦監訳，日本経済新聞社.

——　1979-80『キッシンジャー秘録　1〜5 巻』斎藤彌三郎他訳，小学館.
——　1982『激動の時代　1〜3 巻』読売新聞・調査研究本部訳，小学館
桐生尚武　1983「イタリアの降伏とバドリョ政権の成立」，三宅正樹他編『第二次大戦と軍部独裁——昭和史の軍部と政治　4』第一法規出版.
久保文明　2003「共和党の変容と外交政策への含意」，久保文明編『G・W・ブッシュ政権とアメリカの保守勢力——共和党の分析』財団法人日本国際問題研究所.
クラウゼヴィッツ，カール・フォン　2001『戦争論　レクラム版』日本クラウゼヴィッツ学会訳，芙蓉書房出版.
クラーク，リチャード　2004『爆弾証言——すべての敵に向かって』楡井浩一訳，徳間書店.
クレイグ，ゴードン・A.，アレキサンダー・L・ジョージ　1997『軍事力と現代外交——歴史と理論で学ぶ平和の条件』木村修三他訳，有斐閣.
コバーン，アンドリュー　2008『ラムズフェルド——イラク戦争の国防長官』加地永都子訳，緑風出版.
ド・ゴール，シャルル　1997『職業軍の建設を！』小野繁訳，不知火書房
斎藤眞　1978「アメリカ独立戦争と政軍関係——原理と風土」，佐藤栄一編『政治と軍事——その比較史的研究』日本国際問題研究所.
坂本義和　2002「テロと「文明」の政治学——人間としてどう応えるか」，藤原帰一編『テロ後——世界はどう変わったか』岩波新書.
サスキンド，ロン　2004『忠誠の代償——ホワイトハウスの嘘と裏切り』武井楊一訳，日本経済新聞社.
サッチャー，マーガレット　1993『サッチャー回顧録——ダウニング街の日々　上・下』石塚雅彦訳，日本経済新聞社.
佐道明広　2003『戦後日本の防衛と政治』吉川弘文館.
シェリング，トーマス　2008『紛争の戦略——ゲーム理論のエッセンス』河野勝監訳，勁草書房.
ジャノビッツ，M.　1968『新興国と軍部』張明雄訳，世界思想社.
シュレジンガー Jr.，アーサー　2005『アメリカ大統領と戦争』藤田文子・藤田博司訳，岩波書店.
シュワーツコフ，H. ノーマン　1994『シュワーツコフ回想録』沼澤洽治訳，新潮社.
チャーチル，W. S.　1972『第二次世界大戦　上・下』佐藤亮一訳，河出書房新社.
ドゥブレ，レジス他　2006『思想としての〈共和国〉——日本のデモクラシーのために』みすず書房.
トクヴィル，アレクシス・ド　1988『フランス二月革命の日々——トクヴィル回想録』喜安朗訳，岩波文庫.
ニクソン，リチャード・ミルハウス　1978, 1979『ニクソン回顧録　第 1 部・第 2 部・第 3 部』松尾文夫訳，小学館.
ニコルソン，H.　1968『外交』斎藤眞他訳，東京大学出版会.

パウエル，コリン　2001『マイ・アメリカン・ジャーニー――コリン・パウエル自伝　統合参謀本部議長時代編』鈴木主税訳，角川文庫.
バーク，エドマンド　2000『フランス革命についての省察　上・下』中野好之訳，岩波文庫.
パッカー，ジョージ　2008『イラク戦争のアメリカ』豊田英子訳，みすず書房.
ハレヴィ，エフライム　2007『モサド前長官の証言「暗闇に身を置いて」――中東現代史を変えた驚愕のインテリジェンス戦争』河野純治訳，光文社.
ヒューム，デヴィッド　1952『市民の国について　上・下』小松茂夫訳，岩波文庫.
廣瀬克哉　1989『官僚と軍人――文民統制の限界』岩波書店.
ファークツ，A.　2003『ミリタリズムの歴史――文民と軍人　新装版』望田幸男訳，福村出版.
藤原帰一　2002『デモクラシーの帝国』岩波新書.
ブラッハー，K. D.　1975『ドイツの独裁――ナチズムの生成・構造・帰結　1・2』山口定・高橋進訳，岩波書店.
プラトン　1979『国家　上・下』藤沢令夫訳，岩波文庫.
ベーカーIII，ジェームズ・A.　1997『シャトル外交 激動の4年　上・下』仙名紀訳，新潮文庫.
ベッツ，レイモンド・F.　2004『フランスと脱植民地化』今林直樹・加茂省三訳，晃洋書房.
ベルクハーン，V. R.　1991『軍国主義と政軍関係』三宅正樹訳，南窓社.
ホーン，アリステア　1994『サハラの砂，オーレスの石』北村美都穂訳，第三書館.
マクレラン，スコット　2008『偽りのホワイトハウス――元ブッシュ大統領報道官の証言』水野孝昭訳，朝日新聞出版.
マン，ジェームズ　2004『ウルカヌスの群像――ブッシュ政権とイラク戦争』渡辺昭夫監訳，共同通信社.
三宅正樹　2001『政軍関係研究』芦書房.
ミル，ジェームズ　1983『教育論・政府論』小川晃一訳，岩波文庫.
ミル，J. S.　1997『代議制統治論』水田洋訳，岩波文庫.
モーゲンソー，ハンス・J.　1986『国際政治――権力と平和』現代平和研究会訳，福村出版.
森靖夫　2010『日本陸軍と日中戦争への道――軍事統制システムをめぐる攻防』ミネルヴァ書房.
モーロワ，アンドレ　2005『フランス敗れたり』高野彌一郎訳，ウェッジ.
ラセット，ブルース　1996『パクス・デモクラティア――冷戦後世界への原理』鴨武彦訳，東京大学出版会.
ラビン，イツハク　1996『ラビン回想録』竹田純子訳，早良哲夫監修，ミルトス.
林載桓「権威主義体制と戦争――鄧小平と軍，中越戦争」日本比較政治学会大会報告論文，京都，2009年6月27日.
レーガン，ロナルド　1993『わがアメリカンドリーム――レーガン回想録』尾崎浩訳，読売新聞社.